ECOPHYSIOLOGICAL CHARACTERISTICS OF *HERITIERA LITTORALIS* AND ITS CONSERVATION TECHNOLOGY

银叶树生理生态特征与保育技术研究

张卫强 杨龙 甘先华 唐敏聪 肖石红 / 主编

中国林業出版社
China Forestry Publishing House

图书在版编目(CIP)数据

银叶树生理生态特性与保育技术研究 / 张卫强等主编. —北京：中国林业出版社，2022. 1
ISBN 978-7-5219-1271-5

Ⅰ. ①银… Ⅱ. ①张… Ⅲ. ①梧桐科-生态特性-研究②梧桐科-植物保护-研究 Ⅳ. ①S792. 370. 1

中国版本图书馆 CIP 数据核字(2021)第 150270 号

中国林业出版社·自然保护分社(国家公园分社)
策划编辑：张 楷
责任编辑：肖 静
电话：(010)83143577

出版发行 中国林业出版社(100009 北京市西城区刘海胡同 7 号)
http：//www. forestry. gov. cn/lycb. html
印 刷 河北京平诚乾印刷有限公司
版 次 2022 年 1 月第 1 版
印 次 2022 年 1 月第 1 次印刷
开 本 787mm×1092mm 1/16
印 张 12
彩 插 20 面
字 数 280 千字
定 价 60. 00 元

编写委员会

主　编	张卫强	杨　龙	甘先华	唐敏聪	肖石红
副主编	黄芳芳	黄钰辉	孙红斌	蔡　坚	孙中宇
编　委	谭　琳	王佐霖	任　改	李文娟	赵　晴
	谢贯洁	赵丹阳	郭乐东	李一凡	高常军
	张中瑞	刘梦芸	李　丹	刘莉娜	唐洪辉
	苏宇乔	杨海标	朱　亮	何春梅	陶玉柱
	华　彦	李大锋	周　毅	吴　琰	魏　龙
	易小青	林一焕	唐成波	何宛霖	丘鹏基
	窦　苗	朱子维			

前　言

银叶树是热带亚热带海岸红树林半红树树种，也是良好的海岸防护林树种。由于海岸开发和采伐等原因，银叶树适生生境被破坏，野生种群和个体数锐减。我国野生银叶树种群仅见于广东、海南和广西等地，而深圳大鹏半岛坝光群落是我国乃至全世界发现分布最完整、树龄最长的天然古银叶树群落，具有极其重要的保护价值和研究意义。本研究以森林生态学、环境生态学、森林培育学等相关学科的基础理论为指导，采用野外样地调查和无人机低空遥感监测相结合的研究手段，在系统研究银叶树幼苗抗逆性，坝光银叶树湿地园生境状况，古银叶树群落结构、生态位、生存力、群落健康诊断等基础上，提出了古银叶树群落保育技术和银叶树苗木培育与造林技术。本著作可为我国银叶树种质资源保护和培育提供科学依据。

全书共分为 5 章，第 1 章绪论介绍了银叶树研究进展、研究区概况及试验设计，主要由广东省林业科学研究院张卫强和黄芳芳完成。第 2 章银叶树幼苗光合生理与抗逆性研究，主要由广东省林业科学研究院张卫强、肖石红、甘先华、刘梦芸等完成。第 3 章坝光银叶树湿地园生境和植被恢复研究，主要由广东省林业科学研究院张卫强、黄芳芳、高常军、赵丹阳、深圳市自然保护区管理中心孙红斌和生态环境部华南环境科学研究所任改等完成。第 4 章古银叶树群落及其保育技术研究，主要由张卫强、黄芳芳、黄钰辉、肖石红、李一凡、唐洪辉和广州地理研究所杨龙、孙中宇等完成。第 5 章银叶树苗木培育与造林绿化技术，主要由广东省龙眼洞林场唐敏聪等完成。全书由张卫强、肖石红、黄钰辉、杨龙和甘先华统一定稿。

广东省林业科技创新项目“东江源水资源维持的森林植被优化关键技术”（2021KJCX003）、广东省林业科技创新平台项目“林业生态监测网络平台建设”（2020-KYXM-09 和 2021-KYXM-09）及广东东江源和南岭森林生态系统国家定位观测研究站（2021132084，2021132085）为本著作研究内容的实施与出版提供了支持。在本书写作过程中，项目组成员通力合作，进行了大量的资料整理和分析，在此对他们的辛勤劳动表示诚挚的感谢。同时，特别要感谢的是深圳市自然保护区管理中心和深圳市大鹏新区城市管理综合执法局为本研究的顺利实施提供了帮助。由于作者水平有限，书中难免有错误和疏漏，敬请读者不吝赐教。

编　者

2021 年 10 月

目 录

第1章 绪论

1.1 银叶树研究进展

1.1.1 银叶树分布

银叶树是世界广布种，主要分布于亚洲东南部、澳大利亚东北部及非洲东部海岸，在东太平洋的夏威夷及汤加群岛也有引种。在亚洲主要分布于中国、日本、印度、印度尼西亚、菲律宾、马来西亚等国家，在我国零星分布于广东、海南、广西、香港和台湾等地（简曙光等，2004；Duke et al.，2010）。

银叶树在全球范围内被列为无危物种，但由于海岸开发及气候变化等因素影响，自20世纪80年代以来，银叶树的适生生境已减少约20%，且其种群数量持续下降（Duke et al.，2010）。简曙光等（2004）对我国野生银叶树种群进行调查发现，成年个体数大于20株的银叶树种群仅见于深圳坝光、海丰香坑、海南清澜港和广西防城港4处，分布面积不足30hm^2，个体数不足3000株，且数量还在减少；多数种群中幼龄个体数少，自然情况下种子产量少，萌发率低，且幼苗向成苗转化率低，出现自然更新瓶颈，这表明我国银叶树已处于严重受威胁状态。

深圳坝光古银叶树群落是目前全国乃至全世界发现分布最完整、树龄最长的天然古银叶树群落（附图1-3），群落中有树龄超过500年的银叶树1棵，树龄200年以上的约32棵，还有许多树龄过百的古树，具有重要的保护价值和研究意义。陈晓霞等（2015）对深圳坝光银叶树群落调查发现，该群落可划分为邻海陆地生境、远海陆地生境和滨海沼泽湿地生境3种类型，群落中幼树占各种群数量的83.26%，且近80%的幼树是银叶树，表明银叶树群落演替处于正向发展阶段；3种生境类型群落多样性指数为邻海陆地生境群落>远海陆地生境群落>滨海沼泽湿地生境群落，随着群落的发展，邻海陆地和远海陆地生境群落种群多度将增加，而滨海沼泽湿地生境群落则逐渐衰退。

1.1.2 银叶树生物学特性

银叶树（*Heritiera littoralis* Dryand.）隶属于梧桐科银叶树属，为热带亚热带海岸红树林树种之一，因叶背密披银白色鳞秕而得名。银叶树可生长于潮间带和陆地，由于不具有胎萌、气生根及耐高渗透压等典型红树植物特征，通常被归类为半红树植物。银叶树为常绿乔木，高约10m（附图1-1）。树皮灰黑色，小枝幼时被白色鳞秕。叶革质，矩圆状披针形、椭圆形或卵形，长10~20cm，宽5~10cm，顶端锐尖或钝，基部钝，上面无毛或几无毛，下面密被银白色鳞秕。叶柄长1~2cm；托叶披针形（附图1-2）。圆锥花序腋生，长约8cm，密被星状毛和鳞秕；花红褐色；萼钟状，长4~6mm，两面均被星状毛，5浅裂，裂片三角形，长约2mm；雄花花盘较薄，有乳头状突起，雌雄蕊柄短而无毛，花药4~5个在雌雄蕊柄顶端排成一环；雌花心皮4~5枚，柱头与心皮同数且短而向下弯。果木质，坚果状，近椭圆形，光滑，干时黄褐色，长约6cm，宽约3.5cm，背部有龙骨状突起；种子卵形，长2cm(中国科学院中国植物志编辑委员会，1984)。花期夏季，开花时花药数少，雄花缺少吸引传粉者的蜜腺，只能被少数传粉昆虫造访。主要繁殖方式为种子繁殖，其种子留土萌发，通常腹部朝下，萌发时先长出胚根，后长出胚芽。银叶树果实形态奇特，背部龙骨状突起具有类似船帆作用(附图1-2)，漂浮于海面并随海水扩散传播(简曙光等，2005)，故又称为漂浮植物。曾聪等(2006)研究发现银叶树果实形态相对稳定，果皮木质化，果实内仅含1粒种子，坚硬的果壳增加了种子萌发的难度。银叶树比叶面积低，下表皮气孔密度稀疏，叶片中有明显的内皮层和紧密的海绵组织，具有储水功能，储存的水分直接影响气孔的开闭，可能削弱了叶片导水率对气孔导度和光合速率的影响(田尚青等，2016)。牟美蓉(2007)分析了银叶树叶片特征，发现其叶片肉质化程度较低，盐分含量很低，K：Na远大于1，且生境具有两栖性，符合半红树植物特征。在物候方面，银叶树全年常绿，1年开花2次，第一轮花期从3月上旬至6月上旬，第二轮花期从7月上旬至9月上旬；果期从5月下旬至10月下旬(邱凤英，2009)。在幼苗生长方面，刘德浩等(2019)对广东4个种源(湛江、珠海、深圳、汕尾)的银叶树进行幼苗生长对比，发现种子重量、地径、苗高均存在显著的种源差异，且种子重量随着纬度升高而变小。

1.1.3 银叶树遗传多样性

Jian et al(2004，2009，2010)先后利用ISSR和AFLP标记技术对中国、澳大利亚、日本和泰国等地的野生银叶树种群遗传多样性进行了分析，发现银叶树遗传多样性较高，且生活史特性、种子长距离扩散和局域生境对银叶树遗传多样性及遗传结构有着重要的影响。Banerjee et al(2020)对印度—西太平洋地区37个野生银叶树种群的叶绿体DNA序列进行分析发现，种群水平上的遗传多样性较低，且种群结构显著，这主要是由过去几十万年来海平面高度变化引起基因流地理阻隔所导致的。

1.1.4 银叶树抗逆性

水淹、光照及盐分是影响银叶树生长的主要因素。在耐淹性方面，Cheng et al(2015)比较了6种红树植物(银叶树、杨叶肖槿、无瓣海桑、桐花、秋茄和红海榄)的水淹耐受性，发现银叶树和杨叶肖槿的耐受性最差，其耐受性与根孔隙度、根系泌氧、根表铁膜呈正相关。栾建国等(2011)通过深圳地区银叶树淡水种植试验发现，银叶树适于生长在较干旱的涨落区上部，但耐水性差，长时间水淹会使银叶树死亡。邱凤英(2009)研究不同水淹深度下银叶树生长差异发现，银叶树在所有水淹深度处理下均能成活，但苗高增量、地径增量、生物量和净光合速率均显著受到水淹的不利影响。在耐盐性方面，王秀丽等(2015)研究盐胁迫处理下银叶树幼苗叶片光合特性和解剖结构发现，幼苗净光合速率和气孔导度随着盐度增加呈先增后降趋势，而胞间CO_2浓度则呈先降后升趋势；在0.9%盐度下，叶片栅栏组织排列变紧密，叶脉出现大量草酸钙簇晶，而在1.8%盐度下，其栅栏组织细胞破碎，下表皮出现不规则排列的非腺毛。邱凤英(2009)研究银叶树耐盐性发现，随着盐度增加，幼苗苗高增量呈下降趋势，抗逆性生理指标(如丙二醛、质膜透性等)呈上升趋势，在高盐度下(1.4%)呈现非适应性生长。在耐阴性方面，谭淑娟等(2020)研究光照强度对银叶树幼苗生长和生物量分配的影响发现，遮阴处理对银叶树幼苗的生长和生物量分配影响较小。现有研究也对复合胁迫对银叶树生长的影响进行探讨，Mangora et al(2017)比较木榄和银叶树幼苗生物量对水淹、盐分和光照胁迫的响应发现，相较于木榄，银叶树对胁迫更为敏感，耐受性更差，其幼苗存活率、相对生长速率和净光合速率均显著受到胁迫影响。高敏等(2015)研究盐度和水渍对银叶树幼苗生长的影响发现，银叶树幼苗的耐盐临界值在2.5%左右，低于2.5%的中低盐度有利于其幼苗的生长和生物量累积，而高于2.5%的高盐度环境将抑制甚至威胁银叶树幼苗的生存；在高盐度下，水渍加快了银叶树幼苗死亡，而在中低盐度下的幼苗并未受显著影响。

1.1.5 银叶树资源利用

银叶树化学成分利用历史悠久，其汁液被用作鱼毒、箭毒和矛毒，种子和茎的煎煮液被用于治疗腹泻、痢疾、血尿和防蚊(Ge et al., 2016; Miles et al., 1989)。银叶树化学成分研究始于20世纪70年代(李月娟，2012)，在银叶树属3种植物中，银叶树的化学成分研究最多(Li et al., 2009)。迄今为止，从银叶树的根茎叶中分离鉴定的化合物近50个，包括黄酮、甾体、三萜烯、倍半萜烯、有机酸、酚类、糖苷和蒽醌等(鲍安先，2016)，其中黄酮、三萜烯和倍半萜烯是银叶树的主要次生代谢物(Li et al., 2008; Tian et al., 2004)。银叶树提取液具有抗菌抗氧化作用。Christopher et al(2014)从银叶树叶中提取出一种新的化学物3-cinnamoyltribuloside，其对非病原性的分枝杆菌属具有抗菌活性。陶文琴等(2011)对银叶树茎叶的水提物和醇提物体外抗菌活性进行研究发现，银叶树的叶水提物对金黄色葡萄球菌和表皮金黄色葡萄球菌有明显的抑菌和杀菌活性。Tewtrakul et al(2010)利用RAW264.7巨噬细胞研究银叶树树皮己烷、二氯甲烷和丙酮提取物的一氧化氮抑制效应发现，过氧化麦角甾醇的抑制活性最高。庞庭才等(2016, 2017, 2020)和胡上英等(2018)提取银叶树果壳中木质素、多糖、单宁、黄酮和棕色素等物质并对其抗氧化性进行研究发现，上述物质对羟基自由基、超氧阴离子自由基和DPPH自由基均具有较好的清除作用。除化学成分利用外，银叶树是良好的景观树种和营建沿海防林的优良树种(韩维栋等，2013)。此外，银叶树木材坚硬，是建筑、造船和制家具的良材，在一些地方还被用作食物、药物及燃料(Duke et al., 2010)。

1.1.6 银叶树育苗造林技术

银叶树主要通过种子繁殖。育苗技术方面，刘秀等(2007)研究常温干藏、椰糠保存和常温沙藏等不同贮存方法对银叶树种子发芽的影响发现，常温沙藏处理下种子发芽整齐，发芽率高，而常温干藏处理下种子发芽表现最差。高秀梅等(2006)对银叶树就地育苗试验发现，银叶树自然凋落的风干果的成苗率显著优于直接采集自母树上的鲜果；风干果采集后应保湿处理，以自来水浸泡7天后立即播种为佳；切除部分果皮有利于获得壮苗。陈建海等(2006)研究不同处理对银叶树种子发芽的影响发现，采用脱壳处理+淡水浇灌+全日照方式育苗，种子发芽表现最好。刘滨尔等(2011)分析不同基质下银叶树幼苗生长表现发现，银叶树在混合基质中(黄心土+沙子+基肥/火烧土/复合肥)生长较好，在黄心土中生长较差。曾聪(2006)通过银叶树苗扦插试验发现，温度过高或过低均不利于银叶树扦插苗的存活，幼龄母树扦插苗成活率高于老树扦插苗。造林技术方面，陈彧等(2011)研究发现，银叶树不适合盐碱地和滨海沙地人工造林，在泥地人工造林有较高的保存率，但生长缓慢，需加强抚育管理。邱凤英等(2008)研究银叶树移栽技术发现，移栽前对枝叶适当修剪，保留顶端2~3根强壮枝和枝上1/4~1/3的叶片，可大大提高银叶树成活率。

1.2 研究区概况

深圳市坝光银叶树湿地园位于广东省深圳市大鹏新区大鹏半岛北端，处于南亚热带季风气候。年平均气温为22.1℃，1月份平均气温为13.9℃，极端最高温度为36.6℃，极端最低温度为1.4℃，年平均相对湿度为79%，降水量为1800.4mm(陈晓霞等，2015)。2014年正式启动坝光银叶树湿地园(附图1-4)建设，“力争将其建成生物谷绿洲中的绿洲，充分体现生态为重、保护优先的理念”，打造世界水平、国际一流的湿地园。古银叶树群落分布于坝光银叶树湿地园内泥质滩地(沼泽生境)、邻近的风水林小丘地(陆地生境)及风水林的邻海面沿海岸沙质滩地(陆地生境)(附图1-5)。这里古银叶树群落是全世界发现的树龄最长的天然古银叶树群落(陈晓霞等，2015；简曙光等，2005)(附图1-5)。古银叶树群落多样性较高，分层明显，层间藤本植物较稀疏，林下草本、蕨类植物和幼苗分布广泛而不密集，群落郁闭度为0.75左右。群落内除了银叶树外，其他建群种还包括阴香、假苹婆、多毛茜草树、海杧果、银柴、水石梓、鹅掌柴、细叶榕等阔叶树种。

实验地是广东省树木公园(广东省林业科学研究院)，位于广州市天河区，属南亚热带季风气候，年平均气温23℃，最低月平均气温13.3℃(1月)，最高月平均气温38.1℃(8月)，年降水量1638mm，4~9月的降水量占全年的80%，年平均相对湿度79%。树木公园内树种资源相当丰富，迄今为止共收集、种植各类树种达1100种，其中，国家级保护树种56种，省级保护树种12种，是广东林木种质资源保存基地。

1.3 试验设计

1.3.1 银叶树幼苗生长与光合生理

1.3.1.1 施肥试验

(1)试验材料

2019年4月中旬，选取96株长势良好且生长一致的2年生实生苗，移栽于上口径20cm、下口径16cm、高20cm的容器(容器下部有排水通气孔)内，单株定植。实生苗平均苗高64.1cm，平均地径0.88cm，容器苗置于大棚(透明塑料膜苫盖，大棚四周距地面留有 1m 宽的通风口，下同）内，进行常规栽培管理，肥水管理一致（附图 1-6）。栽培基质（黄心土与泥炭土，配置比例为 5∶1）一致，基质土壤 pH 为 6.1，全氮、全磷及全钾含量分别为 0.79、0.48 及 5.90mg · g^{-1}。

（2）施肥设计

试验苗木正常管理 1 个月后，于 2019 年 5 月 20 日开始施肥，设置 1 个对照（CK）与 5 个施肥处理（N1、N2、N3、N4、N5），每个处理 16 株，施肥周期为 20 周，每周施肥 1 次，每个施肥处理每周施肥量均为 8g（N1）、12g（N2）、16g（N3）、20g（N4）及 24g（N5）。采用以色列化工集团的"优乐卉"水溶性肥料（$N-P_2O_5-K_2O$：20-20-20）进行施肥，将水溶性肥料溶于 3.2L 水中，溶解均匀后，使用量筒将 200mL 肥料水溶液浇灌每个植株；施肥结束后，单株施肥总量分别为 10g（N1）、15g（N2）、20g（N3）、25g（N4）及 30g（N5）。

（3）测定方法

①苗木形态生长与生物量测定

采用游标卡尺和直尺分别测定苗木地径和株高（附图 1-7）。于 2019 年 5 月 20 日开始测定，每 15 天测定 1 次，直至施肥结束，每个处理测定 16 株。生物量测定于 2019 年 12 月中旬进行，按照植株叶、茎和根分样，于 105℃ 杀青 15min，65℃ 烘干至恒量后测定各器官生物量，每个施肥处理测定 16 株。

②叶片叶绿素含量测定

叶绿素含量测定于 2019 年 12 月中旬进行。每个处理随机选取银叶树幼苗 6 株，摘取新鲜叶片 5 片，擦拭干净，去主脉，剪碎混匀。称取 0.2g，每处理 3 次重复，以 95%丙酮研磨，提取，过滤，定容至 25mL，采用分光光度计测定提取液的吸收光谱，然后读出各提取液分别在 664、647、466nm 处的吸光度，计算每克叶片的叶绿素 a（Chla）含量和叶绿素 b 含量（Chlb）（Pires et al.，2011）。

③光合参数测定

测定时间为 2019 年 8 月 20 日至 9 月 8 日和 2019 年 11 月 21 日至 12 月 8 日。每个处理随机选取 4 盆长势一致的植株，每株选取 2 片健康叶片。采用 LI-COR 公司生产的 LI-6800型便携式光合测定仪对银叶树幼苗光合参数进行测定（附图 1-8）。使用开放气路，空气流速为 0.5L · min^{-1}。叶室内的光照强度分别设置 600、800、1000、1200、1500、1800μmol · m^{-2} · s^{-1}，采用 CO_2注入系统控制叶室 CO_2浓度，维持在 400μmol · mol^{-1}左右。将叶片夹入叶室后，待数据稳定时记录不同光照强度下银叶树幼苗净光合速率（P_n）、蒸腾速率（T_r）、气孔导度（G_s）、胞间二氧化碳浓度（C_i），并计算瞬时水分利用率（*WUE*）。观测时间均为上午 8：30~11：00，每叶片测定 3 次，连续观测 3 天。

④光合-光响应参数测定

光合-光响应参数测定与光合参数测定时间保持一致。每个处理随机选取 4 盆长势一致的植株，每株选取 2 片健康叶片。采用 LI-COR 公司生产的 LI-6800 型便携式光合测定仪测定叶片光合参数（附图 1-8）。使用开放气路，空气流速为 0.5L · min^{-1}。光强选择从 1800μmol · m^{-2} · s^{-1}开始，光强依次为：1800、1500、1200、1000、800、600、400、200、100、50、20、0μmol · m^{-2} · s^{-1}。测定前叶片在 1800μmol · m^{-2} · s^{-1}光强下诱导 30min，采用CO_2注入系统控制叶室CO_2浓度，维持在400μmol·mol^{-1}左右。测定时每一光强点下最小光适应停留时间2min，最大光适应5min。将叶片夹入叶室后，待数据稳定时记录不同光照强度下银叶树幼苗净光合速率(P_n)、蒸腾速率(T_r)、气孔导度(G_s)、胞间二氧化碳浓度(C_i)等光合参数。观测时间均为上午9：00~11：00，每叶片重复3次，连续测定3天。依据实验数据绘制光合作用的光响应曲线(P_n-P_{AR})，采用非直角双曲线模型(Herrick et al.，1999)进行拟合，求得最大净光合速率(P'_{max})、表观量子效率(a)、暗呼吸速率(R_d)等参数。

非直角双曲线表达式为：

$$P_n=\frac{aP_{AR}+P_{max}-\sqrt{(aP_{AR}+P_{max})^2-4\theta aP_{AR}P_{max}}}{2\theta}-R_d$$

$$P'_{max}=P_{max}-R_d$$

式中：P_n为净光合速率；P_{AR}为光合有效辐射；a为表观量子效率；P_{max}为最大总光合速率；P'_{max}为最大净光合速率；R_d为暗呼吸速率；θ为光合曲线弯曲程度曲度。光补偿点(LCP)和光饱和点(LSP)采用Photosyn Assistant软件拟合求得。

⑤叶绿素荧光参数测定

叶绿素荧光参数测定与光合参数测定时间保持一致。每个处理随机选取4盆长势一致的植株，每株选取2片健康叶片。采用LI-6800型便携式光合测定仪对叶片荧光动力学参数进行测定(附图1-8)，测定前采用铝箔纸包裹叶片暗适应，先测定初始荧光(F_o)、最大荧光(F_m)、最大PSⅡ的光能转换效率(F_v/F_m)，然后打开活化光(1800μmol·m^{-2}·s^{-1})，测定光适应下初始荧光(F'_o)、光适应下最大荧光(F'_m)、光适应下稳态荧光(F_s)、光适应下最大可变荧光(F'_v)，并计算光化学淬灭系数(q_P)、非光化学猝灭系数(NPQ)、表观量子传递速率(ETR)及实际光化学效率(Φ_{PSII})等参数。测定时间为上午9：00~11：00和下午14：00~16：00，每叶片重复3次，连续测定3天。吸收光能用于天线热耗散(D)=$(1-F'_v/F'_m)\times100\%$，吸收光能用于光化学耗散(P)=$q_P\times F'_v/F'_m\times100\%$，吸收光能用于PSⅡ反应中心非光化学能量耗散($E$)=$(1-q_P)\times F'_v/F'_m\times100\%$(Ehlert et al.，2008)。

⑥土壤与幼苗器官养分含量测定

银叶树幼苗土壤和幼苗各器官养分含量测定于2019年12月中旬进行，每个施肥处理测定16株银叶树土壤和幼苗植株样品。将所采集的土壤样品在室内通风处风干后，除去植物根系、碎石等杂物，磨碎后过筛，测定其化学性质。土壤pH采用土水质量比1：2.5电位法测定，土壤有机质采用重铬酸钾外热氧化法测定，全氮采用凯氏定氮法测定，全磷采用NaOH-熔融-钼锑抗比色法测定，全钾采用NaOH-火焰光度法测定，有效氮采用碱解扩散法测定，有效磷采用双酸浸提后钼锑抗比色法测定，有效钾采用中性乙酸铵提取后火焰光度计法测定，土壤盐分采用水提烘干法测定。将所采集的植株样品用超纯水先后冲洗干净，将根、茎、叶分离后105℃杀青，在80℃条件下烘干48h至恒质量，用植物粉碎机磨碎后测定各器官中C、N、P元素含量。C含量的测定采用重铬酸钾-外加热法测定，N含量的测定采用凯氏定氮法，P含量的测定采用钼锑抗比色法，K含量的测定采用原子吸收法。具体测定方法见鲍士旦(2000)。

1.3.1.2 施盐和遮阴胁迫试验

(1)试验材料

2018 年 9 月选取 96 株长势良好、生长一致的 1 年生实生苗移栽于上口径 16cm、下口径 11.5cm、高 13.5cm 的容器，单株定植，栽培基质(黄心土与泥炭土，配置比例为5∶1)一致。实生苗平均苗高 33.91cm，平均地径 0.86cm，容器苗置于大棚内，进行常规栽培管理，肥水管理一致(附图 1-9)。

(2)施盐和遮阴设计

试验前，完成了深圳坝光古银叶树群落沼泽生境土壤盐分含量与透光率的测定，其土壤盐分含量均值为 2.5%，透光率均值为 20%，以此为试验设计依据。于 2018 年 10 月开始光照和盐分交互试验，光处理为全光照(自然光照)及 20%透光率；盐处理为不施盐及 2.5%盐水处理，分别为全光照无盐(CK)、全光照施盐(FLS)、遮阴无盐(SWS)及遮阴施盐(SAS)，共计 4 个处理，每个处理 24 株。选用黑色遮阳网进行遮光处理，施盐频度为每周 3 次(每周周一、周三、周五上午施盐)，每次 200ml，60 天后停止。施盐结束后，随机抽取 12 盆进行土壤盐分含量测定，土壤盐分含量介于 2.79%～3.01%之间，均值为 2.90%。

(3)测定方法

①光合-光响应参数测定

光合-光响应参数测定于 2019 年 2 月底至 3 月初进行，不同处理随机挑选 4 盆长势一致的植株，每株上选取 2 片长势一致的叶片。测定时间和测算方法见 1.3.1.1(3)④光合-光响应参数测定。

②叶绿素荧光参数测定

叶绿素荧光测定与光合-光响应参数测定同步进行，不同处理随机挑选 4 盆长势一致的植株，每株上选取 2 片长势一致的叶片。测定时间和测算方法见 1.3.1.1(3)⑤叶绿素荧光参数测定。

③叶绿素含量测定

叶绿素含量测定于 2019 年 3 月初进行，随机选取不同处理银叶树各 6 株，摘取新鲜叶片 5 片，擦拭干净，去主脉，剪碎混匀。测定方法见 1.3.1.1(3)②叶绿素含量测定。

1.3.1.3 盐胁迫试验

(1)试验材料

2018 年 9 月选取 120 株长势良好且一致的 1 年生实生苗移栽于上口径 16cm、下口径 11.5cm、高 13.5cm 的容器，单株定植，栽培基质(黄心土与泥炭土，配置比例为 5∶1)一致，基质土壤 pH 为 5.9，有机质含量为 30.55mg·g^{-1}，全氮、全磷及全钾含量分别为 1.26、0.28 及 8.81mg·g^{-1}。实生苗平均苗高 28.5cm，平均地径 0.68cm。容器苗置于连栋大棚内，进行常规栽培管理，肥水管理一致(附图 1-9)。

(2)施盐设计

试验设计一：2019 年 3 月上旬，选择长势一致、无病虫害的健康植株进行 NaCl 处理，盐分处理为不施盐及 2.5%盐水处理，总共为 4 个处理水平，每个处理设置 30 株。施盐频率分别为每周 0 次(CK)、每周 1 次(N1)、2 次(N2)和 3 次(N3)，每次 100ml 盐水，连续施盐 60 天，施盐期间苗木正常浇水，施盐结束，对土壤盐分含量测定，不同处理土壤含盐量分别为 0%(CK)、1.2%(N1)、1.5%(N2)和 1.8%(N3)。

试验设计二：2018 年 10 月，选择长势一致、无病虫害的健康植株进行 NaCl 处理。盐分处理为不施盐及 2.5%盐水处理，2 种处理分别设置 16 株。采用去离子水配制质量分数为 2.5% NaCl 溶液，隔天采用盐水浇灌方式进行，每次 100mL 盐水，直到土壤中盐分含量达到 1.6%左右。同时设置对照组，用去离子水代替盐水，浇灌 60 天后测定苗木各项指标。

(3)测定方法

①光合参数测定

试验于 2019 年 5 月初进行，不同处理挑选 4 盆长势一致的植株，每株上选取 2 片长势一致的叶片。采用 LI-COR 公司生产的 LI-6800 型便携式光合测定仪测定叶片净光合速率等光合参数。使用开放气路，空气流速为 0.5L · min^{-1}。光辐射强度为 1000μmol · m^{-2} · s^{-1}。测定前叶片在 1000μmol · m^{-2} · s^{-1} 光强下诱导 30min，采用 CO_2 注入系统控制叶室 CO_2 浓度，维持在 400μmol · mol^{-1} 左右。观测时间均为上午 9：00～11：00，每叶片重复 3 次，连续测定 3 天。测定参数包括单叶净光合速率(P_n)、蒸腾速率(T_r)、气孔导度(G_s)、胞间 CO_2 浓度(C_i)等参数。计算得到水分利用效率(WUE)=P_n/T_r。

②叶绿素荧光参数测定

在测定光合参数的同时，利用 LI-6800 型便携式光合测定仪对叶片荧光动力学参数进行测定。测定时间和方法参考测算方法见 1.3.1.1(3)⑤叶绿素荧光参数测定。

③CO_2 响应参数测定

采用美国 LI-COR 公司生产的 LI-6800 便携式光合测定仪，测定银叶树幼苗叶片在不同 CO_2 浓度下的光合参数。测定时间为上午 09：00～11：00，连续测量 3 天。每个处理随机选取 4 株，每株测定 3 个性状相似的叶片，每叶片重复 3 次，并做好标记。CO_2 响应曲线测定时，控制光强为 1800μmol · m^{-2} · s^{-1}，其他环境条件不变，设置 CO_2 浓度梯度为 1800、1500、1200、1000、800、600、400、300、200、100 和 50μmol · mol^{-1}，得出最大净光合速率(P_{nmax})、初始羧化效率(CE)、光呼吸速率(R_P)、CO_2 补偿点(Γ)和 CO_2 饱和点($C_{i\,sat}$)。采用直角双曲线修正模型对银叶树幼苗 CO_2 响应曲线参数进行计算。

④叶绿素含量测定

施盐结束后，随机选取对照与不同处理的银叶树各 6 株，摘取新鲜叶片，擦拭干净，去主脉，剪碎混匀。测定方法见见 1.3.1.1(3)②叶绿素含量测定。

1.3.1.4 干旱胁迫试验

(1)试验材料

2019 年 4 月，选择长势良好且生长基本一致的 1.5 年银叶树生实生苗为试验材料，将其移栽于上口径 20cm、下口径 16cm、高 20cm 的容器(容器下部有排水通气孔)，单株定植，容器苗置于连栋大棚内(大棚四周距地面留有 1m 宽的通风口)，栽培基质一致，肥水管理一致(附图 1-9)。实生苗平均苗高 49. 8cm，平均地径 0. 82cm。

(2)干旱设计

2019 年 5 月完成了试验植株正常水分管理，于 2019 年 6 月初开始土壤干旱胁迫处理试验，设置正常供水(对照)、轻度干旱、中度干旱、重度干旱 4 个水分处理，分别记为 CK，LS，MS 和 SS，土壤含水量分别为田间最大持水量的 75%~80%、55%~60%、35%~40%、15%~20%，即土壤含水量分别为 23. 6%~25. 2%、17. 3%~18. 9%、11. 0%~12. 6%、4. 7%~6. 3%，每个土壤水分处理设置 15 个重复。土壤含水量采用 Spectrum 型土壤水分速测仪进行连续监测，及时调整每日的灌溉水量，维持各梯度土壤含水量不变。

(3)测定方法

①光合-光响应参数测定

测定于 2019 年 7 月中下旬进行，从不同处理中随机挑选 4 盆长势一致的植株，每株上选取 2 片长势一致的叶片。测定方法和参数计算见 1. 3. 1. 1(3)④光合-光响应参数测算。

②叶绿素荧光参数测定

叶绿素荧光参数测定于 2019 年 7 月中下旬进行，每组挑选 4 盆长势一致的植株，每株上选取 2 片长势一致的叶片。测定时间和测算方法见 1. 3. 1. 1(3)⑤叶绿素荧光参数测定。

③生长指标及叶绿素 SPAD 值测定

于 2019 年 6~9 月，每 15 天测定 1 次苗高地径及 SPAD 值；利用直尺和游标卡尺分别测定银叶树幼苗苗高和地径；利用便携式叶绿素含量测定仪(SPAD-502，日本 Konica 公司)测定不同处理银叶树幼苗叶片中部 SPAD 值(附图 1-10)，每株测定 3 片叶片，取平均值。

④幼苗器官养分含量测定

干旱胁迫处理 3 个月后，于 2019 年 9 月初进行破坏性取样。取样时将银叶树幼苗完整地从花盆中取出，保证根系不受伤害，用保鲜膜将根系包好防止失水，迅速带回实验室。然后将幼苗分为叶、茎和根 3 部分，放入烘箱烘至恒重，最后粉碎过筛分析各器官 C、N、P 元素含量。各器官 C、N、P 元素含量测定见 1. 3. 1. 1(3)⑥土壤与幼苗器官养分含量测定。

1. 3. 1. 5 数据分析

采用 Microsoft Excel 2016 完成数据整理。采用 two-way ANOVA 分析光照和盐分处理对光合特性和叶绿素荧光参数的交互影响；采用单因素方差分析(one-way ANOVA)分析干旱胁迫程度对银叶树幼苗生物量及根冠比、银叶树幼苗各器官 C、N、P 养分含量及比值的影响；利用 Duncan 法或 Turkey HSD 法进行各参数指标间显著性检验($\alpha = 0.05$)；采用 Pearson 相关分析法分析土壤-植物养分化学计量比的相关性。采用非直角双曲线模型(Herrick et al. ，1999)和直角双曲线修正模型(叶子飘等，2010)对银叶树光合光响应曲线和 CO_2 响应曲线进行参数拟合。

1.3.2 坝光银叶树湿地园生态监测

1.3.2.1 地表水水环境监测

(1)水样采集与水质监测

在坝光银叶树湿地园，选择坝光水库(SKS)、人工淡水水塘(STD)、人工咸淡水水塘(STX)、古银叶树群落沼泽湿地(ZZS)、临海海水(LHS)5个代表性区的地表水；其中，淡水水塘地表水来源于降水与河水，咸淡水水塘地表水来源于降水、河流水及海水，古银叶树群落沼泽湿地地表水主要来源于海水潮汐，在每个区域分别设置4个水质监测点(附图1-11)。于2017年10月至2020年9月进行水样采集，水样采集频率为每个季度采集1次水样，每个水样采集量为2L，盛于清洁的有机玻璃采水器中，放置于移动低温冷冻保温箱储存，及时运回实验室进行分析。水质指标包括pH、盐分、化学需氧量、生物需氧量、总磷、总氮、硝酸盐氮、氨氮、氟化物(以F^-表示)、铜、锌、镉、铅、六价铬、砷、汞等，上述指标的测定参考地表水环境质量等级(GB3838-2002)规定的测试方法。

(2)水质评价方法

①单因子指数法

单因子评价法首先要确定水体评价等级，将各指标浓度与评价等级相比，根据比值是否大于1来评价该水体是否达到了相应的水质等级，并判定评价指标的水质类别，以最差的水质类别作为水质综合评价的结果(王肖肖等，2012)。各水质指标等级标准见表1-1。

表1-1 地表水环境质量标准基本项目标准限值 单位：$mg \cdot L^{-1}$

序号	项目标准值分类	Ⅰ类	Ⅱ类	Ⅲ类	Ⅳ类	Ⅴ类
1	pH(无量纲)			6~9		
2	化学需氧量(COD)≤	15	15	20	30	40
3	生物需氧量BOD_5≤	3	3	4	6	10
4	氨氮(NH_3-N)≤	0.15	0.5	1.0	1.5	2.0
5	总磷(以P计)≤	0.02	0.1(湖、库0.025)	0.2(湖、库0.025)	0.3(湖、库0.1)	0.4(湖、库0.2)
6	总氮(湖、库，以N计)≤	0.2	0.5	1.0	1.5	2.0
7	铜≤	0.01	1.0	1.0	1.0	1.0
8	锌≤	0.05	1.0	1.0	2.0	2.0
9	氟化物(以F^-计)≤	1.0	1.0	1.0	1.5	1.5
10	砷≤	0.05	0.05	0.05	0.1	0.1
11	汞	0.000 05	0.000 05	0.000 01	0.0001	0.0001
12	镉≤	0.001	0.005	0.005	0.005	0.01
13	铬(六价)≤	0.01	0.05	0.05	0.05	0.1
14	铅≤	0.01	0.01	0.05	0.05	0.1

注：地表水环境质量标准基本项目标准限值参考地表水环境质量等级(GB3838-2002)。

②综合指数法

综合指数法是各指标对水体综合污染程度的一种数量指标。一般情况下是假设各参与评价因子的贡献基本相同，采用各评价因子等级指数加和的算术平均值进行计算。评价过程见王肖肖等(2012)综合指数法。

③综合水质标识指数评价法

综合水质标识指数既考虑了污染最严重的指标，又综合考虑了所有单项指标以全面反映水体的水质状况。综合水质标识指数(P)由单项指标水质标识指数的平均值和最大值两部分构成。评价过程见富天乙等(2014)综合水质标识指数评价法。

④变权欧式距离模型

以水质等级限(通常采用Ⅰ级水质等级)为“原点”，各污染因子为坐标轴构建 n 维空间，联合污染因子权重系数，计算每个待评价单元以及评价等级中其余级别水质与“原点”之间的变权欧式距离，以距离大小判定待评价单元水质级别的等级。评价过程见向仰州等(2012)变权欧式距离模型法。

⑤灰色关联法

选择水体实测值作为参考序列，水体质量的分级等级为比较数列，根据灰色系统中离散数据之间的相似程度来判断关联性大小并进行排序，从而确定水体的污染程度与级别(李玲玲等，2014；陈明曦等，2006)。评价过程见李玲玲等(2014)灰色关联法。

⑥主成分分析法

主成分分析利用数学降维的思想，将系统中多指标转换为少指标，从而用较少指标反映原始指标信息，减少系统多指标分析的复杂性。主要步骤包括数据等级化、主成分确定、主成分与综合评价函数的定量表达(李可见等，2018；张国珍等，2014)。评价过程见张国珍等(2014)、盘李军等(2016)及李可见等(2018)主成分分析法。

(3)数据分析与统计方法

利用 Microsoft Excel 2016 整理原始数据，采用 SPSS16.0 统计软件进行方差分析，用 Duncan 法对各参数进行显著性检验。

1.3.2.2 土壤理化性质监测

(1)土壤调查与采集

选择古银叶树群落陆地生境与沼泽生境，分别布设 6 个土壤采集点，用土钻采集不同土层(0~10cm、10~20cm 和 20~40cm)土样，分层装入密封塑料袋，带回实验室进行分析；同时采用土壤剖面环刀法，分层(0~10cm、10~20cm 和 20~40cm)采样，每层采集 2 个环刀样品，带回实验室，测定土壤容重和孔隙度。在人工植被恢复区，设计 6 个土壤样品采集点，土壤采集方法与古银叶树群落土壤采集保持一致(附图 1-12)。

(2)测定方法

土壤物理指标(土壤容重、总孔隙度、毛管孔隙度、非毛管空隙度、土壤通气性)测定参考 LY/T 1215-1999《森林土壤水分-物理性质的测定》。土壤化学指标测定方法见 1.3.1.1(3)⑥土壤与幼苗器官养分含量测定。

(3)土壤肥力评价

土壤肥力是土壤物理、化学和生物等因素共同作用的结果，是土壤基本属性与本质特征的反应。土壤肥力无法直接测定，可间接测定指示土壤肥力的指标来描述土壤肥力状态。

指标标准化：由于所选指标之间具有不可加和性，需要进行标准化处理，达到消除各指标间的量纲差别。采用四折线型无量纲化方法进行标准化处理，具体如下：

①当指标测定值属于“极差”级时，即 $C_i \leqslant X_a$：

$$P_i = \frac{C_i}{X_a},\ (P_i \leqslant 1)$$

②当指标测定值属于“差”级时，即 $X_a < C_i \leqslant X_c$：

$$P_i = 1 + \frac{C_i - X_a}{X_c - X_a},\ (1 < P_i \leqslant 2)$$

③当指标测定值属于“中等”级时，即 $X_c < C_i \leqslant X_p$：

$$P_i = 2 + \frac{C_i - X_c}{X_p - X_c},\ (2 < P_i < 3)$$

④当指标测定值属于“良好”级时，即 $C_i > X_p$，$P_i = 3$。

式中：P_i为第 i 个指标的肥力系数，简称分肥力系数；C_i为第 i 个指标的测定值；X_a、X_c、X_p分别为响应指标“差”级、“中等”级和“良好”级分级标准，具体见表 1-2。各土壤属性值分级标准(表 1-3)主要参照第二次全国土壤普查标准(阚文杰等，1994；全国土壤普查办公室，1992)。

表 1-2　土壤属性分级标准

土壤属性	X_a	X_c	X_p	土壤属性	X_a	X_c	X_p
pH(≤7)	4.5	5.5	6.5	碱解氮($mg \cdot kg^{-1}$)	60	120	180
有机质($g \cdot kg^{-1}$)	10	20	30	有效磷($mg \cdot kg^{-1}$)	5	10	20
全氮($g \cdot kg^{-1}$)	0.75	1.50	2.00	速效钾($mg \cdot kg^{-1}$)	50	100	200

表 1-3　土壤肥力分级标准

等级	描述	综合肥力系数范围	等级	描述	综合肥力系数范围
Ⅰ	很肥沃	$P_j \geqslant 2.7$	Ⅲ	一般	$0.9 \leqslant P_j < 1.8$
Ⅱ	肥沃	$1.8 \leqslant P_j < 2.7$	Ⅳ	贫瘠	$P_j < 0.9$

土壤养分指标标准化和内梅罗综合肥力指数计算公式参考文献(阚文杰等，1994；杨皓等，2015；周伟等，2017；高郯等，2020)。当肥力指数 $P_j \geqslant 2.7$，说明土壤很肥沃；当 $1.8 \leqslant P_j < 2.7$，说明土壤肥沃；当 $0.9 \leqslant P_j < 1.8$，说明土壤肥力中等；当 $P_j < 0.9$，说明土壤贫瘠(阚文杰等，1994)。

⑤评价模型

采用内梅罗综合指数法(邓南荣等，2000)对林分土壤肥力质量进行综合评价。计算公式为：

$$P_j = \sqrt{\frac{P_{i平均}^2 + P_{i极小}^2}{2}} \times \frac{n-1}{n}$$

式中：P_j为土壤的综合肥力系数；P_i平均为土壤各属性分肥力系数的平均值；P_i最小为土壤各属性分肥力系数的最小值；n 为参与评价的土壤属性个数。

(4)数据分析与统计方法

利用 Microsoft Excel 2016 整理原始数据，采用 SPSS 16.0 统计软件进行方差分析，用 Duncan 法对各参数进行显著性检验。采用 Pearson 相关分析法分析土壤理化指标间的相关性。

1.3.2.3　空气环境质量监测

(1)空气颗粒物与负氧离子

空气颗粒物浓度监测：在坝光银叶树湿地园海边区、古银叶树群落区及人工植被恢复区分别设置 3 个监测点；选择典型晴天或多云天气，采用英国 Turnkey Instruments 有限公司制造的 Dustnate 便携式激光粉尘检测仪对坝光银叶树湿地园空气颗粒物(TSP、PM_{10}、$PM_{2.5}$、$PM_{1.0}$)浓度进行监测，每个季度测定 1 次，每次连续测定 3 天，每天 8：00、10：00、12：00、14：00 及 16：00 时观测 1 次(附图 1-13)。

空气负氧离子浓度监测：在坝光银叶树湿地园的海边区、银叶树群落区及人工植被恢复区监测，分别设置 3 个监测点；选择典型晴天或多云天气，采用日本 COMSYSTEM 公司 COM-3200PRO 便携式空气负离子测量仪对空气负氧离子浓度进行监测，每个季度 1 次，连续测定 3 天，每天 8：00、10：00、12：00、14：00 及 16：00 时观测 1 次(附图 1-13)。空气负氧离子浓度监测与空气颗粒物浓度监测同步进行。

(2)空气环境质量评价

空气颗粒物评价参照《环境空气质量标准》GB3095-2012，Ⅰ级和Ⅱ级颗粒物浓度限制值详见表 1-4。

表 1-4　空气颗粒物浓度限值

颗粒物	平均时间	浓度限制($\mu g \cdot m^{-3}$)	
		Ⅰ级	Ⅱ级
颗粒物(粒径小于等于 2.5μm)	年均值	15	135
	24 小时均值	35	75
颗粒物(粒径小于等于 10μm)	年均值	40	70
	24 小时均值	50	150
总悬浮颗粒物(TSP)	年均值	80	200
	24 小时均值	120	300

空气负(氧)离子评价：参考张艳丽(2013)在杭州市典型城市森林类型生态保健功能研究中明确的空气负(氧)离子等级标准及与健康的关系(表1-5)。

表1-5 空气负(氧)离子等级标准及与健康的关系表

负离子浓度（个·cm^{-3}）	等级	与健康的关系	
N≥3000	Ⅰ	具有治疗和康复功效	极有利
2000≤N<3000	Ⅱ	具有自然痊愈力	很有利
1500≤N<2000	Ⅲ	减少或消灭疾病传播	非常有利
1000≤N<1500	Ⅳ	增强人体免疫力、抗菌力	有利
400≤N<1000	Ⅴ	维持人体健康基本需要	正常
≤400	Ⅵ	易诱发生理障碍和各种疾病等	不利

(3)数据处理

以地点、季节和时间为不同因素，对空气颗粒物浓度进行单因素方差分析，采用Tukey HSD检验，显著水平设为$\alpha=0.05$。以季节和监测点及其交互效应作为自变量，测量点嵌套于监测点作为随机因子，负离子浓度作为因变量建立线性模型，分析湿地园内不同监测点负离子浓度的季度变化；以时间和监测点及其交互效应作为自变量，测量点嵌套于监测点作为随机因子，负离子浓度作为因变量建立线性模型，分析湿地园内不同监测点负离子浓度的日间变化。采用JMP13 Pro统计软件对数据进行统计分析。

1.3.2.4 人工植被恢复监测

(1)园林景观树种恢复

在坝光银叶树湿地园人工植被恢复区，基于景观树种病虫害发生和生长势，采用每木调查的方法，全面调查了园林景观树种生长状况(附图1-14和附图1-15)，将人工种植的景观树种生长状况划分为优、良、一般和差。

(2)观赏型草本恢复效果

①调查样地布设

坝光银叶树湿地园分布有14个观赏型水塘，其中10个于2016年中旬通过微地形改造、岸坡植被栽植、引水注塘等措施进行恢复，另外4个水塘属于历史遗留(P6、P8、P13和P14)。水塘中分布有香蒲、菖蒲、水葱等水生植物，水塘岸坡分布有禾本科的草本植被(附图1-16)。将湿地园14个观赏型水塘(明水面和塘岸带)植被恢复过程作为监测对象，分别命名P1至P14(附图1-17)，将湿地园历史遗留的水塘作为参照系统，以分析观赏型水塘随时间变化而呈现的恢复效果。

②植物群落调查和多样性分析

2017年10月19日至21日，开展14个观赏型水塘植物群落样方调查。在每个水塘的明水面随机选择3块1m×1m样方，对每块样方进行群落学调查，包括植物种类、盖度、多度等。在每个水塘岸带上随机选择 3 块 2m×2m 样方，记录植物种类、盖度、多度等群落学特征，植物群落调查样地共计 84 个。基于调查数据计算水塘岸带植被的 Shannon-wiener 多样性指数、物种丰富度指数、Pielou 均匀度指数和优势度指数，计算方法详见刘灿然等(1997)和黄金燕等(2007)。样方位置及优势物种信息见表 1-6。

表 1-6　观赏型水塘位置及优势种群

样地序号	经纬度	优势种群
P1	114°51′116. 50″E；22°64′91. 05″N	白茅、芦苇、狗牙根
P2	114°51′35. 12″E；22°64′92. 31″N	芦竹、碎米莎草
P3	114°51′44. 05″E；22°64′98. 90″N	龙爪茅、白茅、芦竹
P5	114°31′0″E；22°38′58″N	牛筋草
P6	114°51′65. 53″E；22°64′98. 98″N	牛筋草、龙爪茅、芦苇
P7	114°31′0″E；22°39′3″N	马鞍藤
P8	114°30′58″E；22°39′2″N	芦苇、裸花水竹叶、龙爪茅
P9	114°51′83. 23″E；22°65′22. 03″N	无
P10	114°31′04″E；22°39′04″N	桐花树、细柄草、狗牙根
P11	114°51′85. 83″E；22°64′17. 27″N	狗牙根、桐花树、斑茅
P12	114°31′08″E；22°39′05″N	桐花树、狗牙根、含羞草
P13	114°52′05. 85″E；22°65′22. 95″N	狗牙根
P14	114°51′97. 40″E；22°65′26. 87″N	牛筋草、含羞草、龙爪茅

③水样采集与化学性质分析

在植物群落调查 1 周前(2017 年 10 月 13 日)、调查期间(2017 年 10 月 21 日)和 1 周后(2017 年 10 月 27 日)，在水塘内明水面，在相同时段(AM 8：00-10：00)采用美国 Hach 多参数水质监测仪现场测量水中 pH、浊度(Tur)、电导率(EC)和盐度(Sal)。野外水质监测期间，采用 1000ml 聚乙烯采样瓶采集水样，低温(-4℃)保存，送回实验室进行分析，所有水样测试时间不超过 48 小时。共采集水样 13 个，室内水质测试指标包括 COD_{Cr}、总氮(TN)、氨氮(NH_4^+-N)、硝酸盐氮(NO_3^--N)和总磷(TP)等 14 个指标。上述指标的测定参考地表水环境质量等级(GB3838-2002)规定的测试方法。

④土壤采集与测定

在每个水塘岸带，采用梅花取样法取 5 个样点土壤(0~20cm 表层土)，混合土样，低温保存，送回实验室分析，共采集土样 12 个。分析土壤的化学性质，包括 pH、EC、有机质(SOC)、全氮、全磷、全钾(TK)、碱解氮(AN)、有效磷(AP)和速效钾(AK)，土壤化学指标测定方法见 1. 3. 1. 1(3)⑥土壤与幼苗器官养分含量测定。

⑤统计方法

应用 SPSS 16. 0、Sigma Plot 10. 0 和 ArcGIS 9. 3 等分析水塘生态恢复初期植被特征及其与水质、土壤等环境因子间的联系。

1.3.2.5 有害生物监测

(1)监测方法

坝光银叶树湿地园有害生物种类及危害情况(附图1-18、附图1-19和附图1-20)。调查时间为2017年12月至2018年6月，共进行3次。采用线路踏查与标准地调查方法。采用线路踏查方式，观察林木和植株的生长健康情况，记录植株的树干、枝条、树叶、树根的受害情况，观察林木和植株周围地被植物的种类；野外发现的样本及时采集并拍照；不具备鉴别特征的幼虫、蛹或病源物，通过实验室饲养或培养获得鉴定特征后鉴定。采用标准地调查方法，在成片林地内设置20m×20m标准地，选取50株作为标准株，调查树干、枝条、树叶、树根等部位的受害情况。

病害监测：采集具有典型病害症状的植物组织，包括植株叶片、茎干和根系等，详细记录病害发生部位和危害程度，描述病害发生的症状，拍摄照片，典型病害标本压制成病害干标本，保存于实验室。观察病害的病状和病症，记录病斑的发生部位、颜色、形状、大小等，观察并记录不同部位和不同时期病害的症状。

虫害监测：发现植物有被害状时，观察叶片正反面、茎干及根系表面，发现活虫或害虫尸体收集在试管中带回实验室；钻蛀性害虫用镊子伸入里层或用灌水的方法找出害虫，将害虫放入试管带回实验室；具飞翔能力或不易捕获的害虫(如蛾类)，使用捕虫网捕捉。对带回实验室的样本，进行种类鉴定。

(2)评价标准

病害、虫害危害程度分别以轻度、中度、重度记录，分级标准见表1-7和表1-8。

表1-7 病害危害程度分级标准

危害部位	统计单位(%)	轻度	中度	重度
叶部	叶片受害率(x)	$0<x\leq30$	$30<x\leq60$	$x>60$
枝梢	枝梢受害率(x)	$0<x\leq20$	$20<x\leq50$	$x>50$
树干、根部	树干、根部受害率(x)	$0<x\leq10$	$10<x\leq20$	$x>20$

表1-8 害虫危害程度分级标准

危害部位	统计单位(%)	轻度(+)	中度(++)	重度(+++)
叶部	叶片受害率(x)	$0<x\leq20$	$20<x\leq50$	$x>50$
枝梢	枝梢受害率(x)	$0<x\leq20$	$20<x\leq50$	$x>50$
树干	树干受害率(x)	$0<x\leq10$	$10<x\leq20$	$x>20$
种子或果实	果实、种子受害率(x)	$0<x\leq10$	$10<x\leq20$	$x>20$
根部	受害株率(x)	$0<x\leq1$	$1<x\leq10$	$x>10$

1.3.3 古银叶树群落生态监测

1.3.3.1 植物多样性和群落结构

(1) 多样性监测

在古银叶树群落内，设置20个监测样地(20m×20m)，样地类型涵盖沼泽、远海陆地及邻海陆地(附图1-21和附图1-22)，每个样地划分为4个10m×10m样方，样方坐标统一以西南角为原点，往东为横坐标，往北为纵坐标。在每个样方内，乔木层采取每木调查，调查内容包括树木生长状况(胸径、树高、冠幅、分枝数)及坐标位置；在每个样方内，设置5个5m×5m小样方(在样方四角及中央位置)，对灌木层进行调查，调查内容包括灌木株数、平均高、基径及冠幅；在每个样方内，设置5个1m×1m小样方(在样方四角及中央位置)，对草本层进行调查，调查内容包括草本植物的种类、个体数、高度及盖度等。

(2) 植物多样性指数计算

植物多样性指数包括物种重要值(I_r)、物种丰富度(S)、Shannon-Wiener 指数(H')、Simpson 优势度指数(D)和 Pielou 均匀度指数(E)，按如下公式进行多样性指数计算。

①重要值(I_r)

$$I_r = (D_r + C_r + F_r)/3$$

$$D_r = H_i / \sum_{i=1}^{S} H_i \quad C_r = C_i / \sum_{i=1}^{S} C_i \quad F_r = F_i / \sum_{i=1}^{S} F_i$$

②物种丰富度指数(S)以样方中物种的数目表示物种丰富度(S)

③Simpson 优势度指数(D)　$D = 1 - \sum_{i=1}^{S} \sum P_i^2$

④Shannon-Wiener 指数(H')　$H' = -\sum_{i=1}^{S} P_i \ln P_i$

⑤Pielou 均匀度指数(E)　$E = (-\sum_{i=1}^{S} P_i \ln P_i)/\ln S$

式中：D_r 为相对密度；C_r 为相对盖度；F_r 为相对频度；S 为物种总数；P_i 为属于种 i 的个体在全部个体中的比例。

(3) 群落结构

参考王伯荪(1987)对森林群落立木进行等级划分，群落乔木层和灌木层种群立木级结构如下：Ⅰ级幼苗，苗高在33cm以下；Ⅱ级苗木，苗高在33cm以上，胸径不足2.5cm；Ⅲ级幼树，胸径在2.5~7.5cm；Ⅳ级立木，胸径在7.5~22.5cm；Ⅴ级大树，胸径在22.5cm以上。为研究群落的垂直结构，根据树高将所有树种划分为5个高度级，一级为4m以下，二级为4~6m，三级为6~8m，四级为8~10m，五级为10m以上，处于分级线上的个体归于较高一级。

1.3.3.2 优势种生态位特征

基于古银叶树群落 20 个固定样地植物多样性监测数据，开展优势树种生态位特征研究。生态位各参数计算如下。

(1) 重要值

采用重要值来反映物种特征。计算公式如下：

$$T_V=(RM+RF+RD_T)/3$$
$$S_V=(RM+RF+RD_S)/3$$
$$RD_T=DBH_r/DBH_S$$
$$RD_S=BD_r/BD_S$$

式中：T_V为乔木层重要值；S_V为灌木层重要值；RM 和 RF 分别为相对多度和相对频度；RD_T和 RD_S分别为乔木层相对显著度和灌木层相对显著度；DBH_r和 DBH_S分别为乔木层物种 r 平均胸径和乔木层所有物种平均胸径和；BD_r和 BD_S分别为灌木层物种 r 平均基径和灌木层所有物种平均基径和。

(2) 生态位宽度

Levins 生态位宽度(B_L)公式：

$$B_L = 1/\sum_{j=1}^{r} P_{ij}^2$$

Shannon 生态位宽度(B_S)公式：

$$B_S = -\sum_{j=1}^{r} P_{ij}^2 \ln P_{ij}$$

式中：$P_{ij}=n_{ij}/N_i$，n_{ij}为种群 i 利用资源状态 j 的数量，本研究以种群 i 在第 j 样方的重要值表示；N_i为种群 i 的总数量；r 为样方数。

(3) 生态位重叠

优势种群的生态位重叠特征用 Pianka 指数(N_{ik})表示。

Pianka 指数：

$$N_{ik} = \sum_{j=1}^{r} P_{ij} P_{kj}/\sqrt{\sum_{j=1}^{r} P_{ij}^2 \sum_{j=1}^{r} P_{kj}^2}$$

式中：N_{ik}为物种 i 和 k 之间的生态位重叠指数，范围在 0~1 之间。当 N_{ik}为 0 时，表明两物种没有共同资源状态，生态位完全不重叠。

1.3.3.3 优势树种分布特征

基于古银叶树群落 20 个固定样地多样性监测数据和表层(0~20cm)土壤化学指标数据，开展优势树种分布与土壤环境、群落竞争的关系研究。

为研究银叶树群落组成与结构，分别对乔木层和灌木层采用非度量多维尺度分析(NMDS)进行排序分析，然后对NMDS分析结果与土壤、群落多样性及优势树种重要值进行相关分析。此外，采用Pearson相关分析研究不同群落中优势树种重要值与群落多样性及土壤的关系，以探讨乔木层和灌木层的优势树种生长对群落组成及土壤状况的响应情况。由于灌木层个体分布会受到乔木层个体分布影响，因此，灌木层优势树种重要值与环境的相关关系结果很可能受此影响，无法得到灌木层优势树种生长对环境的真实响应状况。因此，对乔木层和灌木层均以占优势的3种主要优势树种(银叶树、阴香和假苹婆)作进一步分析，以灌木层重要值对乔木层重要值作线性相关分析，首先利用灌木层重要值残差计算去趋势化值，再利用该去趋势化值与多样性及土壤进行Pearson相关分析。

1.3.3.4 优势树种叶片养分含量及高光谱建模

(1)叶片采集与养分测定

选择19种优势树种和有害入侵种，共采集122棵树种，采集树种及其棵数见表1-9。利用采样剪，沿优势树种冠层3个方向，均匀采集健康枝条，每棵枝条上选择9片健康叶片，用清水洗净，用干净棉布擦干，装入保鲜袋并编号(附图1-23)。叶片C、N、P、K含量测定见1.3.1.1(3)⑥土壤与幼苗器官养分含量测定。

表1-9 植物类别

序号	物种	采集数量(棵)	序号	物种	采集数量(棵)
1	多毛茜草树	5	11	小叶青冈	5
2	枫香	5	12	细叶榕	5
3	海杧果	5	13	鹅掌柴	5
4	红枝蒲桃	5	14	银柴	5
5	黄樟	5	15	阴香	6
6	假苹婆	5	16	银叶树	11
7	马樱丹	5	17	鱼骨木	5
8	山乌桕	5	18	浙江润楠	5
9	薇甘菊	15	19	岭南山竹子	5
10	五爪金龙	15	-	共计	122

(2)植物叶片光谱采集

叶片野外光谱数据采用ASD-Field Spec 3便携式地物光谱仪加装10°视场镜头进行采集，波长范围在350~2500nm，输出间隔为1nm。每次测定光谱前进行暗电流去除和白板校正，分别在叶尖、叶中、叶根采集3次，取其平均值作为该叶片的光谱反射值，同一植株的叶片光谱反射值的均值作为一个样本的光谱，利用ViewSpecPro软件进行算数平均，最终得到122组样本的实际反射光谱数据。

(3)高光谱数据预处理和降维方法

使用Unscrambler 10.4软件对植物的光谱数据进行11种预处理(含4种组合方法)：基线较正(Baseline)、多元散射较正(MSC)、标准正态变换处理(SNV)、一阶导数处理(first derivative, 1st)、二阶导数处理(second derivative, 2nd)、基线较正结合一阶导数处理(baseline+1st)、基线较正结合二阶导数处理(baseline+2nd)、标准正态变换结合一阶导数处理(SNV+1st)、标准正态变换结合二阶导数处理(SNV+2nd)、多元散射较正结合一阶导数处理(MSC+1st)、多元散射较正结合二阶导数处理(MSC+2nd)。对原始光谱进行去噪，将噪声较大的波段350~379、1351~1429、1801~1949和2401~2500nm的光谱数据予以剔除。基于Matlab 2017b数据降维工具箱，采用PCA、KPCA和MDS对叶片光谱数据进行降维处理。

(4)建模集和验证集的划分

将122个样本按物种首字母大小顺序排序，每隔4个样本取出1个做预测集，保证每种植物都有一组或者一组以上的数据作为预测集，共取得预测集31个，其余91个作为建模集样本，最终建模集和预测集样本比例约为3∶1，建模样本和预测样本的各养分元素在样本范围基本一致且分布均匀(表1-10)。从表1-10可知，各样本间具有一定的差异性，建模集和预测集平均值相近，标准差均较小。

(5)模型构建

采用偏最小二乘回归(PLSR)和支持向量机回归(SVR)建立高光谱数据和营养含量的回归模型。选取建模集决定系数(R_C^2)、均方根误差($RMSE_c$)，交叉验证集决定系数(R_{cv}^2)、均方根误差($RMSE_{cv}$)和相对分析误差(RPD)来综合评价模型的效果(Chang et al., 2001)。其中R^2越大、RMSE越小，表明模型预测效果越好，R_C^2和R_{cv}^2的差值越小说明模型稳定，其中相对分析误差的计算公式如下：

$$RPD=SD/RMSE_p$$

式中：SD为验证集样本标准差；$RMSE_p$为验证集均方根误差。当$RPD \geq 2.0$，模型具有极好的定量预测能力；当$1.4<RPD<2.0$时，说明模型预测能力较好，可对样品进行估测；当$RPD \leq 1.4$时，则认为模型并不可靠(Chang et al., 2001)。

表1-10　各养分含量描述性统计分析

	数据集	样本数(个)	最小值($g \cdot kg^{-1}$)	最大值($g \cdot kg^{-1}$)	平均值($g \cdot kg^{-1}$)	标准差($g \cdot kg^{-1}$)
TN	总样本	122	8.556	40.482	20.418	7.376
	建模集	91	8.560	40.480	20.700	7.490
	预测集	31	9.360	35.680	19.394	6.923

（续）

	数据集	样本数（个）	最小值（g·kg^{-1}）	最大值（g·kg^{-1}）	平均值（g·kg^{-1}）	标准差（g·kg^{-1}）
TP	总样本	122	0.438	8.829	2.051	1.706
	建模集	91	0.438	8.829	2.105	1.75
	预测集	31	0.453	6.011	1.921	1.559
TK	总样本	122	3.310	44.606	15.304	10.823
	建模集	91	3.310	44.610	15.676	11.145
	预测集	31	3.400	40.500	14.298	9.708

1.3.3.5 优势树种高光谱分类

（1）高光谱数据获取

叶片高光谱数据使用ASD-Field Spec 3野外光谱仪测量。光谱数据波段范围为350~2500nm，选择了8种优势树种作为研究对象（表1-11），随机选择每个树种的15棵成年个体，用高枝剪摘下一个冠层树枝，每个树枝选择3片成熟全展叶作为研究对象。采集好的叶片保存于样品袋中，带回实验室进行光谱测量。

表1-11 古银叶树群落优势种的植物学特征与类别编号

种名	科名	种源	叶型	类别编号
多毛茜草树	茜草科	本地	阔叶	0
海杧果	夹竹桃科	本地	阔叶	1
假苹婆	梧桐科	本地	阔叶	2
细叶榕	桑科	本地	阔叶	3
银柴	大戟科	本地	阔叶	4
银叶树	梧桐科	本地	阔叶	5
阴香	樟科	本地	阔叶	6
鹅掌柴	五加科	本地	阔叶	7

利用ASD-Field Spec 3便携式分光辐射光谱仪（美国ASD公司）在室内测定每个叶片的反射光谱。反射光谱范围为350~2500nm，光谱间隔为1nm。光源采用光谱仪自带的50W卤化灯，光源方位角为60°，光谱仪视场角为25°，探头垂直向下，距离叶片距离为0.10m，将叶片正面平整置于反射率近似为0的黑色橡胶垫上。测定时探头分别正对待测叶片的前、中及后部，每次测量记录5个采样光谱，共计测定15个采样光谱，以其平均值作为该叶片的光谱反射率值，测定过程中，每隔15min进行一次标准白板校正（李丹等，2016）。

（2）数据预处理方法

为降低高光谱数据的信息冗余，提高光谱处理效率，对原始光谱数进行10波段平均；

同时去除光谱噪声较大的波段，仅保留 207 个 415~2475nm 光谱范围内的光谱数据。由于室内光谱测量时，室内光源照明强度和叶片测量位置等因素对原始反射光谱有一定影响，光谱数据预处理时选用 1st、2nd、Baseline、SNV、MSC 数据(陆婉珍，2007)。

(3)数据分类方法

采用随机森林算法和支持向量机 2 种分类法比较树种光谱数据的精度。每个树种有 15 个样本，随机选择每个树种中的 10 个样本建模、5 个样本验证，组成 80 个样本的建模样本集，40 个样本的验证数据集。

1.3.3.6 银叶树种群生命表及生存力

(1)野外调查

于 2017 年 10 月全面调查坝光湿地园古银叶树群落银叶树个体，统计所有胸径≥2.5cm 个体的树高、胸径、冠幅等以及所有胸径<2.5cm 幼树、幼苗的株数、高度等指标。

(2)年龄划分

自然生长的银叶树个体标准年龄难以准确确定，因银叶树为古树群落的建群种和保护树种，不能通过钻取木芯的方式来确定其个体年龄，因此以银叶树径级结构代替种群年龄结构分析种群动态，即以银叶树胸径大小来划分年龄结构级，每个年龄级按照径级为 5cm 标准来划分，将银叶树个体划分为 13 个径级：D<5cm 为Ⅰ级，5cm≤D<10cm 为Ⅱ级，10cm≤D<15cm 为Ⅲ级，以此类推，D≥60cm 为XⅢ级。统计各龄级个体数量，作为编制银叶树种群静态生命表的基础数据，分析银叶树种群生命过程。

(3)编制静态生命表

根据银叶树种群不同年龄个体的分布情况编制静态生命表。种群静态生命表分析参照文献(李豪等，2013；赵志刚等，2014)方法进行。由于研究区内银叶树种群为野生分布的自然林，调查数据会出现后一个龄级高于前一个龄级的存活个体，即死亡率为负值。为避免此情况的出现，采用匀滑技术(江洪，1992)对调查得到的银叶树种群数据进行处理，编制银叶树的静态生命表。

(4)种群年龄结构数量动态

采用种群数量变化动态指数对不同龄级银叶树数量动态进行分析，计算自然状态和考虑外部干扰时种群结构数量动态指数(刘国军等，2011)。

自然状态下种群数量变化动态指数 V_{pi}：

$$V_n = \frac{(S_n - S_{n+1})}{\max(S_n,\ S_{n+1})} \times 100\%$$

$$V_{pi} = \frac{\sum_{n=1}^{k-1}(S_n V_n)}{\sum_{n=1}^{k-1} S_n}$$

考虑外部干扰时种群数量变化动态指数V'_{pi}：

$$V'_{pi} = \frac{\sum_{n=1}^{k-1}(S_n V_n)}{K \times \min(S_1, S_2, \cdots, S_k)\sum_{n=1}^{k-1} S_n}$$

式中：V_n为种群从 n 到 $n+1$ 龄级的种群个体数量动态；S_n为第 n 龄级的种群个体数；S_{n+1}为第 $n+1$ 龄级的种群个体数；$\max(S_n, S_{n+1})$和 $\min(S_1, S_2, \cdots, S_n)$分别为数列极大值和极小值。$V_{pi}$和$V'_{pi}$大于 0 时，表示种群增长；小于 0 时，表示种群衰退；等于 0 时，表示种群稳定。

(5)生存分析

引入生存分析中的种群生存率函数 $S_{(i)}$、累计死亡率函数 $F_{(i)}$、死亡密度函数$f_{(ti)}$和危险率函数 $\lambda_{(ti)}$4 个函数(张钦弟等，2010；蔡新斌等，2016)，分析银叶树种群动态，阐明其生存规律，其计算公式如下：

$$S_{(i)} = S_1 \times S_2 \times S_3 \times \cdots \times S_i$$
$$F_{(i)} = 1 - S_{(i)}$$
$$f_{(ti)} = [S_{(i)} - S_{(i+1)}]/h_i$$
$$\lambda_{(ti)} = f_{(ti)}/S_{(i)}$$

式中：S_i和 h_i分别为存活率和龄级宽度。

1.3.3.7　古银叶树群落健康诊断

(1)样地调查

采用样地调查的方法对邻海陆地生境、远海陆地生境和盐生沼泽生境的古银叶树群落进行调查。受面积限制，本研究共设置 20 个 20m×20m 的样地，其中，邻海陆地生境 8 个，远海陆地生境 7 个，盐生沼泽生境 5 个，样地面积覆盖银叶树的整个分布区域。随后，将每个样地再分为 4 个 10m×10m 的样方，分别记录样方内胸径大于 1cm 的所有乔木、灌木和草本植物的名称、地理位置坐标信息、胸径、树高、冠幅等信息。在每个样方内设置 1 个 2m×2m 的小区，统计幼苗种类、株数、高度等信息，并计算生物量和物种丰富度、Shannon 指数和 Simpson 指数等物种多样性指数。胸径分为 8 个等级，具体为Ⅰ(1.0~4.9cm)，Ⅱ(5.0~9.9cm)，Ⅲ(10.0~14.9cm)，Ⅳ(15.0~19.9cm)，Ⅴ(20.0~29.9cm)，Ⅵ(30.0~39.9cm)，Ⅶ(40.0~49.9cm)和Ⅷ(>50.0cm)。树高分为 5 个等级，具体为 A(2.0~3.9m)，B(4.0~5.9m)，C(6.0~7.9m)，D(8.0~9.9m)和 E(>10.0m)。Shannon 多样性指数(H')和 Simpson 指数(D)采用以下公式计算：

$$H' = -\sum_{i=1}^{s} P_i ln P_i$$

$$D = 1 - \sum_{i=1}^{S} P_i$$

式中：P_i为物种 i 个体数占总个体数 S 的比例。

生物量采用温达志等(1997)的计算方法，根据胸径级计算各样地的生物量，计算公式为：

$$W_{DBH \leq 5cm}=0.05549\ DBH^{2.87776}+0.01124\ DBH^{3.16237}+0.01551\ DBH^{2.32693}+0.02838\ DBH^{2.65348}$$

$$W_{5cm<DBH \leq 10cm}=0.11701\ DBH^{2.36933}+0.01621\ DBH^{2.93859}+0.04169\ DBH^{1.90082}+0.04977\ DBH^{2.19517}$$

$$W_{10cm<DBH \leq 20cm}=0.10769\ DBH^{2.34891}+0.00385\ DBH^{3.15093}+0.00372\ DBH^{2.65113}+0.03538\ DBH^{2.29567}$$

$$W_{DBH>20cm}=0.03541\ DBH^{2.65146}+0.00583\ DBH^{2.94383}+0.07709\ DBH^{1.55399}+0.01128\ DBH^{2.67850}$$

式中：W 为生物量；DBH 为胸径。

(2)无人机遥感数据采集与分析

采用 DJI Phantom 4 无人机(大疆创新科技有限公司，中国)采集古银叶树冠层可见光影像数据。DJI Phantom 4 的相机参数为 1/2.3 英寸 CMOS，1240 万有效像素，94°镜头视角，20mm 镜头焦距(35mm 格式等效)，f/2.8 最大光圈。使用 DJIGS pro 地面站规划航线，设定航高为 50m，航向重叠率 80%，旁向重叠率 80%。获取的单张 jpg 格式影像，采用 Agisoft Photoscan Professional v1.4.0(Agisoft LLC，俄罗斯)软件对获取的影像进行拼接处理，完成排列图片、生成密集点云、生成网络、生成纹理等过程，获得古银叶树群落区的三维点云、数字表面模型(DSM)、数字高程模型(DEM)和数字正射影像(DOM)。群落冠层高度可直接从以上模型中获取。最后，通过 4 个地面控制点精确校正拼接影像的空间坐标。拼接好的可见光影像采用 ArcGIS 10.2.2 软件(ESRI，美国)手工勾画冠层林窗，使用 Fragstast 4.2 软件对林窗参数(表 1-12)进行提取。

表 1-12　冠层林窗特征参数

特征参数	缩写	公式描述
林窗数	*NP*	公式：$NP=N$；冠层中林窗的总数。取值范围：$NP \geq 1$，无上限。
林窗密度	*PD*	公式：$PD=N/A$；每平方千米(即 $100hm^2$)的林窗数。取值范围：$PD>0$，无上限。
边界长度	*TE*	公式：$TE=E$；林冠中所有林窗边界总长度(m)。取值范围 $TE \geq 0$，无上限。
边界密度	*ED*	公式：$ED=(E/A)\times 10^6$；林冠中所有林窗边界总长度(m)除以林冠总面积(m^2)，再乘以 10^6(转换成 m^2)。取值范围：$ED \geq 0$，无上限。
最大林窗指数	*LPI*	公式：$LPI=100\times \max(a_1 \cdots a_n)/A$；景观中最大林窗面积($m^2$)除以林冠总面积($m^2$)，再乘以 100(转换成百分比)。取值范围：$0<LPI \leq 100$。

(3)高光谱数据采集及前处理

光谱数据采集所采用的无人机为 DJI Matrice 600 Pro(M600 Pro，大疆创新科技有限公司，中国)。M600 Pro 是一款六旋翼飞行器，最大载荷达 6kg，载后飞行时间为 18min，通过地面站设定和遥控器操作，可实现垂直起降、定点悬停、自主航线飞行和自动拍照等功能，具备失控返航、低压保护等模式，保证无人机的飞行安全。

利用微型无人机航拍平台搭载 UHD-185 机载高速成像光谱仪(Cubert 公司，德国)进行飞行监测(附图 1-24 和附图 1-25)。UHD-185 机载高速成像光谱仪采用了画幅式成像的方式快速获取高光谱影像，光谱范围为 450~950nm，光谱采样间隔 4nm，光谱通道 125 个。利用 Cube-Pilot 软件在全光照无阴影下进行白板校正后，进行扣除暗电流操作，设置测量的间隔时间和总测量时间。利用遥控器控制无人机起飞、悬停，通过 DJI Gs Pro 无人机地面站操作系统（大疆创新科技有限公司，深圳）设置自主航线飞行程序，飞行高度为100m，航速为5m·s^{-1}，设计航向重叠率和旁向重叠率均为90%。通过Cube-Pilot软件导出RGB格式的图片数据和ENVI格式的灰度图像，用于后续的数据处理。

（2）光谱数据拼接与分析

通过Agisoft Photoscan软件，将RGB图片进行对齐照片、生成密集点云、生成网格、生成纹理、生成镶嵌、生成正射影像等处理模式进行图片拼接，最终生成研究区域的RGB拼接正射影像图片（*DOM*）。利用LivePreview软件进行单张ENVI格式的数据处理，计算归一化植被指数（*NDVI*）、氮素反射指数（*NRI*）和黄色波段指数（*YI*）等植被指数（胡秀娟等，2017）。再通过与之前RGB处理方式类似的方法进行数据拼接，得到研究区植被指数的拼接影像。在获得*NDVI*图、*NRI*图和*YI*图后，采用ENVI加权平均的方式进行了融合，最终获得植被健康指数*FHI*图（胡秀娟等，2017），用于指示坝光古银叶树群落的森林健康。各指数计算公式如下：

$$NDVI=\frac{\rho_{866}-\rho_{654}}{\rho_{866}+\rho_{654}}$$

$$NRI=\frac{\rho_{866}}{\rho_{566}}$$

$$YI=\rho_{606}$$

$$FHI=NDVI+NRI-YI$$

式中：ρ_{866}表示近红外波段（866nm），ρ_{654}表示红光波段（654nm），ρ_{566}表示绿光波段（566nm），ρ_{606}表示黄光波段（606nm）。指数值越高代表群落健康程度越高。

第 2 章　银叶树幼苗光合生理与抗逆性研究

2.1　施肥对银叶树幼苗生长及光合特性的影响

适量施肥是改善苗木质量、提高造林苗木成活率和竞争力的有效途径。复合肥所含氮、磷、钾是植物生长所必需的矿质元素，适量施肥可以促进植物的生长，而过量施用则会造成面源污染(刘欢等，2016)。光合作用是植物生长发育和产量形成的生理基础。氮素和磷素是植物生长发育所必需的大量元素，参与植株体内蛋白质、核酸、碳水化合物以及能量代谢过程(谢瑞等，2017)，对植物光合生理和叶绿素荧光特性产生直接或间接的影响。近年来，施肥对植物生长、生物量、光合生理及叶绿素荧光研究不断增加，有学者采用指数施肥法，研究了不同指数施肥下杉木(刘欢等，2016)、马来沉香和土沉香(王冉等，2011)、美丽异木棉(丁晓纲等，2013)、白桦(郝龙飞等，2014)等幼苗生长、叶片气体交换参数、叶绿素荧光参数的变化规律；也有些学者基于植物生长周期，采用不同的养分配比、施肥量及施肥方式，开展了核桃(孔芬等，2016)、风箱果幼苗(殷东生等，2018)、黄檗幼苗(周志强等，2015)及甘薯(杜祥备等，2019)生长、光合作用光响应参数及叶绿素荧光参数等方面的研究。以上研究表明，适当增加供氮水平可以显著提高幼苗的光合能力和生物量，但过高的氮素供给严重抑制了幼苗生长。为探讨不同施肥水平对银叶树幼苗生长和光合作用的影响，以 2 年生实生幼苗为试验材料，设置对照 CK(0g·株$^{-1}$)、N1(10g·株$^{-1}$)、N2(15g·株$^{-1}$)、N3(20g·株$^{-1}$)、N4(25g·株$^{-1}$)及 N5(30g·株$^{-1}$)6 个施肥水平的盆栽实验，经 140d 施肥试验，研究不同施肥水平下银叶树幼苗生长、生物量、叶片叶绿素含量、光合作用、光响应参数及叶绿素荧光参数的变化规律，探讨促进银叶树幼苗形态生长、生物量、光合作用等适宜的施肥量，为银叶树幼苗高效栽培提供科学依据。

2.1.1　不同施肥处理对银叶树幼苗生长和生物量的影响

施肥 20 周后，株高生长量、地径生长量及生物量(叶、茎、根及总生物量)随着施肥量的增加呈先升高后降低的变化趋势，而根冠比呈下降趋势(表 2-1)。株高与地径生长在 N3 处理时达到最大值，与 CK 相比，增幅分别为 26.91%和 6.93%，施肥量继续增加时，苗木地径生长受到严重抑制。叶生物量在 N3 施肥处理下达到最大值，而茎生物量、根生物量及总生物量在 N1 施肥处理下达到最大值。N1 至 N5 处理下叶生物量和茎生物量显著高于 CK 处理($P<0.05$)，而根生物量在 CK、N1、N2 及 N3 差异不显著($P>0.05$)，却显著高于 N4 及 N5 处理($P<0.05$)，这主要由于养分供给不足，导致较多的生物量向根系分配，促进根系的生长，提高根系吸收养分的能力，当养分供给过量(N4 和 N5)时，根系生长因养分胁迫而降低。N1 至 N3 处理间总生物量差异不显著($P>0.05$)，却显著高于 CK、N4 及 N5($P<0.05$)，N1 至 N3 施肥处理总生物量与 CK 相比增幅介于 44.64%~57.75%之

间，而随着施肥量的增加(N4 和 N5)，增幅仅介于 15.33%~16.69%之间。结果表明，适量的施肥有助于提升银叶树株高生长和生物量，而过量施肥则对苗木地径生长和根生长增加产生明显抑制作用。

表 2-1　不同施肥处理对银叶树幼苗生长与生物量的影响

施肥处理	株高生长量(cm)	地径生长量(mm)	叶片生物量(g·株$^{-1}$)	茎生物量(g·株$^{-1}$)	根生物量(g·株$^{-1}$)	总生物量(g·株$^{-1}$)	根冠比
CK	37.9±3.3a	10.1±0.4ab	23.61±1.37a	26.78±2.21a	27.26±1.49b	77.65±4.38a	0.56±0.03c
N1	44.3±3.5a	10.3±0.4ab	43.41±2.63c	48.15±2.14d	30.93±1.38b	122.49±4.72b	0.35±0.03b
N2	47.0±3.0a	10.5±0.4ab	42.16±2.25c	42.43±2.81c	27.71±2.11b	112.31±5.84b	0.33±0.02ab
N3	48.1±2.2a	10.8±0.5b	44.12±2.83c	42.90±2.67c	27.02±1.98b	114.04±6.42b	0.32±0.02ab
N4	48.0±3.3a	8.9±0.5a	37.61±2.62bc	32.90±1.24b	19.04±0.97a	89.55±4.11a	0.27±0.01a
N5	47.7±3.4a	8.6±0.8a	32.52±3.00b	37.65±3.06b	20.43±1.89a	90.61±7.15a	0.29±0.02ab

注：不同小写字母表示不同施肥处理间差异达 0.05 显著水平。下同。

2.1.2　不同施肥处理对银叶树幼苗叶片叶绿素含量的影响

施肥 20 周后，随着施肥量的增加，银叶树幼苗叶片叶绿素含量[叶绿素 a、叶绿素 b、叶绿素(a+b)]呈先升高后降低的趋势(表 2-2)，均在 N1 处理下达到最大值，与 CK 相比，增幅分别为 231.43%(叶绿素 a)、225.00%(叶绿素 b)及 229.79%[叶绿素(a+b)]，N1 至 N5 处理下叶片叶绿素含量显著高于 CK($P<0.05$)；不同施肥处理间叶绿素 a/b 比值差异不显著($P>0.05$)，施肥降低了叶绿素 a/b 比值。

表 2-2　不同施肥处理对银叶树幼苗叶片叶绿素含量的影响

施肥处理	叶绿素 a(mg·g^{-1})	叶绿素 b(mg·g^{-1})	叶绿素(a+b)(mg·g^{-1})	叶绿素 a/b
CK	0.35±0.03a	0.12±0.02a	0.47±0.04a	3.33±0.37a
N1	1.16±0.08b	0.39±0.03b	1.55±0.11b	2.99±0.06a
N2	1.14±0.04b	0.38±0.01b	1.52±0.04b	3.00±0.17a
N3	1.14±0.06b	0.37±0.03b	1.51±0.09b	3.13±0.08a
N4	0.99±0.05b	0.33±0.02b	1.32±0.07b	3.02±0.08a
N5	1.01±0.12b	0.34±0.04b	1.35±0.16b	3.10±0.12a

2.1.3　不同施肥处理对银叶树幼苗光合参数的影响

从表 2-3 可知，净光合速率(P_n)、蒸腾速率(T_r)、水分利用效率(WUE)及气孔导度(G_s)随着施肥量的增加基本呈先升高后降低的变化趋势。P_n、WUE 及 G_s基本上在 N3 处理时达到峰值，N3 处理下 P_n分别较 CK 显著增加，增幅分别为 70.76%和 64.06%，WUE 增幅分别为30.24%和37.79%，G_s增幅分别为61.19%和24.14%。施肥10周后，N4和N5处理下P_n、T_r及G_s与CK相比均有不同程度的降低，下降幅度分别为7.22%与20.67%、27.02%与31.93%、26.87%与35.82%；胞间CO_2浓度(C_i)随着施肥量的增加基本呈下降趋势，且在N4处理时达到最低值，与CK相比，降幅达18.23%。施肥20周后，N5处理下P_n、T_r及G_s与CK相比均有不同程度的降低，降幅分别为21.08%、37.62%及44.83%。结果表明，适量施肥可提高银叶树幼苗P_n、T_r、*WUE*及G_s，降低C_i，在N3处理下效果最好。

表2-3　不同施肥处理对银叶树幼苗光合参数的影响

时间	处理	净光合速率P_n ($\mu mol \cdot m^{-2} \cdot s^{-1}$)	蒸腾速率T_r ($mmol \cdot m^{-2} \cdot s^{-1}$)	水分利用效率*WUE* ($\mu mol \cdot mmol^{-1}$)	气孔导度G_s ($mol \cdot m^{-2} \cdot s^{-1}$)	饱间CO_2浓度C_i ($\mu mol \cdot mol^{-1}$)
施肥10周	CK	5.95±1.32a	2.85±0.52ab	2.05±0.19a	0.067±0.014abc	246.16±23.37bc
	N1	7.70±1.46ab	3.34±0.65b	2.31±0.14b	0.102±0.018c	242.68±10.40bc
	N2	7.88±0.49ab	3.61±0.15b	2.18±0.09ab	0.085±0.004bc	220.48±3.84abc
	N3	10.16±1.23b	3.92±0.64b	2.67±0.14c	0.108±0.019c	207.29±7.98abc
	N4	5.52±1.27a	2.08±0.39a	2.56±0.16c	0.049±0.010ab	201.29±8.77a
	N5	4.72±0.87a	1.94±0.30a	2.39±0.12bc	0.043±0.007a	204.41±9.64ab
施肥20周	CK	4.98±0.59a	2.02±0.29ab	2.62±0.40a	0.058±0.006ab	242.48±12.24b
	N1	6.97±0.91ab	2.22±0.39ab	3.28±0.25a	0.058±0.0098ab	227.83±8.16b
	N2	7.47±0.60b	2.75±0.18b	2.69±0.12a	0.072±0.006b	215.09±6.35ab
	N3	8.17±1.32b	2.34±0.54ab	3.61±0.37a	0.072±0.013b	203.05±13.52ab
	N4	5.29±1.61ab	1.36±0.36a	3.56±0.59a	0.043±0.012ab	203.19±18.47ab
	N5	3.93±0.67a	1.26±0.18a	3.07±0.32a	0.032±0.005a	188.00±16.99a

2.1.4　不同施肥处理对银叶树幼苗光合-光响应参数的影响

不同施肥处理下银叶树幼苗光合-光响应参数见表2-4。

表2-4　不同施肥处理下银叶树幼苗光合-光响应参数

时间	处理	最大净光合速率P_{max} ($\mu mol \cdot m^{-2} \cdot s^{-1}$)	表观量子效率*AQY* ($\mu mol \cdot m^{-2} \cdot s^{-1}$)	暗呼吸速率R_d ($\mu mol \cdot m^{-2} \cdot s^{-1}$)	光饱和点*LSP* ($\mu mol \cdot m^{-2} \cdot s^{-1}$)	光补偿点*LCP* ($\mu mol \cdot m^{-2} \cdot s^{-1}$)
施肥10周	CK	6.88±0.77a	0.036±0.006a	0.99±0.14a	500.4±92.5a	26.1±1.7a
	N1	10.86±1.00b	0.043±0.009a	1.39±0.29a	1137.6±65.4b	35.1±6.8a
	N2	13.48±0.72b	0.050±0.004a	1.36±0.17a	1269.9±134.7b	27.0±3.1a
	N3	16.45±2.21c	0.040±0.003a	0.94±0.20a	1642.5±257.2c	23.4±5.4a
	N4	6.91±0.34a	0.032±0.006a	1.22±0.12a	522.9±69.8a	30.6±1.8a
	N5	4.72±0.67a	0.045±0.006a	1.60±0.25a	368.1±32.8a	32.4±5.3a

（续）

时间	处理	最大净光合速率 P_{max}（μmol·m^{-2}·s^{-1}）	表观量子效率 AQY（μmol·m^{-2}·s^{-1}）	暗呼吸速率 R_d（μmol·m^{-2}·s^{-1}）	光饱和点 LSP（μmol·m^{-2}·s^{-1}）	光补偿点 LCP（μmol·m^{-2}·s^{-1}）
施肥20周	CK	2.93±0.18a	0.031±0.005a	1.04±0.17a	278.1±50.8a	36.9±1.7abc
	N1	4.15±0.94a	0.035±0.007a	1.19±0.14a	314.1±36.3a	27.9±2.7ab
	N2	6.71±1.43b	0.028±0.008a	1.03±0.18a	654.3±163.3b	43.2±6.6abc
	N3	4.14±0.42a	0.024±0.007a	1.07±0.21a	403.2±40.4a	51.3±8.6c
	N4	4.24±0.70a	0.039±0.005a	0.87±0.08a	331.2±23.6a	25.2±2.9a
	N5	1.87±0.34a	0.038±0.011a	0.90±0.09a	227.7±79.6a	35.3±5.2abc

施肥10周后，最大净光合速率（P_{max}）及光饱和点（*LSP*）随施肥量的增加呈先升后降的趋势，而表观量子效率（*AQY*）、暗呼吸速率（R_d）和光补偿点（*LCP*）变化趋势不明显；P_{max}和*LSP*在N3处理下达到最大值，与对照（CK）相比，增幅分别为139.1%和228.2%，而*AQY*在N2处理下达到最大值，与CK相比，增幅为38.9%。不同施肥处理间*AQY*、R_d、*LCP*差异不显著（$P>0.05$），N3处理下P_{max}和*LSP*显著高于其他处理（$P<0.05$）。施肥20周后，银叶树幼苗生长势减弱，不同施肥处理间*AQY*和R_d差异不显著（$P>0.05$），表明施肥对*AQY*和R_d影响不明显；N2处理下P_{max}或*LSP*显著高于其他处理（$P<0.05$），与对照相比，增幅为129.0%和135.3%。

2.1.5 不同施肥处理下银叶树幼苗光合-光响应过程

由图2-1可知，施肥10周（图2-1A）后，当光合有效辐射（*PAR*）低于200μmol·m^{-2}·s^{-1}时，银叶树幼苗叶片P_n随*PAR*的增加呈线性增加趋势；当200μmol·m^{-2}·s^{-1}≤*PAR*<600μmol·m^{-2}·s^{-1}时，不同施肥下的银叶树幼苗P_n随*PAR*的增加呈缓慢上升趋势；当*PAR*≥600μmol·m^{-2}·s^{-1}时，不同施肥下的银叶树P_n随*PAR*的增加程度逐渐降低。整体来看，

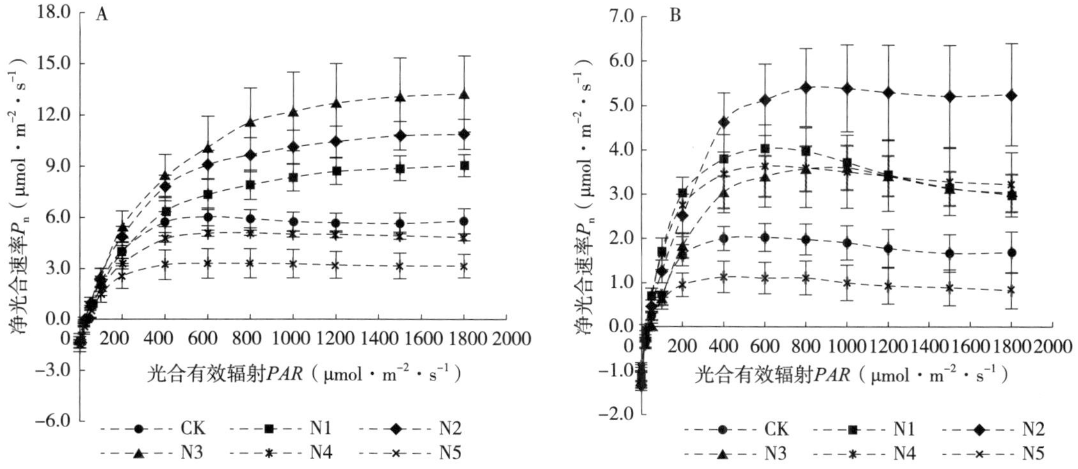

图2-1 不同施肥处理下银叶树叶片净光合速率对光合有效辐射的响应

注：图中A为施肥10周；B为施肥20周（下同）。

施肥 10 周后，N1、N2 和 N3 施肥处理下 P_n 高于 CK，说明 N1、N2、N3 施肥处理加快了银叶树幼苗光合速率，而 N4 和 N5 处理则抑制银叶树幼苗光合速率，6 种处理中，N2 处理对于加快银叶树幼苗光合作用效果最明显。

施肥 20 周(图 2-1B)后，当 *PAR* 低于 200μmol·m^{-2}·s^{-1}时，银叶树幼苗叶片 P_n随 *PAR* 的增加仍呈线性增加趋势；当 200μmol·m^{-2}·s^{-1}≤*PAR*<600μmol·m^{-2}·s^{-1}时，不同施肥下的银叶树幼苗 P_n随 *PAR* 的增加呈缓慢上升趋势；当 *PAR*≥600μmol·m^{-2}·s^{-1}时，不同施肥下的银叶树 P_n随 *PAR* 的增加基本呈缓慢下降或保持不变的趋势。整体来看，施肥 20 周后，N1、N2、N3 和 N4 施肥处理下 P_n高于对照，说明 N1、N2、N3 和 N4 施肥处理加快了银叶树幼苗光合速率，而 N5 处理则抑制银叶树幼苗光合速率，6 种处理中，N2 处理下银叶树幼苗光合速率效果最明显。

不同施肥处理下银叶树叶片蒸腾速率(T_r)对光合有效辐射的响应见图 2-2。由图 2-2 可知，施肥 10 周(图 2-2A)后，当 *PAR* 低于 200μmol·m^{-2}·s^{-1}时，银叶树幼苗叶片 T_r随 *PAR* 的增加呈线性增加趋势；当 *PAR* 等于或高于 200μmol·m^{-2}·s^{-1}时，各处理下的银叶树幼苗 T_r随 *PAR* 的增加呈缓慢上升趋势。施肥 20 周(图 2-2B)后，当 *PAR* 低于 200μmol·m^{-2}·s^{-1}时，银叶树幼苗叶片 T_r随 *PAR* 的增加仍呈线性增加趋势；当 200≤*PAR*<600μmol·m^{-2}·s^{-1}时，各处理下的银叶树幼苗 T_r随 *PAR* 的增加呈缓慢上升趋势；当 *PAR*≥600μmol·m^{-2}·s^{-1}时，N2 和 N3 处理下的银叶树 T_r随 *PAR* 的增加先呈直线增加后呈缓慢增加的趋势，其他处理则呈先缓慢增加后缓慢下降或保持不变的趋势。整体来看，施肥 10 周后，N1、N2 和 N3 处理下 T_r高于 CK，N4 和 N5 处理下 T_r低于 CK，6 种处理中，N3 处理下银叶树幼苗蒸腾速率效果最明显；施肥 20 周后，N1、N2、N3 和 N4 处理下 T_r高于 CK，N5 处理下 T_r低于 CK，6 种处理中，N2 处理下银叶树幼苗蒸腾速率效果最明显。

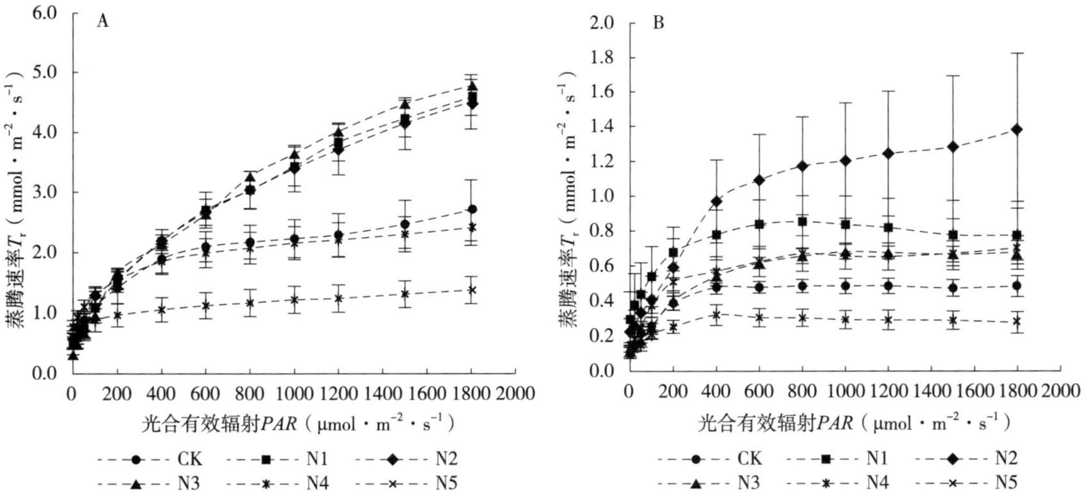

图 2-2　不同施肥处理下银叶树叶片蒸腾速率对光合有效辐射的响应

不同施肥处理下银叶树叶片水分利用效率(*WUE*)对光合有效辐射的响应见图 2-3。施肥 10 周(图 2-3A)和施肥 20 周(图 2-3B)后，当 *PAR* 低于 200μmol·m^{-2}·s^{-1}时，银叶树幼苗叶片 *WUE* 随 *PAR* 的增加呈线性增加趋势；当 200μmol·m^{-2}·s^{-1}≤*PAR*<400μmol·m^{-2}·s^{-1}

时，各处理下的银叶树幼苗叶片 *WUE* 随 *PAR* 的增加呈缓慢上升趋势；当 *PAR* 等于或高于 400μmol·m^{-2}·s^{-1}时，各处理下的银叶树幼苗叶片 *WUE* 随 *PAR* 的增加呈缓慢下降的趋势。整体来看，施肥 10 周后，N2 和 N3 处理下 *WUE* 高于 CK，其他处理下 *WUE* 低于 CK；施肥 20 周后，N1、N2、N3 和 N4 处理下 *WUE* 高于 CK，N5 处理下 *WUE* 低于 CK；6 种处理中，N3 处理下银叶树幼苗水分利用速率效果最明显。

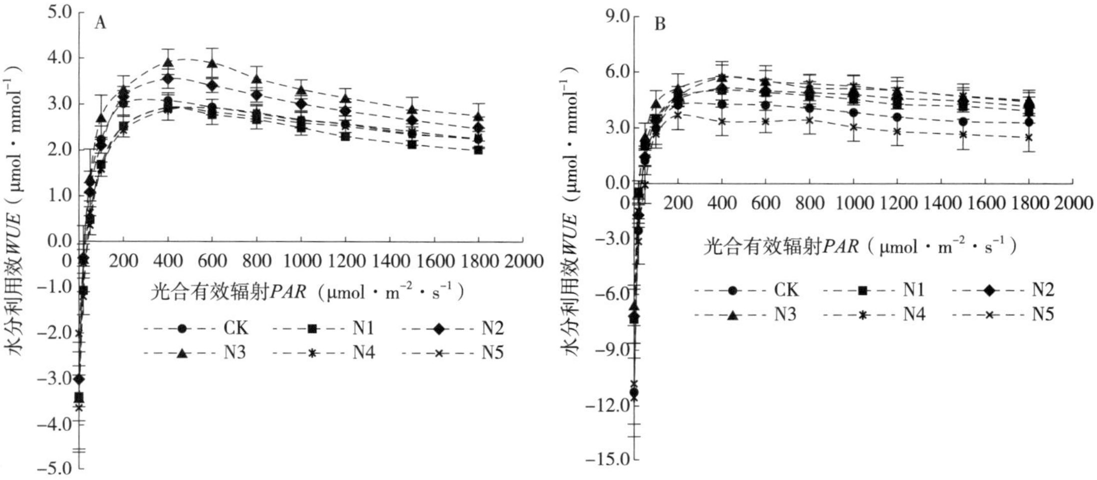

图 2-3 不同施肥处理下银叶树叶片水分利用效率对光合有效辐射的响应

不同施肥处理下银叶树叶片气孔导度(G_s)对光合有效辐射的响应见图 2-4。施肥 10 周(图 2-4A)后，N1、N2 和 N3 处理下银叶树幼苗叶片 G_s随 *PAR* 的增加呈增加趋势；CK、N4 和 N5 处理则呈先增加后保持不变，当 *PAR*≥400μmol·m^{-2}·s^{-1}时，G_s基本保持不变。施肥 20 周(图 2-4B)后，当 *PAR* 低于 400μmol·m^{-2}·s^{-1}时，N2 处理下银叶树幼苗叶片 G_s随 *PAR* 的增加呈直线增加的趋势，当 *PAR* 等于或高于 400μmol·m^{-2}·s^{-1}时则表现为缓慢增加的趋势；其他处理则表现为先增加后缓慢降低的趋势。整体来看，施肥 10 周后，N1、N2 和 N3

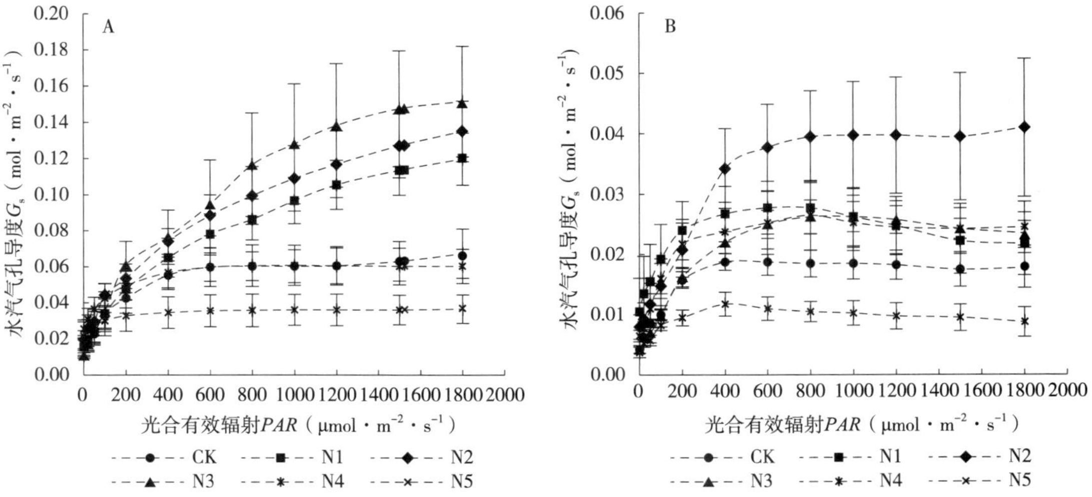

图 2-4 不同施肥处理下银叶树叶片气孔导度对光合有效辐射的响应

处理下 G_s高于 CK，N4 处理下下银叶树幼苗叶片 G_s与 CK 变化趋势接近，N5处理下 G_s则低于 CK；施肥 20 周后，N1、N2、N3 和 N4 处理下 G_s高于 CK，N5 处理下 G_s低于 CK。

不同施肥处理下银叶树叶片胞间 CO_2浓度(C_i)对光合有效辐射的响应见图 2-5。施肥 10 周(图 2-5A)后和施肥 20 周(图 2-5B)后，当 *PAR* 低于 200μmol · m^{-2} · s^{-1}时，各处理下银叶树幼苗叶片 C_i随 *PAR* 的增加呈直线下降的趋势；当 200μmol · m^{-2} · s^{-1}≤*PAR*<400μmol · m^{-2} · s^{-1}时，各处理下银叶树幼苗叶片 C_i随 *PAR* 的增加呈缓慢下降的趋势；当 *PAR*≥400μmol · m^{-2} · s^{-1}时，C_i基本保持不变。

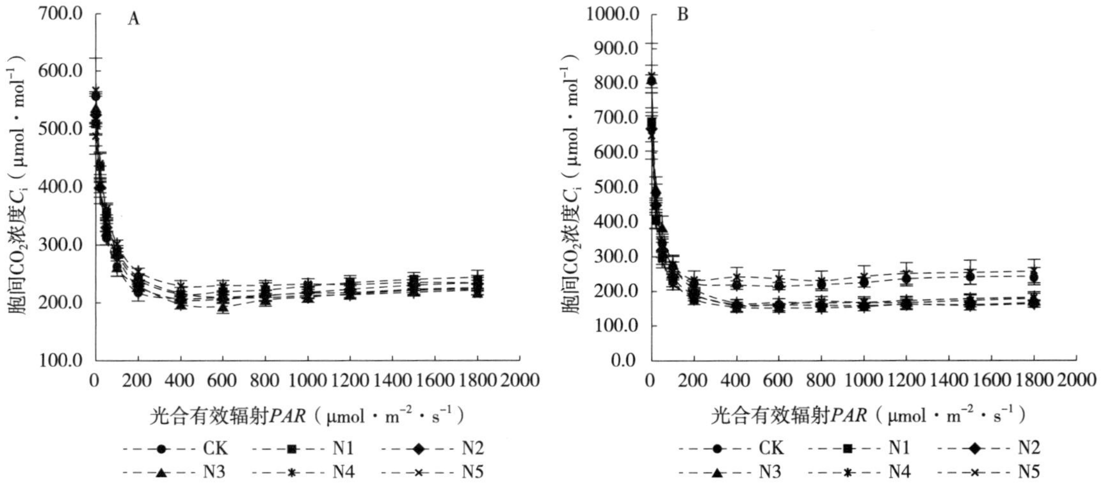

图 2-5　不同施肥处理下银叶树胞间 CO_2浓度对光合有效辐射的响应

不同施肥处理下银叶树叶片实际光化学量子效率(Φ_{PSII})对光合有效辐射的响应见图 2-6。施肥 10 周后(图 2-6A)和施肥 20 周(图 2-6B)后，各处理下银叶树幼苗叶片 Φ_{PSII}均随 *PAR* 的增加呈下降的趋势，下降幅度先增加后减小。整体来看，施肥 10 周后，N5 处理下银叶树幼苗叶片 Φ_{PSII}低于 CK，其他处理均高于 CK；施肥 20 周后，各处理下银叶树幼苗叶片 Φ_{PSII}均高于 CK。

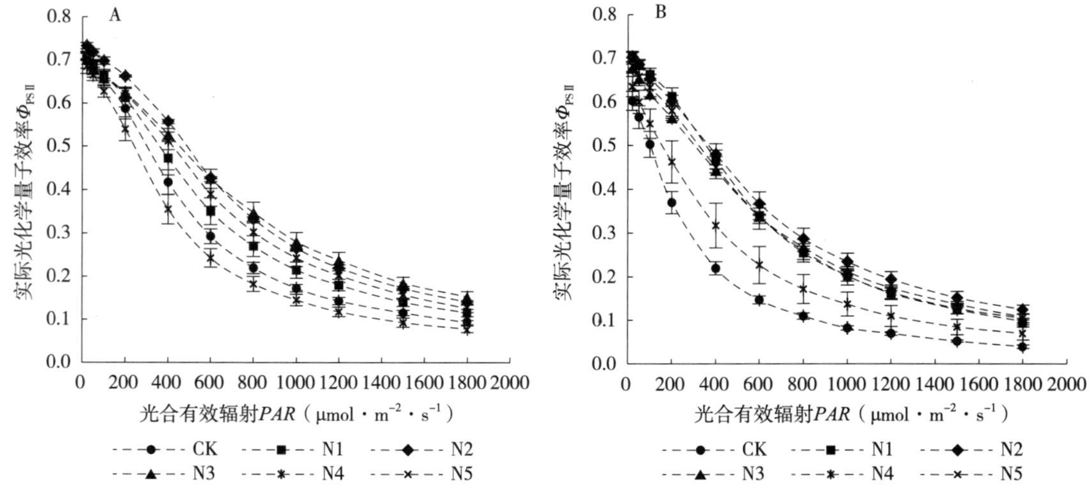

图 2-6　不同施肥处理下银叶树叶片实际光化学量子效率对光合有效辐射的响应

不同施肥处理下银叶树幼苗叶片电子传递速率(*ETR*)对光合有效辐射的响应见图 2-7。施肥 10 周后(图 2-7A)和施肥 20 周(图 2-7B)后，当 *PAR* 低于 400μmol·m^{-2}·s^{-1}时，各处理下银叶树幼苗叶片 *ETR* 随 *PAR* 的增加呈直线上升的趋势；当 400μmol·m^{-2}·s^{-1} ≤ *PAR* < 600μmol·m^{-2}·s^{-1}时，各处理下银叶树幼苗叶片 *ETR* 随 *PAR* 的增加呈缓慢上升的趋势；当 *PAR* ≥ 600μmol·m^{-2}·s^{-1}时，*ETR* 基本呈缓慢下降的趋势。整体来看，施肥 10 周后，仅 N5 处理下银叶树幼苗叶片 *ETR* 低于 CK，其他处理均高于 CK；施肥 20 周后，各处理下银叶树幼苗叶片 *ETR* 均高于 CK。

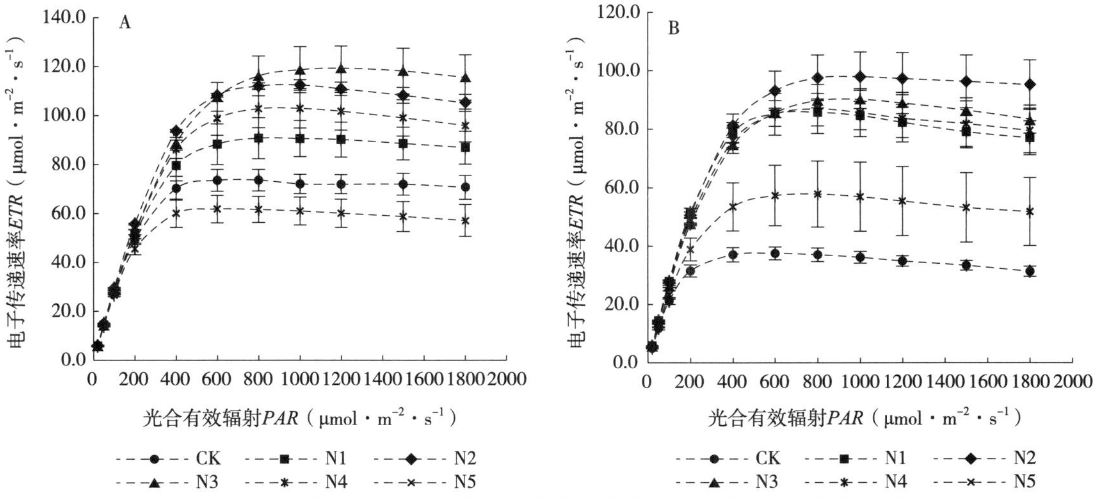

图 2-7　不同施肥处理下银叶树叶片电子传递速率对光合有效辐射的响应

2.1.6　不同施肥处理对银叶树幼苗叶绿素荧光参数的影响

施肥 10 周后(图 2-8A)，银叶树幼苗 PSⅡ最大光化学效率(F_v/F_m)随着施肥量的增加呈先升高后降低的变化趋势，在 N3 处理下达到最大值，与 CK 相比，N3 处理增幅为 3.83%，N1 至 N5 处理 F_v/F_m显著高于 CK 处理($P<0.05$)。施肥 20 周后(图 2-8B)，N1 至 N4 处理间银叶树幼苗 F_v/F_m差异不显著($P>0.05$)，却显著高于 CK 和 N5 处理($P<0.05$)；同样，银叶树幼苗 F_v/F_m随着施肥量的增加呈先升后降的趋势，且在 N5 处理下达到最低值。结果表明，适宜的施肥量提高了银叶树幼苗最大光化学效率，过量施肥加速了光抑制发生。

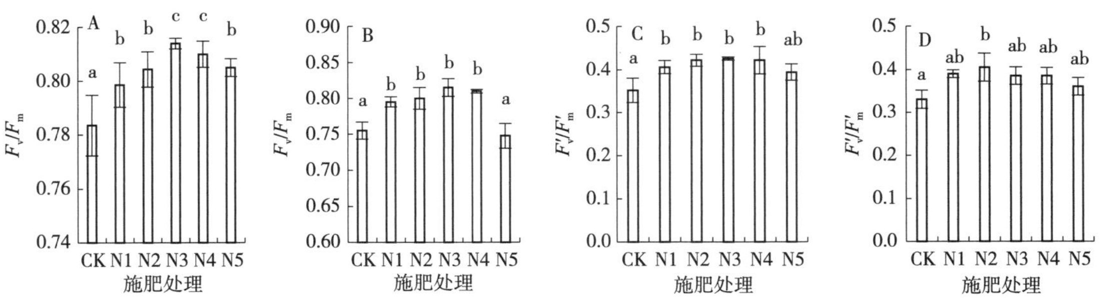

图 2-8　不同施肥处理对银叶树幼苗 F_v/F_m与 F'_v/F'_m的影响

注：F_v/F_m 为 PSⅡ最大光化学效率；F'_v/F'_m 为 PSⅡ有效光化学量子产量。

不同小写字母表示不同处理间差异达 0.05 显著水平(下同)。

施肥 10 周后(图 2-8C)，银叶树幼苗 PSⅡ有效光化学量子产量(F'_v/F'_m)随施肥量的增加呈先升后降的趋势，在 N3 处理下达到最大值，N1、N2、N3 及 N4 处理下 F'_v/F'_m 显著高于 CK($P<0.05$)。在施肥 20 周后，银叶树幼苗 F'_v/F'_m 随施肥量的增加呈先升后降的趋势(图 2-8D)，在 N2 处理下 F'_v/F'_m 达到峰值，且显著高于 CK($P<0.05$)。结果表明，适量施肥可提升有效光化学量子产量，提高原始光能捕获转化效率。

银叶树幼苗叶片 PSⅡ实际光合效率($\Phi_{PSⅡ}$)和表观光合量子传递效率(ETR)随施肥量的增加呈先升后降的变化趋势，均在 N3 处理时达到最大值。施肥 10 周后(图 2-9A 和图 2-9C)，$\Phi_{PSⅡ}$ 或 ETR 在不同施肥处理间差异不显著($P>0.05$)；施肥 20 周后(图 2-9B 和图 2-9D)，N1 至 N5 处理下 $\Phi_{PSⅡ}$ 或 ETR 与 CK 相比均有显著增加，增幅介于 42.08%~93.33%和 47.61%~101.09%之间。结果表明，适量施肥显著增加了电子传递活性与传递速率。

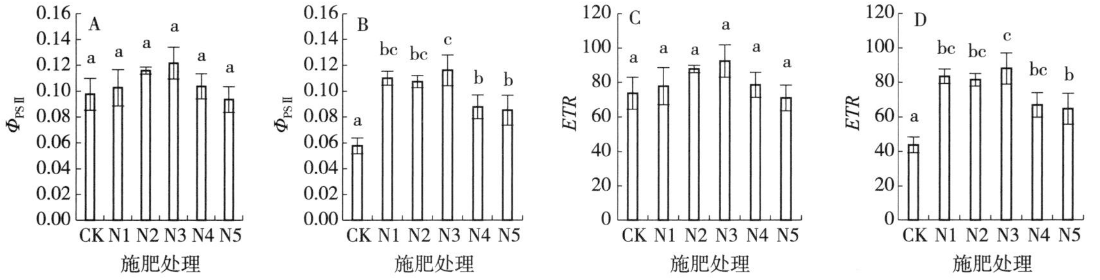

图 2-9　不同施肥处理对银叶树 $\Phi_{PSⅡ}$ 与 ETR 参数的影响

注：$\Phi_{PSⅡ}$ 为实际光合效率；ETR 为表观光合量子传递效率。

施肥 10 周后(图 2-10A 和图 2-10C)，银叶树幼苗光化学淬灭系数(q_P)在不同施肥处理间差异不显著($P>0.05$)，q_P 随着施肥量的增加呈先升后降的变化趋势，在 N5 时达到最低值；N1 至 N5 处理间非光化学淬灭系数(NPQ)差异不显著($P>0.05$)，且显著低于 CK($P<0.05$)，表明施肥后银叶树的热耗散降低，光能利用率增加。施肥 20 周后(图 2-10B 和图 2-10D)，N1 至 N5 处理下 q_P 显著高于 CK($P<0.05$)，表明施肥增加了 PSⅡ的电子传递活性；而不同施肥处理间 NPQ 差异不显著($P>0.05$)，随施肥量的增加基本呈下降趋势。

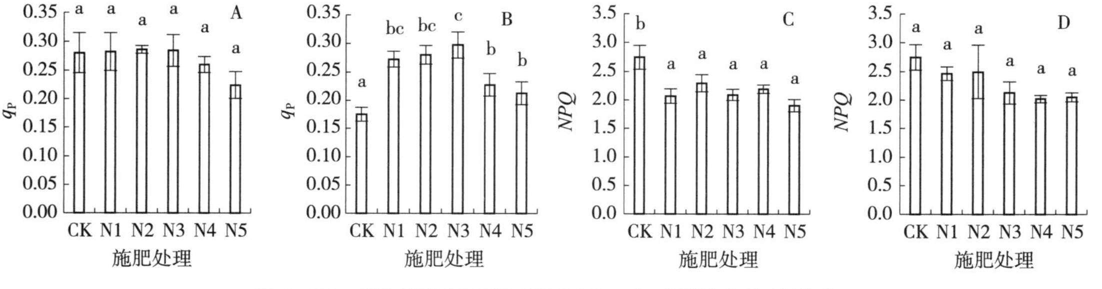

图 2-10　不同施肥处理对银叶树 q_P 与 NPQ 参数的影响

注：q_P 为光化学淬灭系数；NPQ 为非光化学淬灭系数。

2.1.7 讨论与结论

2.1.7.1 施肥对银叶树幼苗生长与生物量的影响

叶、茎及根生物量分配格局及其变化是植物形态变化对养分适应的重要表征(Swift et al.，2008)。生物量(叶、茎、根及总生物量)随着施肥量的增加呈先升后降的变化趋势，这与何茜等(2012)研究结果一致。CK处理下根生物量>茎生物量>叶生物量，表明养分供给不足时，较多的生物量向根系分配，促进根系的生长，提高根系吸收养分的能力，导致根生物量和根冠比较大(吴楚等，2004)。N1处理下根系更容易获得土壤中的养分，降低了根生物量分配，将更多的生物量分配给地上部分，导致叶生物量和茎生物量迅速升高(Coomes et al.，1998；Grechi et al.，2007；Nishimura et al.，2010)，此时，总生物量达到最大值。随着施肥量的增加，叶、茎及根生物量呈下降趋势，当施肥量高于植物养分吸收临界点时，高浓度的养分对植物根系产生毒害作用，抑制根系对养分和水分的吸收，从而对植物的生长产生抑制作用(郑槐明等，1999；Salifu et al.，2003)。

2.1.7.2 施肥对银叶树幼苗叶绿素含量的影响

叶绿素是叶片光合作用的物质基础，其含量和比例反映植物生长状况和光合能力的重要指标(许大全等，1992；王建华等，2011；铁得祥等，2020)。叶绿素a和叶绿素b分别表征叶片光能利用和捕获能力(白宇清等，2017)。N1至N5处理下叶绿素a、叶绿素b、叶绿素(a+b)均显著高于CK处理的相应值，施肥显著提升了叶绿素a和b含量，提高了叶绿体弱光捕获能力和光电转化效率，进而使光合速率明显升高；但随着施肥量的增加，叶绿素含量呈先升高后下降的趋势，这与周志强等(2015)研究结果一致。

2.1.7.3 施肥对银叶树幼苗光合参数的影响

银叶树幼苗P_n和G_s随着施肥量的增加基本呈先升后降的变化趋势，而C_i总体上呈下降的趋势，这可能是由于适量施肥提升了叶绿素含量、叶肉细胞光合活性及气孔开放度，促进了银叶树幼苗叶片P_n的升高，但在CO_2保持稳定的情况下，导致了C_i的下降(陈根云等，2010)；随着施肥量的持续增加，P_n反而下降，这可能是叶肉光合活性减弱，G_s下降及叶肉细胞的羧化能力变化共同作用的结果(向芬等，2018)，本研究结果与孔芬等(2016)研究结果一致。过量肥料供给导致银叶树幼苗发生光抑制，导致PSⅡ的电子传递速率降低。与CK相比，N4和N5处理下*WUE*均有不同程度的提升，这主要是由于银叶树幼苗通过降低叶片T_r，从而使*WUE*提高，这也是植物在逆境环境下长期进化的一种自我保护机制(李泽等，2017)。

2.1.7.4 施肥对叶绿素荧光参数的影响

F_v/F_m代表了PSⅡ的最大光化学效率，为开放的PSⅡ反应中心的能量捕获效率，正常情况下，植物叶片PSⅡ最大的光化学量子效率在0.80~0.85之间(许大全，2013；张忠学等，2017)，而在胁迫条件下会明显下降(张守仁，1999；郝兴宇等，2011)。施肥10周后，CK 处理下银叶树幼苗 F_v/F_m 低于 0.80，这主要是由于养分供给不足，产生养分缺乏胁迫，导致植株发生光抑制现象，降低了 PSⅡ反应中心的能量捕捉效率。施肥 20 周后，CK 处理和 N5 处理 F_v/F_m 显著低于 N1 至 N4 处理，这可能是由于未施肥和过量施肥引起 PSⅡ的潜在活性中心受损，PSⅡ主动通过降低电子传递和减小光化学效率来响应 CO_2 同化能力的降低，植物主要通过热耗散的形式把过剩的光能释放以避免强光对光系统的破坏和损伤(卜令铎等，2010)。PSⅡ反映电子传递活性与传递速率。*ETR* 反映实际光强条件下的表观电子传递效率(史彦江等，2012)。Φ_{PSII} 和 *ETR* 随施肥量的增加均表现出先升后降的变化趋势，均在 N3 处理时达到最大值，研究表明，适量施肥显著增加了电子传递活性与传递速率。q_P 反映 PSⅡ反应中心的开放程度，q_P 越大，表明 PSⅡ的电子传递活性越大(Van Kooten et al.，1990)。施肥 10 周后，不同施肥处理对银叶树幼苗 PSⅡ电子传递活性影响不大；施肥 20 周后，N1 至 N5 处理下 PSⅡ的电子传递活性显著高于 CK。*NPQ* 是 PSⅡ天线色素吸收的光能不能用于光合电子传递而以热的形式耗散掉的光能部分，反映了光系统对过剩光能的耗散能力(张守仁，1999；闫芳等，2016)。施肥 10 周后，施肥显著降低了银叶树幼苗的热耗散，提高了银叶树幼苗的光能利用效率；施肥 20 周后，银叶树幼苗热耗散能力随施肥量的增加基本呈下降趋势。研究表明，适量施肥促进 PSⅡ反应中心的开放程度与活性显著增强，PSⅡ光合电子传递能力和最大光能转换效率提高，光合色素能有效地把光能转化为化学能，热耗散掉的光能较少，从而保障光合作用的高效进行(孔芬等，2016；姚春娟等，2017)；而过量肥料供给反而使光化学效率下降，产生光抑制，对银叶树幼苗生长不利(周志强等，2015)。

综上所述，施肥显著影响银叶树幼苗生物量、叶绿素含量、光合性能及叶绿素荧光特性。银叶树幼苗株高和地径生长、生物量(叶、茎、根生物量)、气体交换参数(P_n、T_r、*WUE* 及 G_s)、叶绿素荧光参数(F_v/F_m、Φ_{PSII}、*ETR* 及 q_P)及叶绿素含量随着施肥量的增加呈先升高后降低的变化趋势。银叶树幼苗叶绿素含量和生物量(根生物量和总生物量)适宜的施肥量为 10g·株$^{-1}$，苗木生长(苗高、地径、叶片生物量及茎生物量)适宜施肥量为 20g·株$^{-1}$，而气体交换参数(P_n、T_r 及 G_s)、叶绿素荧光参数(F_v/F_m、Φ_{PSII}、*ETR* 及 q_P)适宜施肥量为 30g·株$^{-1}$。研究表明，适量施肥能够显著增加银叶树幼苗叶片叶绿素含量、气孔导度、光化学效率和电子传递速率，降低光能的热耗散，提高银叶树幼苗的光合能力。因此，为维持银叶树幼苗人工栽培较高的生物量，适宜的施肥量为 10g·株$^{-1}$，避免过低或过高的施肥引起叶片光合作用的降低或植物损伤，甚至导致植株死亡。

2.2 施肥对银叶树土壤和幼苗器官养分及化学计量特征的影响

生态化学计量学是近年来新兴的研究领域，依据生态学和化学计量学的基本原理，研究生态系统能量平衡和多重化学元素平衡，是分析多重化学元素的质量平衡及其对生态交互作用影响的一种理论和科学(欧阳林梅等，2014；Elser et al.，1996)。生态化学计量学有助于解决植物和生态系统养分供应与需求平衡等方面的难题，对于植物通过改变养分利用策略适应环境变化具有重要意义(李从娟等，2013)。本研究以 2 年生实生幼苗为试验材料，设置对照 CK(0g·株$^{-1}$)、N1(10g·株$^{-1}$)、N2(15g·株$^{-1}$)、N3(20g·株$^{-1}$)、N4(25g·株$^{-1}$)及 N5(30g·株$^{-1}$)6 个施肥水平的盆栽实验，经 140d 施肥(肥料为水溶性复合肥，其养分配比为 N：P_2O_5：K_2O=20：20：20）试验，研究了不同施肥水平下银叶树幼苗土壤 pH、土壤养分含量、银叶树幼苗各器官（叶、茎和根）C、N、P 含量的变化规律，探讨了不同施肥量对银叶树幼苗生长限制的影响，为银叶树幼苗养分管理提供科学依据。

2.2.1　施肥对银叶树幼苗土壤养分与化学计量特征的影响

从图 2-11～图 2-13 可知，施肥 20 周后，N1～N5 施肥处理下土壤 pH 介于 3.86～4.00 之间，pH 值显著低于 CK（$P<0.05$），施水溶性复合肥显著增加了土壤酸性。随着施肥量的增加，土壤有机质基本上呈先升后降的趋势，不同施肥处理间土壤有机质差异不显著（$P>0.05$），表明施水溶性复合肥对土壤有机质含量增加影响不大。土壤全氮和全磷含量随施肥量的增加呈上升趋势，施肥显著提升土壤全磷含量（$P<0.05$）。土壤有效养分（碱解氮、有效磷和速效钾）含量随施肥量的增加基本呈上升趋势，施肥有效提升了土壤碱解氮、有效磷和速效钾的含量（$P<0.05$）。

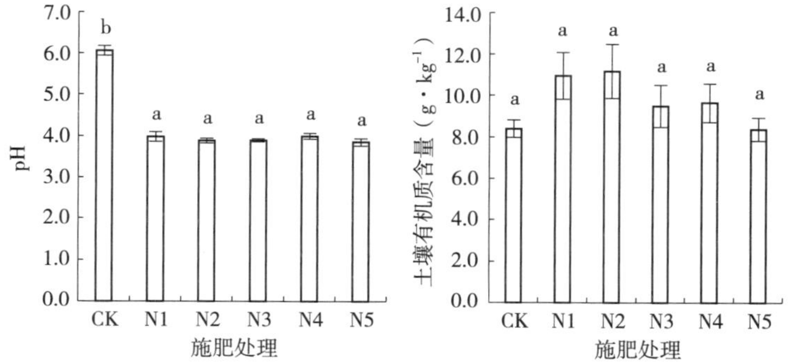

图 2-11　不同施肥处理下银叶树幼苗土壤 pH 和有机质含量

注：不同小写字母表示不同处理间差异达 0.05 显著水平（下同）。

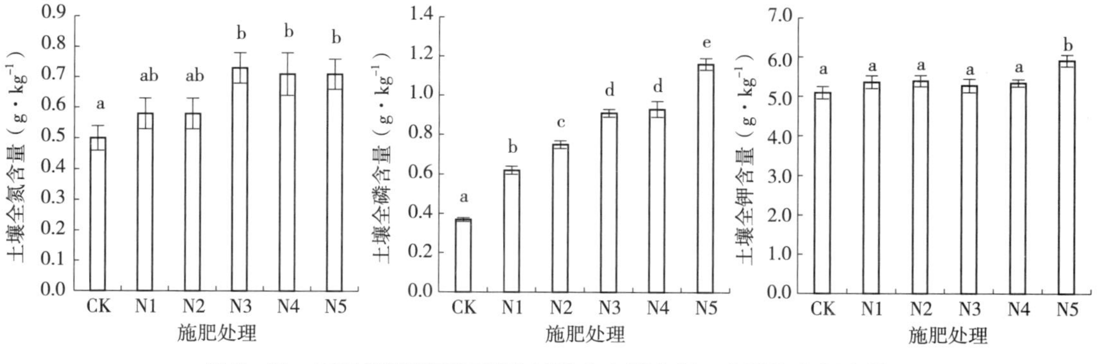

图 2-12　不同施肥处理下银叶树幼苗土壤全氮、全磷和全钾含量

从图 2-14 可知，施肥 20 周后，随施肥量的增加，土壤 C：N 呈先升后降的趋势，而土壤 C：P 和 N：P 基本上呈下降的趋势。CK 处理下 C：P 或 N：P 显著高于施肥处理（$P<0.05$）；C：P 在 N3、N4 和 N5 施肥处理间差异不显著（$P>0.05$），却显著低于 CK、N1、N2 处理（$P<0.05$）；N：P 在 N2、N3、N4 及 N5 处理间差异不显著（$P>0.05$），却显著低于 CK（$P<0.05$）。

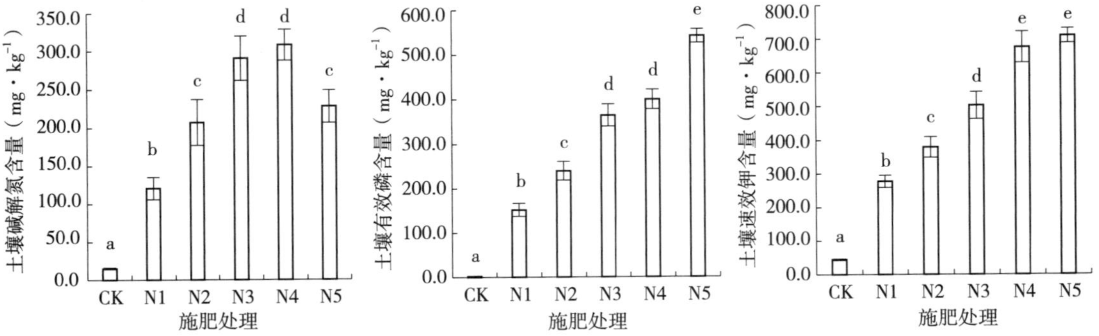

图 2-13 不同施肥处理下银叶树幼苗土壤碱解氮、有效磷和速效钾含量

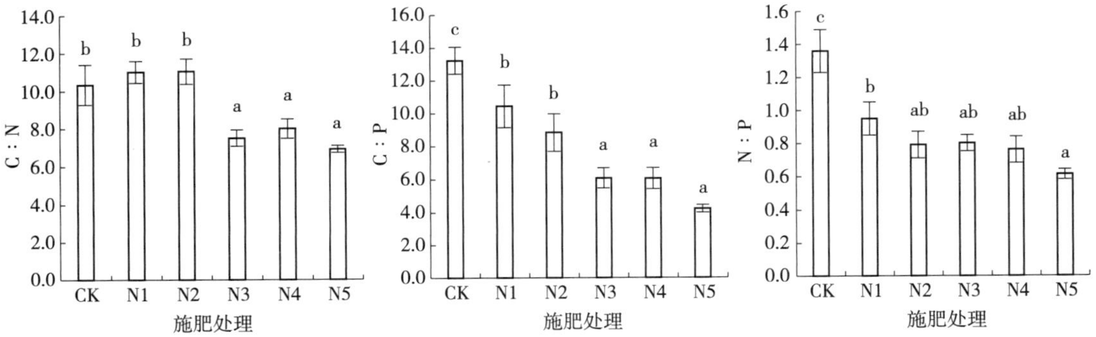

图 2-14 不同施肥处理下银叶树幼苗土壤化学计量特征

2.2.2 施肥对银叶树器官养分含量的影响

2.2.2.1 施肥对银叶树幼苗器官碳、氮、磷及钾含量的影响

从图 2-15 可知，不同施肥处理下叶全碳含量介于 452.9~478.1g·kg^{-1}之间，CK 处理叶全碳含量最高，而 N5 处理叶全碳含量最低，且 N5 处理下叶全碳含量显著低于其他处理($P<0.05$)；不同施肥处理下茎全碳含量介于 416.1~435.8g·kg^{-1}之间，茎全碳含量随施肥量的增加呈先降后升的趋势，在 N3 处理时达到最低值，为 416.1g·kg^{-1}；不同施肥处理下根全碳含量介于 409.4~451.1g·kg^{-1}之间，CK 处理下根全碳含量显著高于不同施

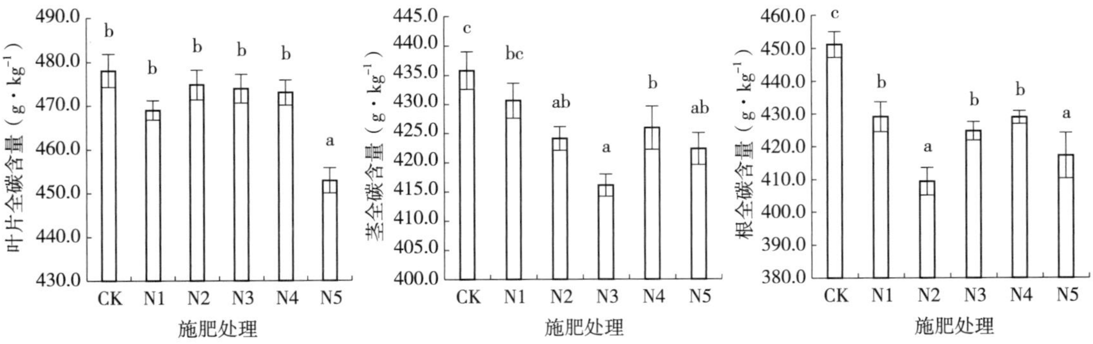

图 2-15 不同施肥处理下银叶树幼苗器官全碳含量

肥处理($P<0.05$)。研究表明，施肥显著降低了茎和根碳含量。

从图 2-16 可知，不同施肥处理下叶、茎和根全氮含量分别介于 10.02~22.81g · kg^{-1}、3.03~16.54g · kg^{-1}及 6.36~21.34g · kg^{-1}之间；不同施肥处理下叶、茎和根全氮含量随施肥量的增加均呈上升趋势，分别在 N5(叶)、N5(茎)和 N4(根)处理时达到最大值，与 CK 相比，增幅分别为 127.6%、445.9%和 235.5%，表明施肥显著增加了叶、茎和根的全氮含量。

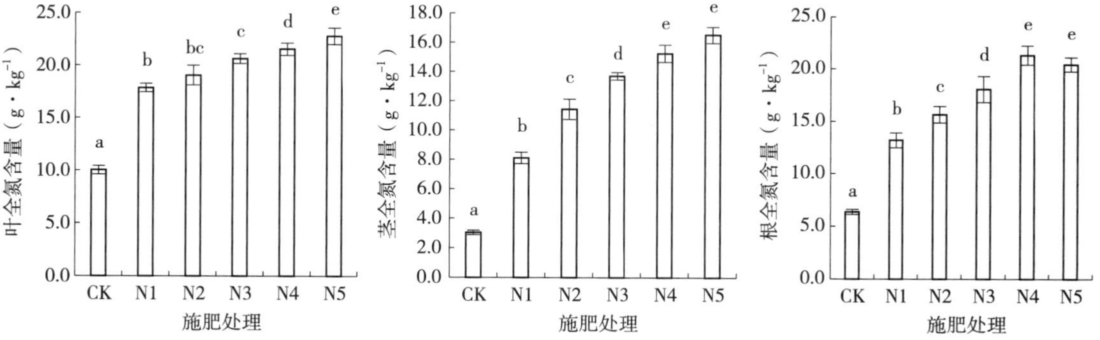

图 2-16 不同施肥处理下银叶树幼苗器官全氮含量

从图 2-17 可知，不同施肥处理下叶、茎和根全磷含量分别介于 0.80~1.91g · kg^{-1}、1.06~2.22g · kg^{-1}及 0.82~1.57g · kg^{-1}之间。叶和根全磷含量随施肥量的增加基本呈上升的趋势，而茎全磷含量施肥量增加变化趋势不明显；施肥显著提升了叶全磷含量($P<0.05$)，N1~N3 施肥处理下叶全磷含量差异不显著($P>0.05$)，却显著低于 N4 和 N5 处理($P<0.05$)；根全磷含量在 CK、N1、N2 施肥处理间差异不显著($P>0.05$)，却显著低于 N3 和 N5 施肥处理($P<0.05$)。

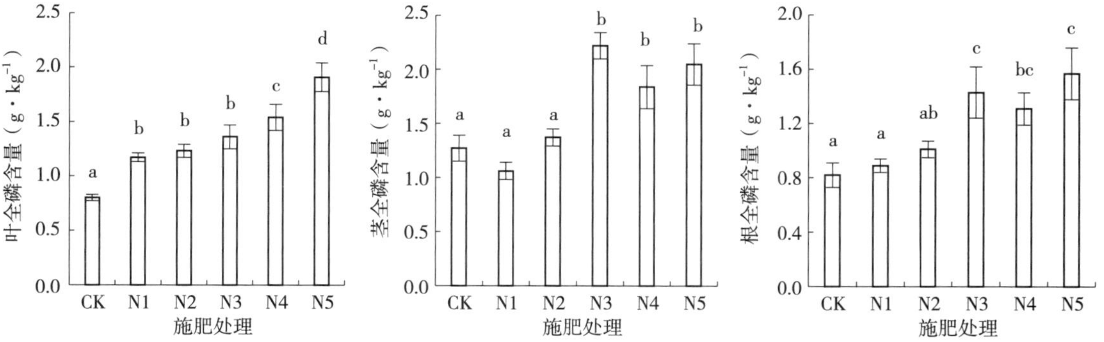

图 2-17 不同施肥处理下银叶树幼苗器官全磷含量

从图 2-18 可知，不同施肥处理下叶和茎全钾含量随施肥量的增加整体呈上升趋势，而根全钾含量呈现出先升后降的趋势，施肥显著增加了叶、茎和根全钾含量。

2.2.2.2 施肥对银叶树幼苗器官化学计量特征的影响

从图 2-19 可知，不同施肥处理下叶片 C：N 变化介于 20.05~48.30 之间，随着施肥量的增加，叶片 C：N 呈下降趋势，与 CK 相比，N1 至 N5 处理叶片 C：N 降幅分别为 45.4%、47.3%、52.2%、54.3%和 58.5%。不同施肥处理下叶片 C：P 变化介于 247.2~606.5 之间，同样，随施肥量的增加叶片 C：P 基本呈下降趋势，与 CK 相比，N1 至 N5 处理叶片 C：P

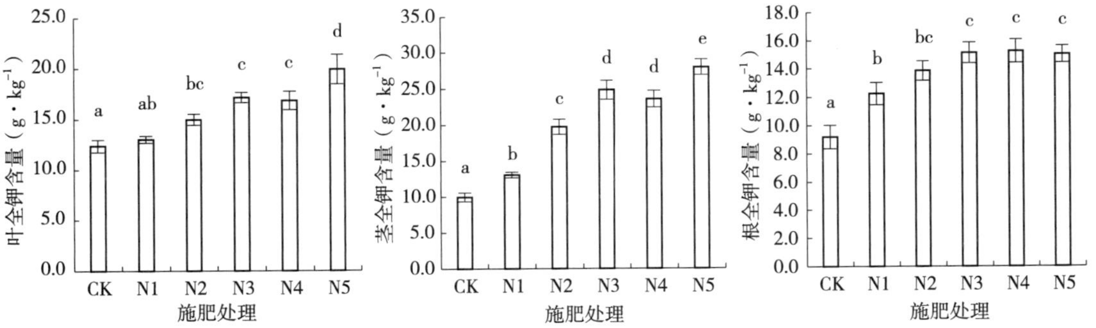

图 2-18 不同施肥处理下银叶树幼苗器官全钾含量

降幅分别为 33.3%、34.9%、52.6%、47.0%和 59.3%。不同施肥处理下叶片 N∶P 变化介于 12.30~15.60 之间，叶片 N∶P 随施肥量的增加呈先升后降的趋势，在 N2 处理下达到最大值，为 15.60。CK 处理下叶 C∶N 或 C∶P 显著高于施肥处理（$P<0.05$），而 N1、N2 和 N3 施肥处理间叶 N∶P 差异不显著（$P>0.05$），显著高于 CK 和 N5 处理（$P<0.05$）。

从图 2-20 可知，不同施肥处理下茎 C∶N 变化介于 25.82~146.62 之间，随着施肥量的增加，茎 C∶N 呈下降趋势，与 CK 相比，N1 至 N5 茎 C∶N 降幅分别为 63.1%、74.0%、79.2%、80.7%和 82.4%。不同施肥处理下茎 C∶P 变化介于 192.9~430.6 之间，同样，随施肥量的增加，茎 C∶P 变化趋势不明显。不同施肥处理下茎 N∶P 变化介于 2.52~9.00 之间，远低于叶 N∶P，茎 N∶P 随施肥量的增加变化规律不明显，在 N4 处理下达到最大值，为 9.00；CK 处理下茎 C∶N 显著高于施肥处理（$P<0.05$），而 N∶P 显著低于施肥处理（$P<0.05$）。

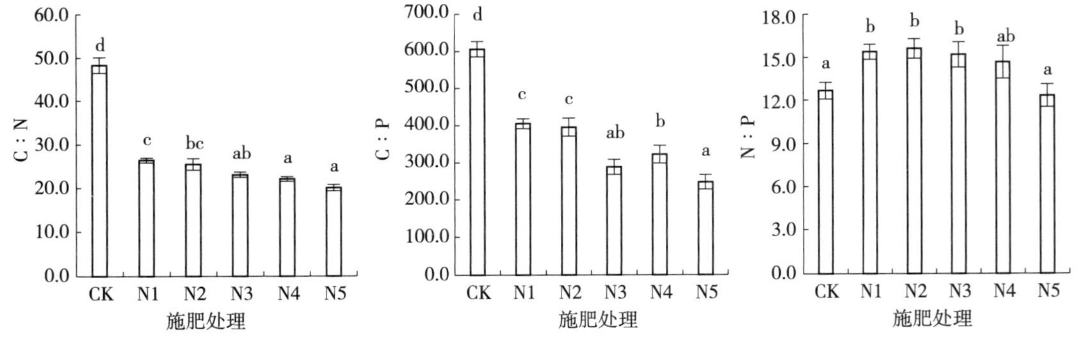

图 2-19 不同施肥处理下银叶树幼苗叶化学计量特征

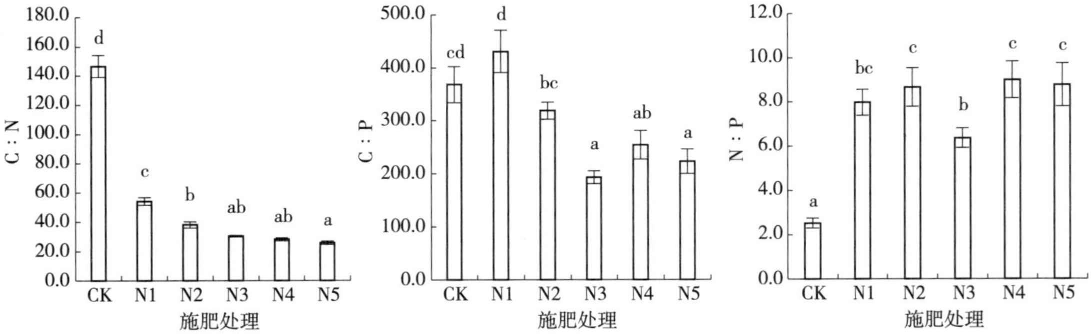

图 2-20 不同施肥处理下银叶树幼苗茎化学计量特征

从图 2-21 可知，不同施肥处理下根 C：N 变化介于 20.40~71.94 之间，随着施肥量的增加根 C：N 呈下降趋势，与 CK 相比，N1 至 N5 施肥处理下根 C：N 降幅分别为 53.6%、62.8%、66.2%、71.6%和 71.4%。不同施肥处理下根 C：P 变化范围 298.7~598.2，随施肥量的增加根 C：P 基本上呈下降的趋势。不同施肥处理下根 N：P 变化范围 8.32~17.22，N：P 随施肥量的增加变化规律不明显，在 N4 处理下达到最大值，为 17.22。CK 处理下根 C：N 显著高于施肥处理（$P<0.05$），而根 N：P 显著低于施肥处理（$P<0.05$）。

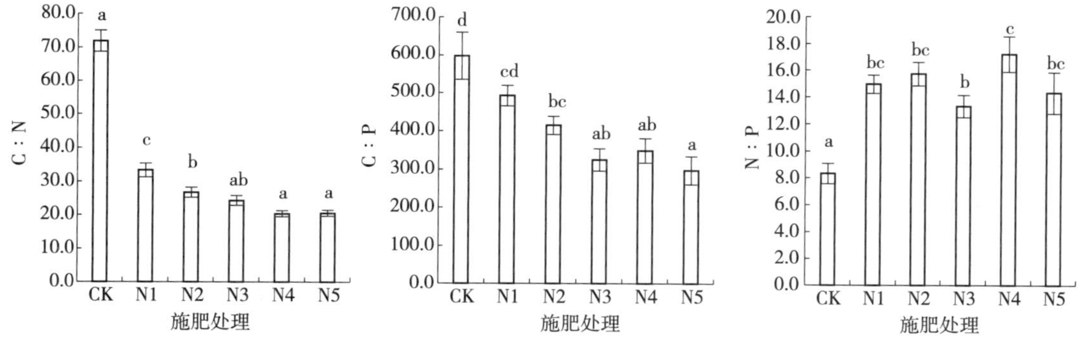

图 2-21　不同施肥处理下银叶树幼苗根化学计量特征

2.2.3　土壤与器官养分含量及比值相关性分析

从表 2-5 可知，土壤 pH 与土壤碱解氮含量、土壤有效磷、土壤 C：P、土壤 N：P、叶片 C：N、叶片 C：P 呈极显著正相关（$P<0.01$），与叶片 C：N 相关系数最高；土壤 pH 与土壤全磷含量、叶片氮含量、叶片磷含量呈极显著负相关（$P<0.01$），而与土壤有机碳含量、土壤 C：N、叶片 N：P 相关性不显著（$P>0.05$）。土壤有机碳含量与土壤全氮含量、土壤 C：N、土壤 C：P、土壤 N：P 呈极显著正相关（$P<0.01$）。土壤全氮含量与土壤全磷含量、土壤碱解氮含量、土壤有效磷、叶片氮含量、叶片磷含量及叶片 C：N 呈极显著正相关（$P<0.01$），而与土壤 C：N、叶片 C：P 呈极显著负相关（$P<0.01$），与土壤碱解氮含量相关系数最高。土壤全磷含量与土壤碱解氮含量、土壤有效磷、土壤 C：P、叶片碳含量、叶片氮含量、叶片磷含量、叶片 C：N 呈极显著正相关（$P<0.01$），而与土壤 C：N、土壤 N：P 和叶片 C：P 呈极显著负相关（$P<0.01$）。土壤碱解氮含量与土壤有效磷、土壤 C：P、叶片氮含量、叶片磷含量、叶片 C：N 呈极显著正相关（$P<0.01$），而与土壤 C：N 和土壤 N：P、叶片 C：P 呈极显著负相关（$P<0.01$）。土壤有效磷与土壤 C：P、叶片碳含量、叶片氮含量、叶片磷含量、叶片 C：N 呈极显著正相关（$P<0.01$），而与土壤 C：N、土壤 N：P、叶片C：P呈极显著负相关（$P<0.01$）。土壤 C：N 与土壤 C：P、叶片 C：N、叶片 C：P 呈极显著正相关（$P<0.01$），而与叶片氮含量和叶片磷含量呈极显著负相关（$P<0.01$）。土壤C：P与土壤 N：P、叶片 C：N、叶片 C：P 呈极显著正相关（$P<0.01$），与叶片氮和磷含量呈极显著负相关。土壤 N：P 与叶片 C：N、叶片 C：P 呈极显著正相关（$P<0.01$），而与叶片氮含量、叶片磷含量呈极显著负相关（$P<0.01$）。叶片碳含量与叶片C：N、叶片 N：P 呈显著正相关（$P<0.05$），与叶片 C：P 呈极显著正相关（$P<0.01$），而与叶片氮含量和叶片

表 2-5　土壤与叶片养分含量及比值相关系数

	X_1	X_2	X_3	X_4	X_5	X_6	X_7	X_8	X_9	X_{10}	X_{11}	X_{12}	X_{13}	X_{14}	X_{15}
X_1	1.000	0.170	-0.300*	-0.704**	0.671**	0.654**	0.186	0.591**	0.662**	0.267	-0.797**	-0.562**	0.879**	0.742**	-0.181
X_2		1.000	0.586**	-0.050	0.140	-0.092	0.474**	0.565**	0.361**	0.082	-0.043	0.000	-0.047	-0.049	-0.012
X_3			1.000	0.460**	0.559**	0.446**	-0.397**	-0.022	0.247	-0.177	0.359**	0.441**	0.386**	-0.459**	-0.190
X_4				1.000	0.640**	0.977**	-0.541**	0.795**	-0.686**	0.478**	0.820**	0.796**	0.800**	-0.840**	-0.156
X_5					1.000	0.650**	-0.462**	0.506**	-0.367**	-0.105	0.717**	0.499**	0.707**	-0.614**	0.159
X_6						1.000	-0.573**	0.792**	-0.661**	0.460**	0.833**	0.791**	0.789**	-0.829**	-0.144
X_7							1.000	0.660**	0.137	0.223	-0.474**	-0.470**	0.430**	0.455**	0.122
X_8								1.000	0.811**	0.323*	-0.742**	-0.623**	0.709**	0.671**	0.003
X_9									1.000	0.314*	-0.651**	-0.498**	0.631**	0.567**	-0.075
X_{10}										1.000	-0.367**	-0.485**	0.324*	0.480**	0.293*
X_{11}											1.000	0.751**	0.963**	-0.861**	0.131
X_{12}												1.000	0.708**	-0.938**	-0.537**
X_{13}													1.000	0.860**	-0.171
X_{14}														1.000	0.337*
X_{15}															1.000

注：* 表示 $P<0.05$，** 表示 $P<0.01$。X_1为土壤 pH；X_2为土壤有机碳含量（$g \cdot kg^{-1}$）；X_3为土壤全氮含量（$g \cdot kg^{-1}$）；X_4为土壤全磷含量（$g \cdot kg^{-1}$）；X_5为土壤碱解氮含量（$mg \cdot kg^{-1}$）；X_6为土壤有效磷（$mg \cdot kg^{-1}$）；X_7为土壤 C∶N；X_8为土壤 C∶P；X_9为土壤 N∶P；X_{10}为叶片碳含量（$g \cdot kg^{-1}$）；X_{11}为叶片氮含量（$g \cdot kg^{-1}$）；X_{12}为叶片磷含量（$g \cdot kg^{-1}$）；X_{13}为叶片 C∶N；X_{14}为叶片 C∶P；X_{15}为叶片 N∶P。

磷含量呈极显著负相关（$P<0.01$）。叶片氮含量与叶片磷含量和叶片 C：N 呈极显著正相关（$P<0.01$），而与叶片 C：P 呈极显著负相关（$P<0.01$）。叶片磷含量与叶片 C：N 呈极显著正相关（$P<0.01$），而叶片 C：P 和叶片 N：P 呈极显著负相关（$P<0.01$）。叶片 C：N 与叶片 C：P 呈极显著正相关（$P<0.01$）。叶片 C：P 和叶片 N：P 呈显著正相关（$P<0.05$）。

从表 2-6 可知，土壤 pH 值与土壤有效磷、土壤 C：P、土壤 N：P、茎碳含量、茎 C：N 呈极显著正相关（$P<0.01$），而与土壤全磷含量、土壤碱解氮含量、茎氮含量、茎 N：P 呈极显著负相关（$P<0.01$）。土壤有机碳含量与土壤全氮含量、土壤 C：N、土壤 C：P、土壤 N：P 呈极显著正相关（$P<0.01$）。土壤全氮含量与土壤全磷含量、土壤碱解氮含量、土壤有效磷、茎碳含量、茎氮含量、茎磷含量呈极显著正相关（$P<0.01$），而与土壤 C：N、茎 C：N、茎 C：P 呈极显著负相关（$P<0.01$）。土壤全磷含量与土壤碱解氮含量、土壤有效磷、土壤 N：P、土壤 C：P、茎碳含量、茎氮含量、茎磷含量、茎 N：P 呈极显著正相关（$P<0.01$），其中与土壤有效磷相关系数最高，而与土壤 C：N、茎 C：N、茎 C：P 呈极显著负相关（$P<0.01$）。土壤碱解氮含量和土壤有效磷均与土壤 C：P、土壤 N：P、茎碳含量、茎氮含量、茎磷含量、茎 N：P 呈极显著正相关（$P<0.01$），而均与土壤 C：N、茎 C：N、茎 C：P 呈极显著负相关（$P<0.01$）。土壤 C：N 与土壤 C：P、茎碳含量、茎磷含量、茎 C：N、茎 C：P 呈极显著正相关（$P<0.01$），而与茎氮含量呈极显著负相关（$P<0.01$）。土壤 C：P 与茎氮含量、茎 N：P 呈极显著负相关（$P<0.01$），而与土壤 N：P、茎 C：N 呈极显著正相关（$P<0.01$）。土壤 N：P 与茎氮含量、茎 N：P 呈极显著负相关（$P<0.01$），而与茎 C：N 呈极显著正相关（$P<0.01$）。茎碳含量与茎磷含量、茎 C：N、茎 C：P 呈极显著正相关（$P<0.01$），而与茎氮含量呈极显著负相关（$P<0.01$）。茎氮含量与茎磷含量、茎 N：P 呈极显著正相关（$P<0.01$），而与茎 C：N、茎 C：P 呈极显著负相关（$P<0.01$）。茎磷含量与茎 C：N、茎 C：P 呈极显著负相关（$P<0.01$）。茎 C：N 与茎 C：P 呈极显著正相关（$P<0.01$），与茎 N：P 呈极显著负相关（$P<0.01$）。

从表 2-7 可知，土壤 pH 与土壤 C：P、土壤 N：P、根碳含量、根氮含量、根 C：N、根 C：P 呈极显著正相关（$P<0.01$），而与土壤全磷含量、土壤碱解氮含量、土壤有效磷、根 N：P 呈显著和极显著负相关（$P<0.01$），与土壤全氮含量、根磷含量呈显著负相关（$P<0.05$）。土壤有机碳含量与土壤全氮含量、土壤 C：N、土壤 C：P、土壤 N：P 呈极显著正相关（$P<0.01$）。土壤全氮含量与土壤全磷含量、土壤碱解氮含量、土壤有效磷含量、根氮含量、根磷含量呈极显著正相关（$P<0.01$），而与土壤 C：N、根 C：N、根 C：P 呈极显著负相关（$P<0.01$）。土壤全磷含量与土壤碱解氮含量、土壤有效磷含量、土壤 C：P、土壤 N：P、根碳含量、根氮含量、根磷含量、根 N：P 呈极显著正相关（$P<0.01$），而与土壤 C：N、根 C：N、根 C：P 呈极显著负相关（$P<0.01$）。土壤碱解氮含量和土壤有效磷含量均与土壤 C：P、土壤 N：P、根碳含量、根氮含量、根磷含量、根 N：P 呈极显著正相关（$P<0.01$），而均与土壤 C：N、根 C：N、根 C：P 呈极显著负相关（$P<0.01$）。土壤 C：N 与土壤 C：P、根氮含量、根 C：N、根 C：P 呈极显著正相关（$P<0.01$），而与根磷含量呈极显著负相关（$P<0.01$）。土壤 C：P 与土壤 N：P、根碳含量、根氮含量、根 C：N、根 C：P 呈极显著正相关（$P<0.01$），而与根磷含量、根 N：P 呈极显著负相关（$P<0.01$）。土壤 N：P 根碳含量、根氮含量、根 C：N 呈极显著正相关（$P<0.01$），而与根

表 2-6　土壤与茎养分含量及比值相关系数

	X_1	X_2	X_3	X_4	X_5	X_6	X_7	X_8	X_9	X_{10}	X_{11}	X_{12}	X_{13}	X_{14}	X_{15}
X_1	1.000	0.170	-0.300*	-0.704**	-0.671**	0.654**	0.186	0.591**	0.662**	0.445**	-0.751**	-0.233	0.920**	0.245	-0.687**
X_2		1.000	0.586**	-0.050	0.140	-0.092	0.474**	0.565**	0.361**	-0.091	-0.040	0.010	-0.103	-0.009	-0.033
X_3			1.000	0.460**	0.559**	0.446**	-0.397**	-0.022	0.247	0.427**	0.470**	0.490**	-0.415**	-0.507**	0.086
X_4				1.000	0.640**	0.977**	-0.541**	0.795**	0.686**	0.488**	0.902**	0.580**	-0.810**	-0.569**	0.513**
X_5					1.000	0.650**	-0.462**	0.506**	0.367**	0.543**	0.803**	0.452**	-0.755**	-0.513**	0.492**
X_6						1.000	-0.573**	0.792**	0.661**	0.462**	0.907**	0.607**	-0.787**	-0.592**	0.485**
X_7							1.000	0.660**	0.137	0.446**	-0.565**	0.508**	0.397**	0.563**	-0.173
X_8								1.000	0.811**	0.181	-0.629**	-0.202	0.641**	0.163	-0.553**
X_9									1.000	0.181	-0.629**	-0.202	0.641**	0.163	-0.553**
X_{10}										1.000	-0.537**	0.613**	0.542**	0.704**	-0.088
X_{11}											1.000	0.532**	-0.886**	-0.566**	0.654**
X_{12}												1.000	-0.419**	-0.914**	-0.249
X_{13}													1.000	0.442**	-0.688**
X_{14}														1.000	0.185
X_{15}															1.000

注：* 表示 $P<0.05$，** 表示 $P<0.01$。X_1为土壤 pH；X_2为土壤有机碳含量（g · kg^{-1}）；X_3为土壤全氮含量（g · kg^{-1}）；X_4为土壤全磷含量（g · kg^{-1}）；X_5为土壤碱解氮含量（mg · kg^{-1}）；X_6为土壤有效磷（mg · kg^{-1}）；X_7为土壤 C : N；X_8为土壤 C : P；X_9为土壤 N : P；X_{10}为茎碳含量（g · kg^{-1}）；X_{11}为茎氮含量（g · kg^{-1}）；X_{12}为茎磷含量（g · kg^{-1}）；X_{13}为茎 C : N；X_{14}为茎 C : P；X_{15}为茎 N : P。

表 2-7　土壤与根养分含量及比值相关系数

	X_1	X_2	X_3	X_4	X_5	X_6	X_7	X_8	X_9	X_{10}	X_{11}	X_{12}	X_{13}	X_{14}	X_{15}
X_1	1.000	0.170	-0.300*	-0.704**	-0.671**	-0.654**	0.186	0.591**	0.662**	0.571**	0.733**	-0.303*	0.888**	0.495**	-0.606**
X_2		1.000	0.586**	-0.050	0.140	-0.092	0.474**	0.565**	0.361**	-0.123	0.029	0.105	-0.098	-0.068	-0.044
X_3			1.000	0.460**	0.559**	0.446**	-0.397**	-0.022	0.247	-0.197	0.499**	0.464**	-0.443**	-0.456**	0.111
X_4				1.000	0.640**	0.977**	-0.541**	0.795**	0.686**	0.481**	0.864**	0.579**	-0.819**	-0.669**	0.431**
X_5					1.000	0.650**	-0.462**	0.506**	0.367**	0.359**	0.799**	0.387**	-0.762**	-0.516**	0.569**
X_6						1.000	-0.573**	0.792**	0.661**	0.474**	0.864**	0.616**	-0.799**	-0.688**	0.389**
X_7							1.000	0.660**	0.137	0.167	0.515**	-0.368**	0.435**	0.469**	-0.207
X_8								1.000	0.811**	0.404**	0.711**	-0.376**	0.696**	0.502**	-0.450**
X_9									1.000	0.421**	0.580**	-0.237	0.610**	0.340*	-0.456**
X_{10}										1.000	0.544**	-0.424**	0.672**	0.521**	-0.281*
X_{11}											1.000	0.647**	-0.907**	-0.742**	0.516**
X_{12}												1.000	-0.502**	-0.851**	-0.280*
X_{13}													1.000	0.714**	-0.599**
X_{14}														1.000	0.049
X_{15}															1.000

注：* 表示 $P<0.05$，** 表示 $P<0.01$。X_1为土壤 pH；X_2为土壤有机碳含量($g \cdot kg^{-1}$)；X_3为土壤全氮含量($g \cdot kg^{-1}$)；X_4为土壤全磷含量($g \cdot kg^{-1}$)；X_5为土壤碱解氮含量($mg \cdot kg^{-1}$)；X_6为土壤有效磷($mg \cdot kg^{-1}$)；X_7为土壤 C：N；X_8为土壤 C：P；X_9为土壤 N：P；X_{10}为根碳含量($g \cdot kg^{-1}$)；X_{11}为根氮含量($g \cdot kg^{-1}$)；X_{12}为根磷含量($g \cdot kg^{-1}$)；X_{13}为根 C：N；X_{14}为根 C：P；X_{15}为根 N：P。

N：P 呈极显著负相关(P<0.01)。根碳含量与根氮含量、根 C：N、根 C：P 呈极显著正相关(P<0.01)，而与根磷含量、根 N：P 呈极显著负相关(P<0.01)。根氮含量与根磷含量、根 N：P 呈极显著正相关(P<0.01)，而与根 C：N、根 C：P 呈极显著负相关(P<0.01)。根磷含量与根 C：N、根 C：P 呈极显著负相关(P<0.01)。根 C：N 根磷含量与根 C：P 呈极显著正相关(P<0.01)，而与根 N：P 呈极显著负相关(P<0.01)。

2.2.4 讨论与结论

2.2.4.1 施肥对土壤 pH 值、养分含量及化学计量特征的影响

施肥显著增加了土壤酸性，这主要是由于施用水溶性肥料(N：P_2O_5：K_2O=20：20：20)促使土壤发生 N 饱和与 N 淋失，发生硝酸基的淋溶，引起土壤酸化(Gundersen et al.，2009；Lieb et al.，2011；Wei et al.，2012)。土壤有机质含量随施肥量的增加呈先升后降的趋势，但不同施肥处理间土壤有机质差异不显著(P>0.05)，表明施水溶性复合肥对土壤有机质含量影响不显著。施肥显著增加了土壤全氮、全磷、碱解氮、有效磷和速效钾含量，这主要是由于施用水溶性肥料直接增加土壤全氮和碱解氮的含量，而增加的 N 可能与其他物质聚合，形成难于分解的复合物，有助于提高土壤全氮含量。土壤 C：N 比与有机质的分解速度呈反比，低 C：N 下土壤具有较快的矿化作用(Wang et al.，2008)，反之，高 C：N 下有机质含量较高，肥力较持久。研究表明，土壤有机质含量和 C：N 随施肥量的增加呈先升后降的趋势，在 N1 和 N2 施肥处理下土壤有机质含量和 C：N 均高于其他施肥处理，表明土壤肥力较持久。

2.2.4.2 施肥对银叶树幼苗各器官养分含量及化学计量特征的影响

施肥降低了叶、茎及根碳含量，增加了叶、茎及根氮、磷、钾含量，表现出施肥对银叶树幼苗器官中氮、磷、钾元素的积累起到了促进作用。研究发现，与 CK 相比，不同施肥处理下叶片碳含量降幅均值为 2.0%，远低于茎(11.4%)和根(11.8%)碳含量的降幅；施肥对银叶树幼苗各器官氮含量增幅均值表现为茎(329.2%)>根(179.1%)>叶(103.4%)；施肥对银叶树幼苗各器官磷含量增幅均值表现为叶(80.3%)>根(51.5%)>茎(34.5%)。N：P<14，植物生长主要受氮限制；N：P>16，生长主要受磷限制(Güsewell et al.，2004)。研究表明，不同施肥处理下银叶树叶片 N：P 介于 12.30~15.60 之间，其中 CK 和 N5 处理叶片 N：P 分别为 12.67 和 12.30，N：P<14，银叶树幼苗生长受氮的限制；而 N1~N4 施肥处理叶片 N：P 介于 14.65~15.60 之间，其 N：P 介于 14~16 之间，银叶树幼苗生长不受氮和磷的限制。

2.3 遮阴和盐分对银叶树幼苗光合特性与叶绿素荧光参数的影响

盐分胁迫是影响植物生长的重要限制性因素(贾婷婷等，2018)，对植物的伤害主要体现在离子胁迫、渗透胁迫及氧化胁迫等方面(潘晶等，2018)，并通过抑制植株的光合作用来影响其生长发育(周丹丹等，2016)。光是植物光合作用和生长发育的重要影响因子，光强变化直接影响着植物的生长发育，植物对光强变化也会做出灵活的响应与适应(许大全，

2013)，光影响植物光合生理特性、体内营养物质吸收与分配、叶片形态与结构的发育等生理过程，对植物生长发育产生影响(Cai et al.，2011；Deng al.，2012)。近年来，多数关于盐胁迫的研究主要集中在植物耐盐机制(王佺珍等，2017；潘晶等，2018)和盐分胁迫对植物生长、叶绿素、光合特性、叶绿素荧光及生理生化的影响等方面(乌凤章，2015；闫芳等，2016；陈盼飞等，2017；张雯莉等，2018；贾婷婷等，2018；潘晶等，2018)，系统研究了植物对盐胁迫的适应能力与响应机制。而植物对遮阴环境的适应性研究相对较少，主要集中在遮阴对植物生长、叶形态、光合特性、叶绿素荧光、种间竞争及氮素响应机制分配的影响等方面(刘悦秋等，2007；张云等，2014；宋洋等，2016；蔡建国等，2017；李小琴等，2019；杜澜等，2019)，分析了植物生长适宜的光照环境。在古银叶树群落内，光照和盐分是影响银叶树幼苗生长与更新的重要环境因子，改善滨海湿地银叶树群落内光照环境和降低土壤高盐分是提升银叶树幼苗生长与更新能力的有效途径。本研究以银叶树实生幼苗为研究对象，通过测定不同处理下[全光照无盐(CK)、全光照施盐(FLS)、遮阴无盐(SWS)及遮阴施盐(SAS)]叶片叶绿素含量、光合光响应参数及叶绿素荧光动力学参数，研究了遮阴和施盐处理下银叶树幼苗的光合生理及适应能力，以期为古银叶树群落保育和更新提供科学依据。

2.3.1 遮阴与施盐对银叶树叶绿素的影响

从表2-8可知，光和盐处理对叶绿素含量、叶绿素a/b影响不显著($P>0.05$)，二者不具有交互作用；光处理对叶片叶绿素b、叶绿素(a+b)及叶绿素a/b存在显著与极显著的影响，而对叶绿素a影响不显著；盐处理对叶绿素a、叶绿素b、叶绿素a/b及叶绿素(a+b)存在极显著的影响；盐分对叶绿素含量影响高于光照(表2-8)。在无盐条件下，CK与SWS处理间叶绿素a或叶绿素(a+b)差异不显著($P>0.05$)，而叶绿素b或叶绿素a/b存在显著差异($P<0.05$)；遮阴提高了叶绿素a、叶绿素b及叶绿素(a+b)含量，增幅分别为10.26%、48.49%及18.67%，而遮阴显著降低了叶绿素a/b值($P<0.05$)，降幅达38.78%。在施盐条件下，SAS处理下叶片叶绿素b和叶绿素(a+b)显著高于FLS处理相应值($P<0.05$)，表明遮阴显著提高了叶片叶绿素b与叶绿素(a+b)含量，增幅分别为127.27%与84.09%，而遮阴显著降低了叶绿素a/b($P<0.05$)，降幅为25.33%。无论全光照或遮阴，施盐均显著降低了叶绿素a、叶绿素b及叶绿素(a+b)含量($P<0.05$)。不同处理下叶绿素a、叶绿素b及叶绿素(a+b)变化趋势一致，均表现为SWS>CK>SAS>FLS。

表2-8 遮阴与施盐对银叶树叶绿素含量及比值的影响

处理	光	盐	叶绿素a ($mg \cdot g^{-1}$)	叶绿素b ($mg \cdot g^{-1}$)	叶绿素(a+b) ($mg \cdot g^{-1}$)	叶绿素a/b
CK	100%	0	1.17±0.10b	0.33±0.03b	1.50±0.12c	3.65±0.06d
FLS	100%	2.5%	0.33±0.05a	0.11±0.02a	0.44±0.07a	3.00±0.08c
SWS	20%	0	1.29±0.12b	0.49±0.05c	1.78±0.17c	2.63±0.05b
SAS	20%	2.5%	0.56±0.05a	0.25±0.02b	0.81±0.06b	2.24±0.18a

（续）

处理	光	盐	叶绿素 a（$mg \cdot g^{-1}$）	叶绿素 b（$mg \cdot g^{-1}$）	叶绿素(a+b)（$mg \cdot g^{-1}$）	叶绿素 a/b
	光		4.00	25.47**	7.95*	67.68**
F	盐		82.81**	55.81**	77.11**	24.58**
	光×盐		0.40	0.19	0.13	1.19

注：数据为测定均值±标准误。同列不同字母表示差异显著($P<0.05$)。* 表示 $P<0.05$，** 表示 $P<0.01$。下同。

2.3.2 遮阴与施盐对银叶树光合-光响应参数的影响

当 *PAR* 为 0μmol · m^{-2} · s^{-1}时，P_n为负值，在弱光下，随着 *PAR* 增强，P_n急剧升高，两者呈线性关系，表明此时光是光合作用的主要限制因素；在无盐条件下，当 *PAR* 达到 1000μmol · m^{-2} · s^{-1}时，P_n上升趋势减缓并趋向平稳；而在施盐条件下，当 *PAR* 为 200μmol · m^{-2} · s^{-1}时，P_n上升趋势减缓，随着 *PAR* 的增加，P_n呈平缓下降趋势(图 2-22)。光和盐处理对叶片 *AQY*、P'_{max}及 *LSP* 影响不显著($P>0.05$)，二者不具有交互作用；而光和盐处理对叶片 R_d和 *LCP* 存在极显著的影响($P<0.01$)，二者存在极显著的交互作用(表 2-9)；光处理对 R_d、*LCP* 及 *AQY* 存在极显著与显著影响，对 P_{max}和 *LSP* 影响不显著；盐处理对 *AQY*、P'_{max}、R_d 及 *LSP* 影响极显著($P<0.01$)；盐分对 *AQY*、P_{max}、*LSP* 影响显著高于光照。在无盐条件下，遮阴显著提高了叶片 *AQY*($P<0.05$)，在施盐条件下，遮阴却降低了 *AQY*。无盐下 P'_{max}与 *LSP* 显著高于施盐($P<0.05$)，说明施盐对 P_{max}与 *LSP* 影响显著。全光无盐下叶片 R_d、*LSP* 及 *LCP* 显著高于其他处理($P<0.05$)，表明遮阴或施盐降低了 R_d、*LSP* 及 *LCP*。在遮阴或施盐处理下，银叶树通过降低 *LCP*、*LSP* 来提高对弱光的利用能力，并通过降低呼吸消耗以维持植株正常生长，从而表现出了较强的适应能力。

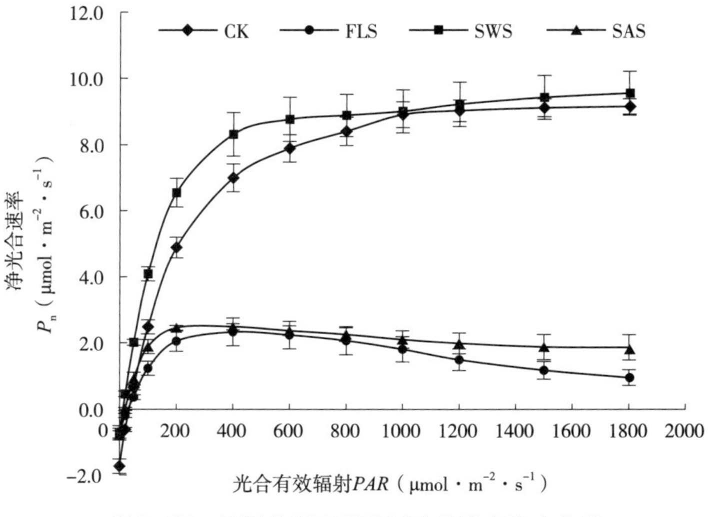

图 2-22 不同处理下银叶树叶片的光响应曲线

表 2-9　遮阴与施盐对银叶树光响应参数的影响

处理	光	盐	表观量子效率 AQY (μmol·m^{-2}·s^{-1})	最大净光合速率 P_{max} (μmol·m^{-2}·s^{-1})	暗呼吸速率 R_d (μmol·m^{-2}·s^{-1})	光饱和点 LSP (μmol·m^{-2}·s^{-1})	光补偿点 LCP (μmol·m^{-2}·s^{-1})
CK	100%	0	0.055±0.007ab	11.65±0.66b	1.70±0.14b	1023.3±111.1c	28.8±1.5c
FLS	100%	2.5%	0.044±0.008a	2.72±0.16a	0.72±0.22a	196.2±28.3a	20.7±4.0b
SWS	20%	0	0.072±0.004c	10.36±1.46b	0.69±0.11a	702.0±138.9b	10.8±0.7a
SAS	20%	2.5%	0.033±0.005a	3.09±0.25a	0.80±0.14a	147.6±20.0a	18.9±1.7b
	光		5.38*	0.38	8.81**	4.17	18.11**
F	盐		17.92**	98.96**	7.63**	58.11**	0.01
	光×盐		0.20	1.13	11.97**	2.26	12.12**

2.3.3　遮阴与施盐对银叶树荧光参数的影响

初始荧光(F_o)和最大荧光(F_m)反映 PSⅡ反应中心完全开放和完全关闭时的荧光产量(周丹丹等，2016)；可变荧光(F_v)代表原初电子受体的还原状态(张守仁，1999)；F_v/F_o反映 PSⅡ最大量子效率(闫芳等，2016)。光和盐处理对银叶树幼苗叶片 F_o、F_m、F_v及F_v/F_o荧光参数影响不显著($P>0.05$)，二者不存在交互作用；而光处理或盐处理对 F_m、F_v、F_v/F_o影响极显著($P<0.01$)，盐处理对 F_o、F_m、F_v、F_v/F_o影响高于光处理(表 2-10)。银叶树幼苗受到盐分胁迫后叶片 F_o有所增加，可能与 PSⅡ反应中心的 D_1蛋白失活有关(Yang al.，2001)，而 F_m、F_v及 F_v/F_o均有不同程度的降低，其中，降幅最大为 FLS 处理，与 CK 存在显著差异($P<0.05$)，说明 FLS 处理下银叶树幼苗叶片 PSⅡ反应中心已因盐胁迫而受到了伤害，其潜在活性和原初光能转换效率明显减弱，产生了明显的光抑制(闫芳等，2016)。

表 2-10　遮阴与施盐对银叶树叶片 F_o、F_m、F_v及 F_v/F_o的影响

处理	光	盐	初始荧光(F_o)	最大荧光(F_m)	可变荧光(F_v)	PSⅡ潜在活性(F_v/F_o)
CK	100%	0	221.59±12.24a	900.97±52.83b	679.38±44.16bc	3.09±0.16b
FLS	100%	2.5%	225.74±18.12a	556.41±82.92a	330.68±78.54a	1.48±0.38a
SWS	20%	0	200.73±4.70a	1021.17±32.17b	820.44±28.86c	4.09±0.11c
SAS	20%	2.5%	234.38±9.08a	829.74±78.13b	595.36±82.50b	2.62±0.42b
	光		0.26	9.22**	10.45**	12.75**
F	盐		2.45	17.09**	20.89**	26.45**
	光×盐		1.49	1.40	0.97	0.05

注：不同字母表示处理间差异达到 0.05 显著水平。下同。

F_v/F_m是暗反应下 PSⅡ最大光化学效率，F_v/F_m值变化可以反映光抑制的程度，比值越高其发生光抑制的程度越低(曹永慧等，2012)；F'_v/F'_m是 PSⅡ有效光化学量子产量，反映开放的 PSⅡ反应中心原初光能捕获转化效率(闫芳等，2016)。光和盐处理对 F_v/F_m、F'_v/F'_m影响不显著($P>0.05$)，二者不存在交互作用；而盐或光处理均对 F_v/F_m与 F'_v/F'_m产生显著($P<0.05$)和极显著($P<0.01$)的影响，盐分的影响高于光照(表 2-11)。在无盐或施盐条件下，遮阴提升了 PSⅡ原初光能的转化效率(F_v/F_m)和 PSⅡ有效光化学量子产量(F'_v/F'_m)；而在全光或遮阴条件下，施盐降低了 F_v/F_m和 F'_v/F'_m。不同处理下 F_v/F_m和 F'_v/F'_m 分别介于 0.54～0.80 和 0.25～0.49 之间，两者变化规律一致。F_v/F_m在 CK、SWS 及 SAS 处理间差异不显著($P>0.05$)，但显著高于 FLS($P<0.05$)，表明在 FLS 下银叶树幼苗发生光抑制程度明显(图 2-23)；F'_v/F'_m 在 CK、FLS 及 SAS 间差异不显著($P>0.05$)，但 CK 处理 F'_v/F'_m 明显高于 FLS 处理，表明 FLS 处理下银叶树幼苗原初光能转换效率降低。

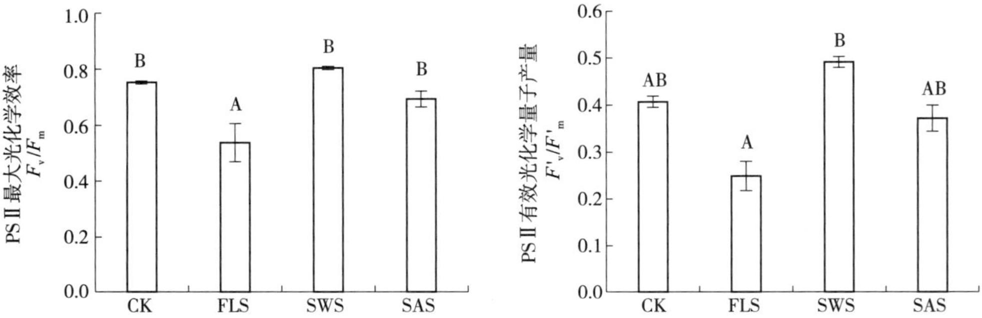

图 2-23 遮阴与施盐对银叶树 PSⅡ最大光化学效率(F_v/F_m)和 PSⅡ有效光化学量子产量(F'_v/F'_m)的影响

注：不同字母表示处理间差异达到 0.05 显著水平。下同。

PSⅡ实际光合效率($\Phi_{PSⅡ}$)是反映电子传递活性与传递速率。表观光合量子传递效率(ETR)是光合机构吸收光能，发生电荷分离，产生电子并沿电子传递链向下传递的速率，反映实际光强条件下的表观电子传递效率(史彦江等，2012)。光×盐处理对 $\Phi_{PSⅡ}$与 ETR 影响不显著($P>0.05$)，二者没有交互作用；而盐或光处理均对 $\Phi_{PSⅡ}$与 ETR 产生极显著影响($P<0.01$)，盐分的影响高于光照(表 2-11)。不同处理下 $\Phi_{PSⅡ}$与 ETR 变化规律一致，均表现为 CK>SWS>FLS>SAS，CK 下 $\Phi_{PSⅡ}$或 ETR 显著高于其他处理($P<0.05$)，表明 SWS、FLS 及 SAS 处理显著降低了 PSⅡ反应中心电子传递活性及传递效率(图 2-24)。

表 2-11 遮阴与施盐对银叶树叶片 F_v/F_m等荧光参数的影响力分析

	处理	F_v/F_m	F'_v/F'_m	$\Phi_{PSⅡ}$	ETR	q_P	NPQ
	光	7.63*	20.78**	8.81**	8.77**	26.11**	2.70
F	盐	19.42**	38.17**	11.15**	11.11**	0.35	4.15
	光×盐	1.97	0.72	0.26	0.27	0.43	0.15

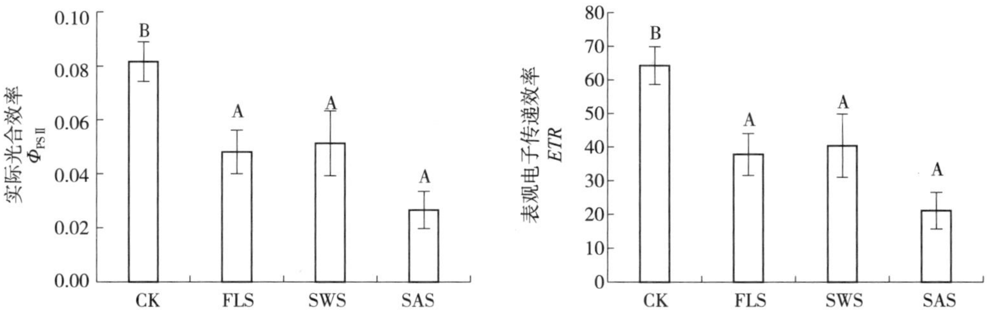

图 2-24　遮阴与施盐对银叶树实际光合效率(Φ_{PSII})和表观电子传递速率(*ETR*)的影响

光化学猝灭系数(q_P)反映了 PSⅡ反应中心的开放程度，q_P越大，表明 PSⅡ的电子传递活性越大(Van Kooten et al.，1990)；非光化学淬灭系数(*NPQ*)是 PSⅡ天线色素吸收的光能不能用于光合电子传递而以热的形式耗散掉的光能部分，反映了光系统对过剩光能的耗散能力(张守仁，1999；闫芳等，2016)。

光和盐处理对 q_P与 *NPQ* 影响不显著($P>0.05$)，二者没有交互作用，盐处理对 q_P与 *NPQ* 不显著($P>0.05$)，而光处理对 q_P影响极显著($P<0.01$)(表 2-11)。q_P在 CK 与 FLS 处理间差异不显著($P>0.05$)，显著高于 SWS 与 SAS 处理($P<0.05$)；SWS 与 SAS 处理下 q_P仅为 CK 的 52.14%和 38.80%，表明 SWS 与 SAS 处理下 PSⅡ中开放程度与电子传递活性降低(图 2-25)。*NPQ* 表现为 CK>SWS>FLS>SAS，与 Φ_{PSII}与 *ETR* 变化趋势一致，CK 处理下 *NPQ* 值显著高于 SAS($P<0.05$)，说明 SAS 处理显著降低了光合色素所吸收的光能用于保护性耗散比例(图 2-25)。

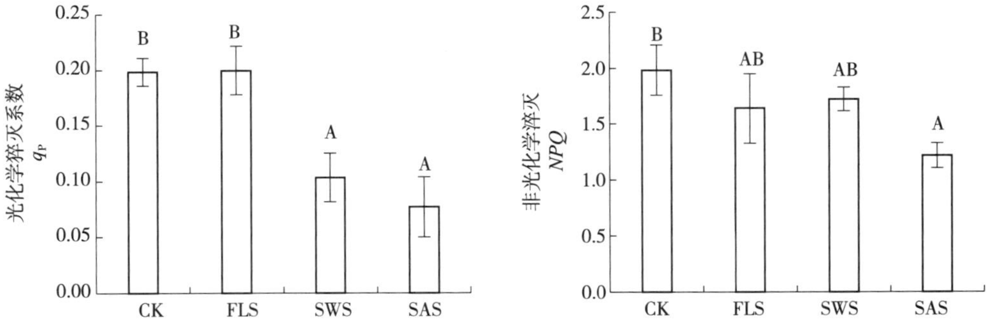

图 2-25　遮阴与施盐对银叶树光化学淬灭系数(q_P)和非光化学淬灭系数(*NPQ*)的影响

2.3.4　遮阴与施盐对银叶树吸收光能的影响

植物叶片吸收的光能分为天线热耗散的能量(*D*)、光化学反应的能量(*P*)及反应中心有非光化学反应耗散的能量(*E*)(Depuydt et al.，2009)，分析吸收光能的分配将有助于了解植物叶片对吸收光能的分配策略(胡文海等，2015)。光×盐处理对 *D*、*E*、*P* 影响不显著($P>0.05$)，二者没有交互作用；光或盐处理对 *D*、*E*、*P* 影响达到极显著($P<0.01$)，盐分对 *D*、*P* 影响高于光照(表 2-12)。

表 2-12　不同处理下银叶树叶片吸收光能的分配

处理	光	盐	天线热耗散 D(%)	光化学反应耗散 P(%)	非光化学反应耗散 E(%)
CK	100%	0	59. 32±1. 22b	8. 17±0. 71b	32. 57±0. 53b
FLS	100%	2. 5%	75. 15±3. 13c	4. 81±0. 79a	19. 84±2. 45a
SWS	20%	0	50. 95±1. 15a	5. 14±1. 20a	43. 91±0. 56c
SAS	20%	2. 5%	62. 97±2. 77b	2. 55±0. 75a	34. 15±2. 74b
F	光		20. 80 **	8. 97 **	46. 66 **
	盐		38. 20 **	11. 31 **	35. 84 **
	光×盐		0. 72	0. 19	0. 62

P 表现为：CK>SWS>FLS>SAS，表明 CK 下银叶树幼苗将吸收的光能较多的用于光化学反应，而 SAS 处理下用于光化学反应光能份额最低。FLS 和 SAS 处理下天线热耗散(D)与 CK 相比均有不同程度的升高，此时叶片具有较高的可调控生理代谢，能够将过剩的光能较多地分配给热耗散(蔡建国等，2017)，而热耗散比例的增加反映了 FLS 和 SAS 处理下银叶树幼苗光能捕获效率降低，银叶树幼苗处于光抑制状态。E 表现为 SWS>SAS>CK>FLS，在 SWS 和 SAS 处理下，较高的 E 值表明 PSⅡ光化学反应和保护性调节机制没有发挥作用，积累了大量的激发能，这有可能会对 PSⅡ反应中心产生破坏作用(蔡建国等，2017)。正常环境下，银叶树幼苗叶片吸收的能量约 60%用于热耗散，约 32%用于非光化学反应，仅有 8%的能量用于光化学反应，说明在饱和光环境下银叶树叶片将过剩光能以热耗散途径释放，削弱了反应中心过量激发能的积累(蔡建国等，2017)。

2. 3. 5　讨论与结论

2. 3. 5. 1　讨论

(1)遮阴与施盐对叶绿素的影响

叶绿素作为光合色素中重要的色素分子，参与了光合作用中光能的吸收、传递和转化(闫芳等，2016)。在无盐条件下，遮阴增加了银叶树幼苗叶片叶绿素 a、叶绿素 b 及叶绿素(a+b)含量，促进了叶片中叶绿素 b 的合成，叶绿素 b 含量增幅显著，增加了叶绿素 b 对蓝紫光部分的吸收能力(刘悦秋等，2007)，表明银叶树幼苗处于弱光环境下的生理适应及对弱光利用能力强。在全光条件下，施盐显著降低了叶绿素(a+b)、叶绿素 a、叶绿素 b 含量及叶绿素 a/b，这与闫芳等(2016)研究结果一致，这可能是由于盐分胁迫下植物体内活性氧和叶绿素水解酶活性增加，破坏了叶绿体结构，叶绿素合成缓慢，分解增加，导致叶绿素含量降低(Agastian et al.，2000)，进而影响光能吸收、转化，导致光合速率下降(李海波等，2006)。有研究表明，喜光植物的叶绿素 a/b 约为 3，耐阴植物的叶绿素 a/b 约为 2. 3(孙小玲等，2010)，银叶树幼苗正常环境下叶片叶绿素 a/b 为 3. 65，属喜光植物。

(2)遮阴与施盐对光合光响参数的影响

LSP 和 *LCP* 分别代表植物光合作用的光照强度上限和下限，同时也反映了植物叶片对强光和弱光的利用能力(蔡建国等，2017)。耐阴植物的 *LCP* 小于 20μmol · m^{-2} · s^{-1}，*LSP* 为 50~1000μmol · m^{-2} · s^{-1}或更低(Boardman，1977)。正常环境下银叶树 *LSP* 和 *LCP* 分别为 1023 和 28. 8μmol · m^{-2} · s^{-1}，说明银叶树为喜光植物。在无盐条件下，遮阴显著提高了银叶树幼苗 *AQY*，却显著降低了 *LSP*、*LCP* 及 R_d，这与王凯等(2009)、宋洋等(2016)及蔡建国等(2017)的研究结果类似，说明遮阴处理下银叶树幼苗叶片通过降低 *LSP* 和 *LCP* 来提高对弱光的利用能力，同时降低呼吸消耗以维持植株正常生长，表现出较强的适应能力(蔡建国等，2017)。施盐显著降低了银叶树幼苗 *AQY*、P_{max}及 *LSP*，致使银叶树幼苗利用弱光能力和光合潜力降低，这可能是由于盐胁迫激发渗透胁迫，导致气孔关闭，引起光合作用的气孔限制(贾婷婷等，2018；许大全，2013)。

(3)遮阴与施盐对叶绿素荧光参数的影响

F_v/F_m反映 PSⅡ反应中心最大 PSⅡ光能转换效率(王文林等，2013)。正常情况下，没有环境胁迫并经过充分暗适应的植物叶片 F_v/F_m是比较恒定的，一般为 0. 80~0. 85(许大全，2013)。FLS 处理下 F_v/F_m与 CK 相比显著下降了 28. 57%，表明此时盐分胁迫使 PSⅡ受到了伤害，最大 PSⅡ光能转换效率减弱，植物体内发生了光合作用的光抑制。不同处理下银叶树幼苗 $\Phi_{PSⅡ}$ 与 *ETR* 变化趋势一致，均表现为全光无盐(CK)>遮阴无盐(SWS)>全光施盐(FLS)>遮阴施盐(SAS)，表明遮阴或施盐使 $\Phi_{PSⅡ}$ 与 *ETR* 降低，而施盐对 $\Phi_{PSⅡ}$ 与 *ETR* 的影响高于遮阴，这主要是由于盐胁迫使银叶树幼苗发生了明显的光抑制，致使 PSⅡ潜在活性中心受到损伤，PSⅡ的光化学活性受抑制，光能转换效率与电子传递能力下降(闫芳等，2016；乌凤章，2015)，而遮阴一定程度增加了 PSⅡ潜在活性，降低了 PSⅡ反应中心因失活而出现光抑制(蔡建国等，2017)。银叶树幼苗 q_P表现为全光施盐(FLS)>全光无盐(CK)>遮阴无盐(SWS)>遮阴施盐(SAS)；在无盐或施盐条件下，遮阴降低了银叶树幼苗 q_P，PSⅡ反应中心的开放程度与电子传递活性降低，银叶树天线色素吸收的光能有相当一部分用于热耗散，降低光能对光合系统产生破坏。高的 *NPQ* 有利于过剩光能的及时耗散，避免光系统的损害，并能够将更多的光能用于光合电子传递(冯汉青等，2013；周丹丹等，2016)；不同处理下 *NPQ* 变化趋势与 $\Phi_{PSⅡ}$ 与 *ETR* 趋势一致，表明遮阴或施盐降低了 PSⅡ天线色素吸收光能以热的形式耗散的比例，尤其是在 SAS 处理下，PSⅡ过剩光能以热耗散的比例减少，降低了光能转化效率与光合电子传递能力，增加了过剩光能对光系统的破坏的风险。

2.3.5.2 结论

植物叶绿素含量、光合光响应参数及叶绿素荧光参数均可作为快速准确地判断银叶树幼苗耐阴与耐盐程度的重要指标。光和盐对叶绿素含量、光合光响应参数(*AQY*、P_{max}及 *LSP*)及叶绿素荧光参数的影响没有交互作用，盐对叶绿素含量、光合光响应参数(*AQY*、P_{max}及 *LSP*)及叶绿素荧光参数(F_o、F_m、F_v、F_v/F_o、$\Phi_{PSⅡ}$、*ETR* 及 *NPQ*)的影响高于光照。在正常环境下，银叶树为喜光树种，其幼苗表现出较高的耐阴性及对弱光的利用能力。盐胁迫使银叶树幼苗发生了明显的光抑制，PSⅡ的光化学活性受抑制，过剩光能对光系统的破坏的风险增加，光能转换效率与电子传递能力下降，光合作用效率大幅降低。

2.4 NaCl 胁迫对银叶树幼苗光合特性与叶绿素荧光参数的影响

盐分胁迫是一种主要的非生物胁迫，是限制植物生长和农业生产的主要因素之一。土壤的盐渍化会引起许多生态问题，诸如水土流失、植被减少和生物多样性降低等（孙玉芳等，2016）。盐分胁迫会诱导植物体内某些结构和功能发生变化，进而明显影响植物的光合生理特性，维持光合作用的能力是判断植物是否耐盐的重要指标之一（Brugnoli et al.，1991）。叶绿素荧光参数作为联系光合作用和环境关系的内在指标，被广泛应用在植物抗逆性研究中（张国盛等，2017）。目前，盐分胁迫对不同植物光合生理的研究主要集中在农作物和草本植物上（孙景宽等，2013；孙璐等，2012），对沿海乔木类研究较少，针对盐分胁迫对植物光系统和光化学效率的影响分析也有不同的结论（Yang et al.，2005；贾婷婷等，2018）。本研究以 1 年生银叶树实生苗为研究对象，采用 NaCl 配制所需盐水浓度，定期定量浇灌盐水，设置土壤盐分含量为 0%、1.2%、1.5%和 1.8%，在施盐 60 天后，通过测定不同浓度 NaCl 处理下银叶树叶片叶绿素含量、叶片光合特性、叶绿素荧光动力学参数，研究不同 NaCl 胁迫处理对银叶树光合生理的影响，探究其耐盐能力，以期为沿海银叶树栽培提供科学依据。

2.4.1 NaCl 胁迫对银叶树叶绿素的影响

从表 2-13 可知，随着 NaCl 浓度的增加，银叶树幼苗叶片叶绿素含量呈现出先升高后降低的趋势。与 CK 相比，N1 处理下叶绿素 a、叶绿素 b、总叶绿素含量分别升高了 13.9%、12.5%和 13.6%，叶绿素 a/b 仅增加了 1.6%；当 NaCl 浓度由 1.2%升高到 1.8%，叶绿素 a、叶绿素 b、叶绿素 a+b 和叶绿素 a/b 逐渐降低，与 CK 相比，下降幅度分别为 22.1%、10.0%、19.1%和 11.8%。不同处理间叶绿素 b 和叶绿素 a/b 差异不显著（$P>0.05$），而 N3 处理下叶绿素 a 和叶绿素（a+b）显著低于 CK 和 N2 处理（$P<0.05$）。

表 2-13 NaCl 胁迫银叶树叶绿素含量及比值的影响

土壤盐分含量	叶绿素 a（$mg \cdot g^{-1}$）	叶绿素 b（$mg \cdot g^{-1}$）	叶绿素（a+b）（$mg \cdot g^{-1}$）	叶绿素 a/b
CK（0%）	1.22±0.04bc	0.40±0.01a	1.62±0.04bc	3.05±0.13a
N1（1.2%）	1.39±0.05c	0.45±0.02a	1.84±0.07c	3.10±0.07a
N2（1.5%）	1.08±0.10ab	0.36±0.04a	1.44±0.14ab	3.09±0.21a
N3（1.8%）	0.95±0.06a	0.36±0.05a	1.31±0.10a	2.69±0.20a

注：同列数据后不同小写字母表示差异显著（$P<0.05$）。下同。

2.4.2 NaCl 胁迫对银叶树光合参数的影响

从表 2-14 可知，随着 NaCl 胁迫浓度升高，银叶树叶片的净光合速率(P_n)、蒸腾速率(T_r)及气孔导度(G_s)呈逐渐下降的趋势，水分利用效率(*WUE*)呈先升高后下降的趋势，胞间 CO_2浓度(C_i)呈先下降后升高的趋势。与 CK 相比，P_n在不同 NaCl 胁迫处理下分别下降了 28.6%、42.2%和 56.4%，G_s分别下降了 33.6%、54.2%和 57.0%，T_r分别下降了 36.7%、54.9%和 60.5%；胞间 CO_2浓度(C_i)降幅最低，仅为 7.0%、19.7%和 3.4%；NaCl 胁迫一定程度提升了 *WUE*，但不同处理间 *WUE* 差异不显著($P>0.05$)；而 CK 处理 P_n、T_r与 G_s显著高于 NaCl 处理($P<0.05$)。

表 2-14 NaCl 胁迫对银叶树叶片光合参数的影响

土壤盐分含量	净光合速率 P_n ($\mu mol \cdot m^{-2} \cdot s^{-1}$)	蒸腾速率 T_r ($mmol \cdot m^{-2} \cdot s^{-1}$)	水分利用效率 *WUE* ($\mu mol \cdot mmol^{-1}$)	气孔导度 G_s ($mol \cdot m^{-2} \cdot s^{-1}$)	胞间 CO_2浓度 C_i ($\mu mol \cdot mol^{-1}$)
CK(0%)	10.77±0.48c	3.19±0.21d	3.56±0.29a	0.107±0.006c	224.41±5.51b
N1(1.2%)	7.69±0.94b	2.02±0.25c	3.86±0.23a	0.071±0.009b	208.77±7.45ab
N2(1.5%)	6.23±0.51ab	1.44±0.12b	4.45±0.27a	0.049±0.004a	180.28±6.27a
N3(1.8%)	4.70±0.79a	1.26±0.13a	3.58±0.47a	0.046±0.005a	216.85±17.38b

2.4.3 NaCl 胁迫对银叶树荧光参数的影响

从表 2-15 可知，不同处理间银叶树 F_o、F_m、F_v及 F_v/F_o差异不显著($P>0.05$)，与 CK 相比，F_o、F_m及 F_v在 NaCl 胁迫下均有不同程度的降低，其中，降幅最大的为 N1 处理。F_v/F_o表示 PSⅡ的潜在活性，可以反映 PSⅡ最大量子效率(闫芳等，2016)，与 CK 相比，不同 NaCl 处理下 F_v/F_o值均不同程度的升高，其增幅分别为 10.8%(N1)、5.4%(N2)和 9.6%(N3)。

表 2-15 NaCl 胁迫对银叶树叶片 F_o、F_m、F_v及 F_v/F_o的影响

土壤盐分含量	F_o	F_m	F_v	F_v/F_o
CK(0%)	1050.08±14.74a	5513.11±92.93a	4463.03±78.27a	4.25±0.02a
N1(1.2%)	897.10±53.65a	5105.62±229.28a	4208.52±178.18a	4.71±0.12a
N2(1.5%)	959.74±82.14a	5198.88±246.88a	4239.15±203.34a	4.48±0.32a
N3(1.8%)	916.82±23.95a	5174.16±85.50a	4257.35±101.57a	4.66±0.22a

F_v/F_m为 PSⅡ最大原初光化学量子效率，是光化学反应的重要参数，高等植物在正常环境中 F_v/F_m值一般在 0.80~0.84(张国盛等，2017)；F'_v/F'_m是 PSⅡ反应中心有效光化学量子产量，反映开放的 PSⅡ反应中心原初光能捕获转化效率(闫芳等，2016)。

从图 2-26 可知，不同处理下银叶树 F_v/F_m值介于 0.81~0.83 之间，随着 NaCl 浓度的

增加 F_v/F_m 呈不同程度的上升，但不同处理间银叶树 F_v/F_m 值差异不显著（$P>0.05$），这表明银叶树幼苗叶片 PSⅡ反应中心并没有因盐胁迫而受到伤害，F'_v/F'_m 随 NaCl 浓度增加呈现出先升后降的趋势，在 N3 处理下，F'_v/F'_m 值显著低于其他处理（$P<0.05$），表明 1.8%NaCl 浓度胁迫对 PSⅡ反应中心有效光化学量子产量影响显著。

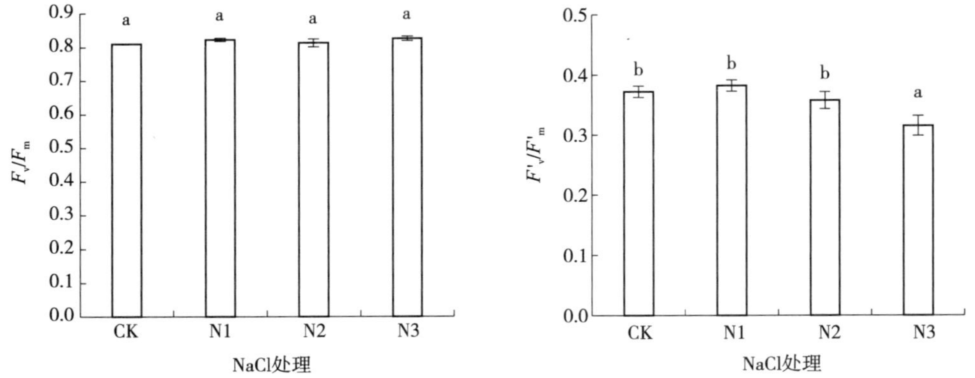

图 2-26　NaCl 胁迫对银叶树 F_v/F_m 与 F'_v/F'_m 的影响

注：图中不同字母表示处理间差异达到 0.05 显著水平。下同。

$\Phi_{PSⅡ}$ 反映植物叶片在光下用于电子传递的能量占吸收光能的比例，其值越大说明电子传递活性与传递速率越大。*ETR* 是光合机构吸收光能发生电荷分离产生电子并沿电子传递链向下传递的速率，反映实际光强条件下的表观电子传递效率（史彦江等，2012）。从图 2-27 可知，在不同处理下，PSⅡ实际光合效率（$\Phi_{PSⅡ}$）与表观光合量子传递效率（*ETR*）变化趋势基本一致，随着 NaCl 浓度的增加 $\Phi_{PSⅡ}$ 和 *ETR* 均呈下降的趋势；与 CK 相比，不同 NaCl 浓度处理 $\Phi_{PSⅡ}$ 与 *ETR* 下降幅度均为 7.5%（N1）、27.0%（N2）及 44.5%（N3），$\Phi_{PSⅡ}$ 和 *ETR* 降幅一致，银叶树在 N1 处理下 $\Phi_{PSⅡ}$ 处于较高水平，有利于更多光能参与光化学反应。同样，在 N1 处理下 *ETR* 处于较高水平，表明在 1.2%NaCl 浓度胁迫下，银叶树 PSⅡ反应中心能保持较高活性。CK 与 N1、N2 处理间 $\Phi_{PSⅡ}$、*ETR* 差异不显著（$P>0.05$），而 CK 与 N1 处理 $\Phi_{PSⅡ}$、*ETR* 显著高于 N3 处理（$P<0.05$），研究表明，N3 处理显著降低了 PSⅡ反应中心电子传递活性及传递速率。

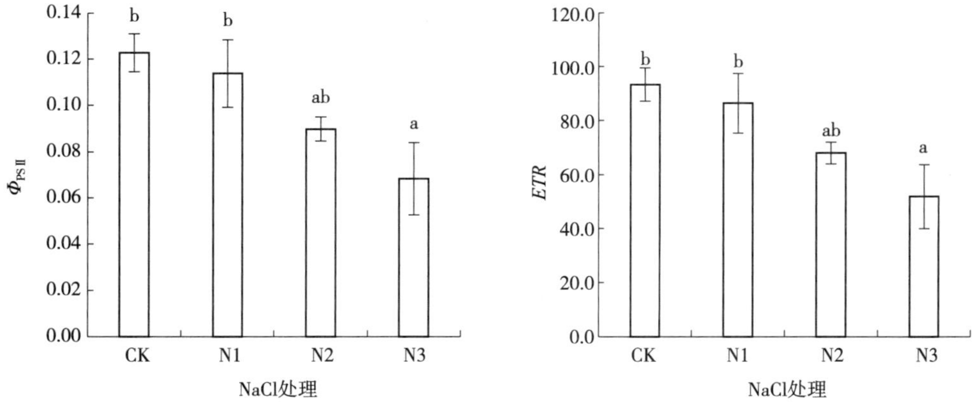

图 2-27　NaCl 胁迫对银叶树 $\Phi_{PSⅡ}$ 和 *ETR* 的影响

光化学猝灭系数(q_P)反映了 PSⅡ天线色素吸收的光能用于光化学电子传递的份额，也在一定程度上反映了 PSⅡ反应中心的开放程度，q_P越大，表明 PSⅡ的电子传递活性越大(Van et al.，1990)。从图 2-28 可知，随着 NaCl 浓度的增加，q_P呈下降的趋势，而 q_N呈先降后升的趋势；与 CK 相比，q_P下降幅度分别为 11.4%(N1)、25.0%(N2)及 36.4%(N3)，CK 处理下银叶树 q_P显著高于 N3 处理($P<0.05$)，而与 N1 和 N2 处理间差异不显著($P>0.05$)，表明在 N1 和 N2 处理对银叶树 PSⅡ的电子传递活性影响不明显，而 N3 处理对 PSⅡ的电子传递活性减弱影响明显。

q_N反映的是天线色素吸收的光能不能用于电子传递而以热的形式耗散掉的部分光能，是植物保护 PSⅡ的重要机制。不同处理间银叶树 q_N值差异不显著($P>0.05$)，其值随着 NaCl 胁迫的增加呈先降后升的趋势，表明在较高 NaCl 浓度下银叶树通过增加热耗散来保护 PSⅡ反应中心免受伤害的作用不明显。*NPQ* 是 PSⅡ天线色素吸收的不能用于光合电子传递而以热能的形式耗散掉的光能部分，反映光系统对过剩光能的耗散能力(闫芳等，2016)。从图 2-28 可知，银叶树 *NPQ* 随 NaCl 胁迫的增加均有不同程度的降低，但不同处理间银叶树 *NPQ* 差异不显著($P>0.05$)；与 CK 相比，不同 NaCl 处理下降幅度介于 0.78%~3.81%之间，表明银叶树幼苗叶片 PSⅡ过剩光能通过非光化学途径以热的形式耗散的比例降低，可能存在过剩光能对其光系统的破坏的风险。

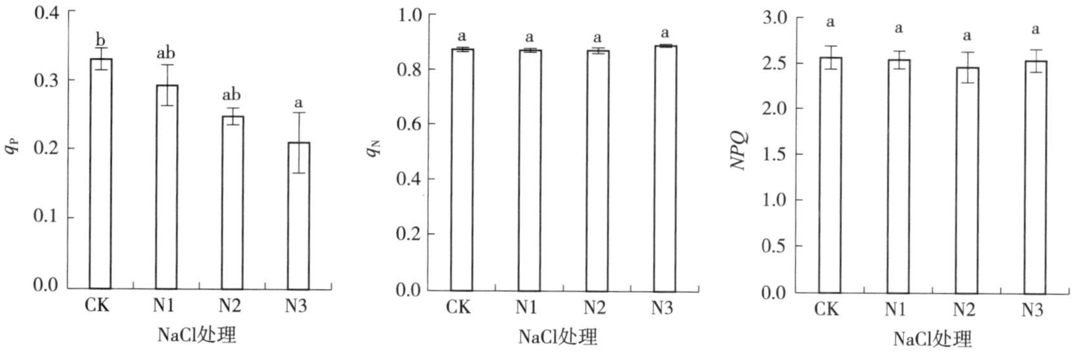

图 2-28 NaCl 胁迫对银叶树 q_P、q_N及 *NPQ* 的影响

2.4.4 NaCl 胁迫对银叶树叶片吸收光能的影响

植物叶片吸收的光能可分为天线热耗散的能量(D)、光化学反应的能量(P)及反应中心有非光化学反应耗散的能量(E)(胡文海等，2015)。分析吸收光能的分配将有利于了解植物叶片对吸收光能的分配策略(胡文海等，2015)。从表 2-16 可知，P 表现为：CK>N1>N2>N3，CK 处理下 P 显著高于 N3 处理($P<0.05$)，表明 CK 处理下银叶树叶片将吸收的光能较多地分配于光化学反应部分，光化学反应能量利用率最大，而 N3 处理下叶片吸收的光能用于参与光化学反应耗散的份额最低。D 表现为：N3>N2>CK>N1，N3 处理下 D 值显著高于其他处理($P<0.05$)，说明叶片此时具有较高的可调控生理代谢，能够将过剩的光能较多地分配给热耗散，用于光化学反应耗散降低。E 随着 NaCl 浓度的增加表现出先升后降趋势，不同处理间差异不显著($P>0.05$)。在 CK 处理下，银叶树幼苗叶片吸收的能量约 63%用于热耗散，约 25%用于非光化学反应，有 12%的能量用于光化学反应，NaCl

胁迫下银叶树主要光保护机制为 PSⅡ天线色素吸收光能通过热的形式耗散，以此削弱反应中心过量的激发能。

表 2-16 NaCl 胁迫对银叶树叶片吸收光能的分配的影响

土壤盐分含量	天线热耗散 D(%)	光化学反应耗散 P(%)	非光化学反应耗散 E(%)
CK(0%)	62.55±0.85a	12.33±0.83b	25.12±0.35a
N1(1.2%)	61.64±1.04a	11.38±1.46b	26.98±0.55a
N2(1.5%)	63.95±1.44a	8.95±0.53ab	27.10±1.17a
N3(1.8%)	68.47±1.81b	6.83±1.57a	24.70±0.67a

2.4.5 讨论与结论

2.4.5.1 NaCl 胁迫对银叶树叶绿素的影响

银叶树幼苗叶片叶绿素 a、叶绿素 b、叶绿素(a+b)及叶绿素 a/b 随着 NaCl 胁迫的增加呈先升后降的趋势，这与乌凤章(2015)实验中发现盐胁迫下高丛越橘幼苗叶绿素变化趋势一致。在 NaCl 浓度为 1.8%时达到最低值，这可能是较高浓度 NaCl 胁迫下植物体内活性氧大量产生，破坏了叶绿体的结构，使叶绿素的合成缓慢导致叶绿素含量降低(Agastian et al.，2000)，盐分胁迫致使叶绿素水解酶活性增大，叶绿素合成减少，分解增加，从而影响光能吸收、转化，导致光合速率下降(李海波等，2006；Hoshida et al.，2000)。

2.4.5.2 NaCl 胁迫对光合参数的影响

随着 NaCl 胁迫增加，银叶树叶片的净光合速率(P_n)、蒸腾速率(T_r)及气孔导度(G_s)呈逐渐下降的趋势，G_s的变化规律与 P_n、T_r非常相似，表明在 NaCl 胁迫下，P_n与 T_r的胁迫效应很大程度上来源于气孔因素抑制；而胞间 CO_2浓度(C_i)表现出先下降后升高的趋势，这主要由于盐胁迫使银叶树叶片气孔导度下降，轻度 NaCl 胁迫下光合速率的下降主要受气孔关闭的制约，而 NaCl 胁迫加重时叶肉细胞中 CO_2浓度升高的情况下，净光合速率仍下降，此时非气孔限制是影响银叶树净光合速率下降的主要因子，可能是由于 Na^+和 Cl^-的大量积累对光合酶活性产生了直接的毒害作用(郑国琦等，2002)。

2.4.5.3 NaCl 胁迫对叶绿素荧光参数的影响

F_o(初始荧光)与 F_m(最大荧光)分别指光系统 PSⅡ反应中心处于完全开放和完全关闭时的荧光产量(周丹丹等，2016；闫芳等，2016)；可变荧光(F_v)为 F_m与 F_o的差值，代表原初电子受体的还原状态(张守仁，1999)。叶绿素荧光与光合作用效率密切相关，任何环境因素对光合作用的影响都可以通过叶绿素荧光反映出来(Hui et al.，2003)。F_v/F_m是 PSⅡ最大光化学量子产量，反映 PSⅡ反应中心最大 PSⅡ的光能转换效率(王文林等，2013)。正常情况下，没有遭受环境胁迫并经过充分暗适应的植物叶片 F_v/F_m是比较恒定的，一般为0.80~0.85(许大全，2013)，当F_v/F_m值低于0.8时，外界胁迫可能对PSⅡ反应中心造成一定损伤(Dawson et al.，1996)，研究表明，不同处理下银叶树F_v/F_m介于0.81~0.83之间，其F_v/F_m值均高于0.8，表明不同NaCl浓度(1.2%、1.5%和1.8%)胁迫没有对银叶树PSⅡ反应中心造成损伤，其潜在活性和原初光能转换效率并没有减弱，银叶树发生光抑制作用不明显，表明银叶树具有一定的耐盐性。不同NaCl胁迫下Φ_{PSII}、ETR、q_P变化趋势一致，随NaCl胁迫增加均呈下降的趋势，其中1.8%NaCl浓度处理下降幅度最大，表明盐胁迫显著降低了银叶树幼苗叶片光合电子传递活性、电子传递效率及吸收的光能转换的能力。与CK相比，银叶树NPQ呈下降趋势，但不同NaCl浓度处理间差异不显著($P>0.05$)，可能是盐胁迫抑制叶黄素循环的关键酶活性，影响了叶黄素循环，削弱了PSⅡ天线热耗散的保护能力(陈梅等，2012；卢广超等，2013)。在NaCl胁迫下，银叶树叶片吸收的能量约64.7%用于热耗散，约26.2%用于非光化学反应，仅有9.1%的能量用于光化学反应，表明在NaCl胁迫逆境中，银叶树光保护机制为PSⅡ天线色素吸收光能通过热的形式耗散。

综上所述，叶绿素含量、光合参数及叶绿素荧光特征可作为快速准确判断银叶树幼苗的耐盐程度的重要指标。NaCl胁迫降低了银叶树净光合速率(P_n)、蒸腾速率(T_r)、气孔导度(G_s)，轻度盐分胁迫下净光合速率的下降主要是受气孔关闭的制约，而胁迫增加时，非气孔限制是影响银叶树净光合速率下降的主要因子；NaCl胁迫降低了银叶树幼苗叶片实际光量子效率与表观光合电子传递速率，导致银叶树光化学效率与表观净光合速率降低；在NaCl胁迫下，银叶树启动光保护机制，以热耗散途径为主的PSⅡ调节性能量耗散，以保护光合机构免受伤害；不同NaCl浓度(1.2%、1.5%和1.8%)胁迫下F_v/F_m值均高于0.8，表明NaCl胁迫没有对银叶树PSⅡ反应中心造成损伤，说明银叶树作为半红树具较强的耐盐性能。

2.5 干旱胁迫对银叶树幼苗光合生理特性的影响

近年来，全球气候持续变化，干旱频率、持续时间和严重程度也随之不断增加(Anderegg et al.，2012；IPCC，2013)。广东降水量丰富，但干、湿季节变化分明，年内区域降水分配不均匀，局部干旱和季节性干旱经常发生(林爱兰等，2010)。随着全球气候变暖，极端天气出现频率增加，干旱可能会更加严重(周明森等，2009)。在我国南方大部分地区，尤其是盛夏，高温干旱天气频发，极端天气对植物的正常生理代谢产生严重影响(姬兰柱等，2005；李瑞姣等，2018)。植物光合作用能力是反映干旱胁迫条件影响的重要指标，也是干旱影响植物生长和代谢的第一环节(李倩等，2012)，在干旱条件下，植物CO_2同化速率降低，光合作用能力降低，导致光合组织吸收的光能大量过剩，使得光合器官因过剩光能不能及时耗散而受到损伤(许大全，2002)。国内外学者对干旱胁迫下的植物光合和荧光特性进行了大量研究，其中，代表性研究主要集中在植物生长发育、光合作用、叶绿素荧光、生理生化等方面(王文林等，2013；王琰等，2011；Lawlor et al.，2002；Ahmed et al.，2002)。而干旱胁迫处理下银叶树幼苗光合及叶绿素荧光研究鲜有报道。为探讨干旱胁迫对银叶树幼苗光合生理特性的变化及响应，本研究以1.5年生银叶树实生苗为研究对象，采用盆栽试验，研究不同水分处理[正常供水(CK)、轻度干旱(LS)、中度干旱(MS)、重度干旱(SS)]对银叶树幼苗生长、光合生理特性及叶绿素荧光参数的影响，以期为银叶树栽培和种群恢复提供科学依据。

2.5.1　干旱胁迫对银叶树幼苗生长的影响

从表 2-17 可知，银叶树幼苗株高生长量随干旱胁迫加剧而急剧下降，与正常供水(CK)相比，轻度干旱(LS)、中度干旱(MS)及重度干旱(SS)处理下株高生长量降幅分别为 44.01%、75.30%及 93.85%；地径生长量随干旱胁迫的增加呈先升后降的趋势，LS 处理下地径生长增幅为 7.08%，而 MS 及 SS 处理下地径生长量降幅分别为 35.38%和 53.77%；CK 处理下幼苗株高生长量显著高于其他处理($P<0.05$)，而地径生长量显著高于 SS($P<0.05$)。

表 2-17　不同水分处理下银叶树幼苗生长量及叶绿素 SPAD 值

干旱处理	苗高生长量(cm)	地径生长量(mm)	SPAD 值	叶片数(个)
CK	9.27±0.90c	2.12±0.32bc	49.14±1.01bc	31±2c
LS	5.19±0.78b	2.27±0.29c	51.79±1.19c	29±2c
MS	2.29±0.31a	1.37±0.25ab	48.23±1.02b	23±1b
SS	0.57±0.11a	0.98±0.21a	45.23±0.83a	16±1a

注：同一列不同小写字母表示处理间差异显著($P<0.05$)。下同。

叶片相对叶绿素含量(SPAD)随干旱胁迫的增加呈先升后降的趋势，变化幅度为别为 5.39%(LS)、1.85%(MS)及 7.96%(SS)；LS 处理下叶片 SPAD 显著高于 MS 与 SS 处理($P<0.05$)，而与 CK 处理差异不显著($P>0.05$)。银叶树幼苗叶片数量随干旱胁迫的增加呈下降的趋势，与 CK 相比，叶片数量降幅分别为 6.45%(LS)、25.81%(MS)及 48.39%(SS)，CK 与 LS 处理下幼苗叶片数量显著高于 MS 和 SS 处理($P<0.05$)。

2.5.2　干旱胁迫对银叶树幼苗叶片光响应特征参数的影响

胁迫环境下的光合指标对判定植物光合机构运转状况、光合作用能力和效率及其受环境因子变化的影响程度具有重要作用(陆燕元等，2015)。光响应曲线拟合结果见表 2-18。随着土壤水分胁迫强度的增加，银叶树幼苗叶片最大净光合速率(P_{max})逐渐下降，LS、MS 及 SS 处理下 P_{max} 比 CK 分别降低了 14.68%、39.59%及 63.07%。表观量子效率(AQY)随胁迫强度的增加逐渐降低，与 CK 相比下降幅度分别为 7.84%(LS)、27.45%(MS)及 29.41%(SS)。与 CK 相比，暗呼吸速率(R_d)在干旱胁迫下均有不同程度的降低，降幅最大的为 SS 处理，达 14.50%。光饱和点(LSP)随干旱胁迫加剧而下降，下降幅度分别为 17.98%(LS)、29.50%(MS)及 62.44%(SS)，而光补偿点(LCP)随干旱胁迫加剧表现出先降后升的趋势。CK 处理下 P_{max}、AQY 及 LSP 显著高于 MS 和 SS 处理($P<0.05$)，不同处理 R_d 差异则不显著($P>0.05$)。

表 2-18　不同水分处理下银叶树幼苗光响应曲线特征参数值

干旱处理	P_{max} (μmol·m^{-2}·s^{-1})	AQY (μmol·m^{-2}·s^{-1})	R_d (μmol·m^{-2}·s^{-1})	LSP (μmol·m^{-2}·s^{-1})	LCP (μmol·m^{-2}·s^{-1})
CK	14. 65±0. 34c	0. 051±0. 003b	1. 31±0. 12a	1071. 0±112. 3c	24. 3±1. 7a
LS	12. 50±0. 48c	0. 047±0. 002ab	1. 13±0. 07a	878. 4±52. 3bc	23. 4±1. 0a
MS	8. 85±0. 91b	0. 037±0. 006a	1. 22±0. 23a	755. 1±60. 9b	31. 5±3. 4b
SS	5. 41±0. 69a	0. 036±0. 004a	1. 12±0. 12a	402. 3±49. 8a	26. 1±0. 9ab

2. 5. 3　干旱胁迫对银叶树幼苗叶片光响应曲线的影响

由图 2-29 可知，当光合有效辐射 *PAR* 低于 200μmol·m^{-2}·s^{-1}时，银叶树幼苗叶片的 P_n随 *PAR* 的增加呈线性增加。当 200μmol·m^{-2}·s^{-1}≤*PAR*<600μmol·m^{-2}·s^{-1}时，随着 *PAR* 的继续增加，银叶树幼苗 P_n在 CK 与 LS 处理下的增加幅度大于 MS 及 SS 处理。当 *PAR*≥600μmol·m^{-2}·s^{-1}时，CK、LS 及 MS 处理下银叶树 P_n增加程度逐渐降低，之后保持平缓趋势，而在 SS 处理下 P_n随 *PAR* 的增加呈下降的趋势。当 *PAR*<200μmol·m^{-2}·s^{-1}时，银叶树幼苗蒸腾速率(T_r)随着 *PAR* 的增加呈直线上升，不同 *PAR* 下 T_r均表现为 LS>CK>MS>SS，当 *PAR*≥200μmol·m^{-2}·s^{-1}时，不同 *PAR* 下 T_r均表现为 CK>LS>MS>SS，T_r在 SS 处理下增幅较小，处于较低蒸腾水平，其值介于 1. 25~1. 51mmol·m^{-2}·s^{-1}之间。

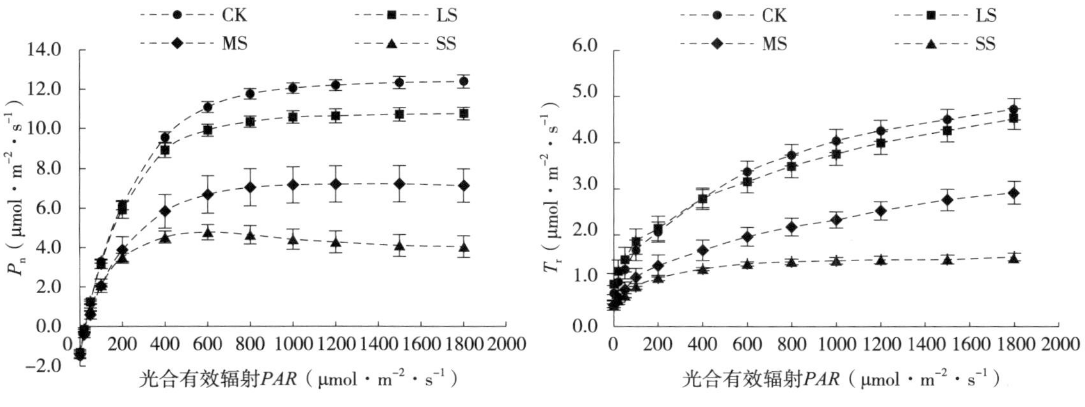

图 2-29　不同水分处理下银叶树幼苗叶片光合速率和蒸腾速率的光响应曲线

叶片水分利用效率(*WUE*)是耦合植物叶片光合作用和蒸腾作用的重要指标。由图 2-30 可知，*PAR* 在 0~400μmol·m^{-2}·s^{-1}时，不同胁迫处理下银叶树叶片 *WUE* 随 *PAR* 增加呈上升趋势，*PAR* 达到 400μmol·m^{-2}·s^{-1}时银叶树叶片 *WUE* 均达到最大值，分别为 3. 47μmol·mmol^{-1}(CK)、3. 30μmol·mmol^{-1}(LS)、3. 65μmol·mmol^{-1}(MS 和 SS)，之后随 *PAR* 增加呈非线性下降，这主要是由于低光强下随着 *PAR* 的增大 P_n增加的速度大于 T_r增加速度，随着 *PAR* 的增强 P_n变化缓慢，而 T_r随光强增大增幅较大，造成 *WUE* 呈抛物线状变化。不同土壤水分处理下，随着 *PAR* 增加，当 0<*PAR*<200μmol·m^{-2}·s^{-1}时，胞间 CO_2浓度(C_i)呈直线下降趋势；当 200μmol·m^{-2}·s^{-1}≤*PAR*<400μmol·m^{-2}·s^{-1}时，C_i缓慢下

降；当 $PAR \geq 400 \mu mol \cdot m^{-2} \cdot s^{-1}$，$C_i$ 趋于稳定，这与 P_n 变化规律基本相反，不同 PAR 下 C_i 均值表现为 CK($288.86 \mu mol \cdot mol^{-1}$)>LS($285.68 \mu mol \cdot mol^{-1}$)>MS($282.12 \mu mol \cdot mol^{-1}$)>SS($264.77 \mu mol \cdot mol^{-1}$)。

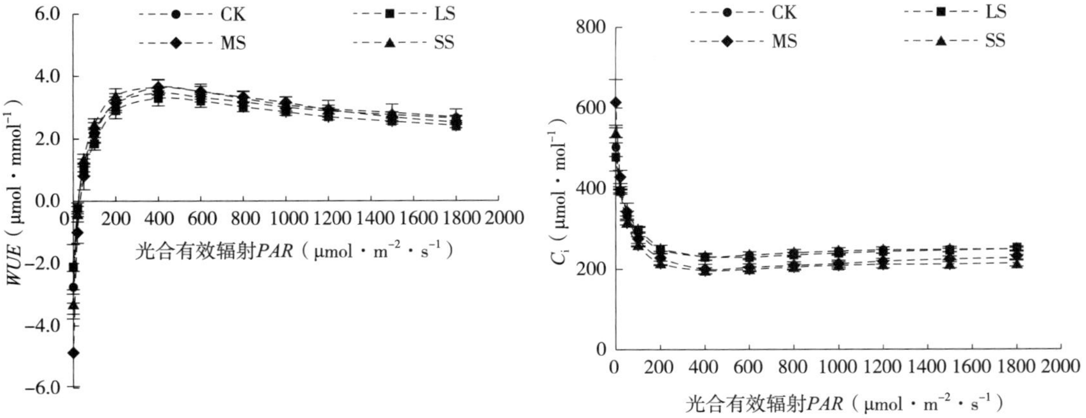

图 2-30　不同水分处理下银叶树幼苗叶片水分利用效率和胞间 CO_2 浓度的光响应曲线

从图 2-31 可知，PAR 在 $20 \sim 1800 \mu mol \cdot m^{-2} \cdot s^{-1}$ 条件下，不同土壤水分处理下银叶树幼苗实际光化学量子效率（Φ_{PSII}）随 PAR 增加表现出非线性下降趋势；不同 PAR 下 Φ_{PSII} 值均表现为 CK>LS>MS>SS，表明干旱胁迫降低了 Φ_{PSII}。在 PAR 在 $20 \sim 400 \mu mol \cdot m^{-2} \cdot s^{-1}$ 条件下，电子传递速率（ETR）随 PAR 的增加呈线性上升趋势，随着 PAR 的继续增加（$400 \sim 600 \mu mol \cdot m^{-2} \cdot s^{-1}$），$ETR$ 增幅变缓，PAR 在 $800 \sim 1000 \mu mol \cdot m^{-2} \cdot s^{-1}$ 时，ETR 达到最大值，之后随 PAR 继续增加，ETR 呈下降趋势；不同 PAR 下 ETR 值均表现为 CK>LS>MS>SS，表明干旱胁迫降低了 ETR。

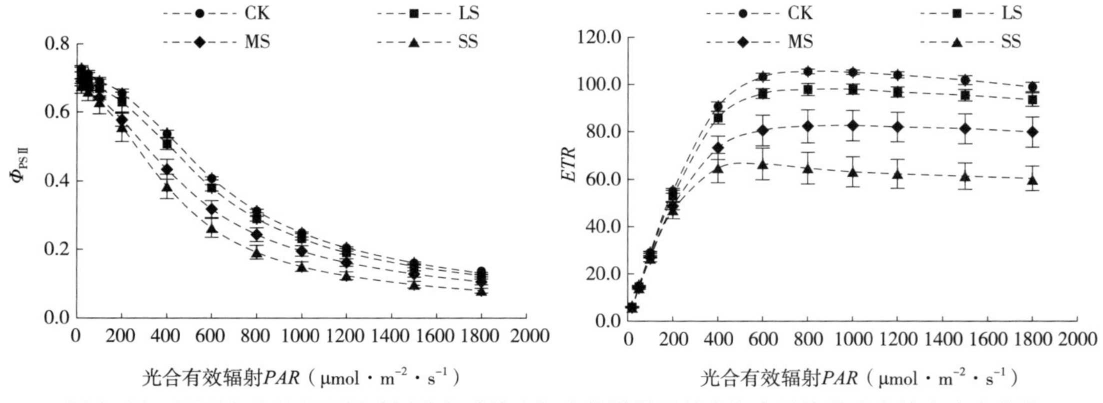

图 2-31　不同水分处理下银叶树幼苗叶片实际光化学量子效率和电子传递速率的光响应曲线

2.5.4　干旱胁迫对银叶树叶绿素荧光参数的影响

从图 2-32 可知，银叶树幼苗叶片初始荧光（F_o）随干旱胁迫的增加呈现出先升高后降低的趋势，与 CK 相比，不同水分处理 F_o 增幅介于 1.23%～5.48%之间，不同土壤水分处理间银叶树 F_o 差异不显著（$P>0.05$）。PSⅡ最大光化学效率（F_v/F_m）随着干旱胁迫的增加呈先升高后降低的趋势，其值分别为 0.803(CK)、0.805(LS)、0.793(MS)及 0.795(SS)，基本维持在0.80左右，不同土壤水分处理间 F_v/F_m 差异不显著（$P>0.05$）。不同土壤水分处理间光化学猝灭系数（q_P）差异不显著（$P>0.05$），但随着干旱胁迫的增加呈现出先升高后降低的趋势，与CK相比，LS与MS处理 q_P 增幅分别为2.73%和0.91%，而SS降幅达17.27%。

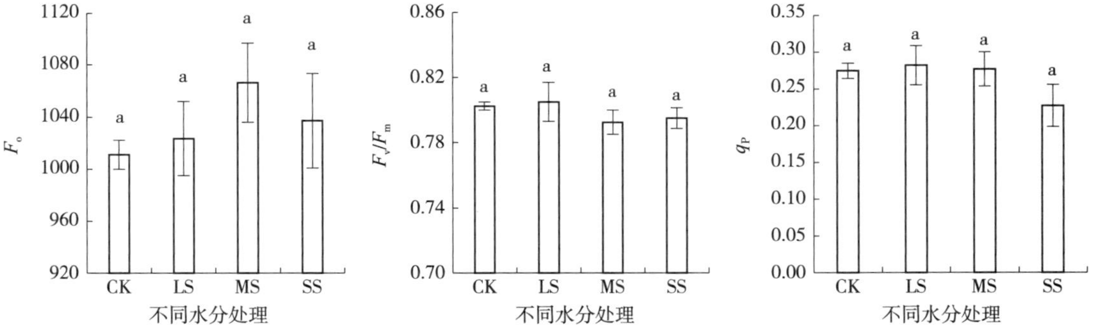

图2-32　不同水分处理对银叶树幼苗叶片 F_o、F_v/F_m 及 q_P 的影响

注：图中不同字母表示处理间差异达到0.05显著水平。下同。

从图2-33中可知，$\Phi_{PSⅡ}$ 随干旱胁迫的增加呈下降趋势，与CK相比，下降幅度分别为0.45%（LS）、17.50%（MS）及28.86%（SS），$\Phi_{PSⅡ}$ 在CK、LS及MS处理间差异不显著（$P>0.05$），而CK与LS处理下 $\Phi_{PSⅡ}$ 显著高于SS（$P<0.05$）。*ETR* 随着干旱胁迫的增加呈下降趋势，与CK相比，下降幅度分别为0.27%（LS）、17.70%（MS）及29.02%（SS），*ETR* 在CK、LS及MS处理间差异不显著（$P>0.05$），而CK与LS处理下 *ETR* 显著高于SS处理（$P<0.05$）。*NPQ* 随着干旱胁迫的增加呈上升趋势，在MS处理下达到最大值，随干旱胁迫的继续增加，呈下降趋势；MS处理下 *NPQ* 显著高于其他处理（$P<0.05$），而在CK与LS处理间 *NPQ* 差异不显著（$P>0.05$）。

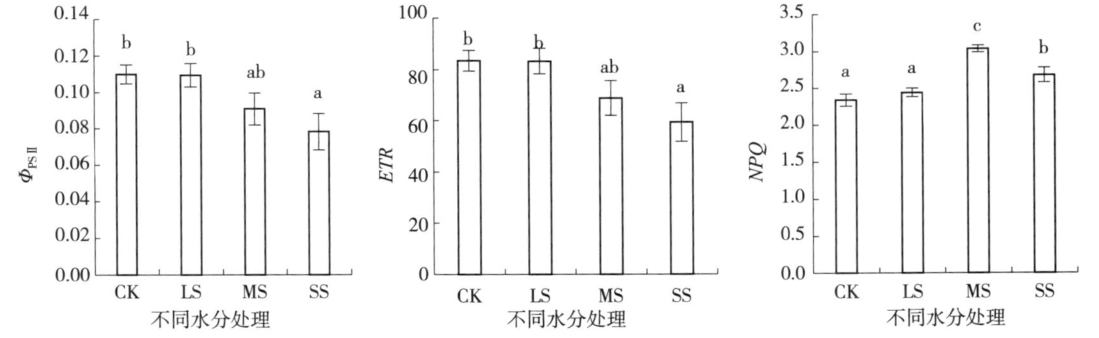

图2-33　不同水分处理对银叶树幼苗叶片 $\Phi_{PSⅡ}$、*ETR* 及 *NPQ* 的影响

从表2-19可知，随着干旱胁迫的增加，银叶树幼苗叶片光化学反应耗散（*P*）呈下降的趋势，与CK相比，LS、MS及SS处理下 *P* 的降幅分别为0.27%、17.71%及28.97%，表明在CK与LS处理下银叶树将吸收的光能较多地分配到光化学反应部分，叶片的光化学反应能量利用率较大。随着干旱胁迫的增加，银叶树幼苗叶片天线热耗散（*D*）呈上升趋势，而热耗散比率的增加也反映了此时光能捕获效率降低，推测植物有可能处于光抑制状态下。不同土壤水分处理之间非光化学反应耗散（*E*）差异不显著（$P>0.05$），随着土壤干旱胁迫的增加呈下降的趋势，与CK相比，下降幅度分别为16.95%（MS）和9.92%（SS）。

表 2-19 不同水分处理下银叶树叶片 PSⅡ吸收光能的分配比例

处理	D(%)	P(%)	E(%)
CK	60.27±0.67a	11.01±0.53b	28.72±0.56a
LS	60.30±2.52a	10.98±0.65b	28.72±2.66a
MS	67.10±0.87b	9.06±0.90a	23.85±0.89a
SS	66.31±1.47b	7.82±0.99a	25.87±1.40a

2.5.5 讨论与结论

2.5.5.1 干旱胁迫对银叶树幼苗叶片光合特性的影响

LSP 和 *LCP* 分别代表植物光合作用的光照强度上限和下限，同时也反映植物叶片对强光和弱光的利用能力(蔡建国等，2017)。耐阴植物的 *LCP* 通常低于 20μmol・m^{-2}・s^{-1}，*LSP* 为 50~1000μmol・m^{-2}・s^{-1}或更低(Boardman et al.，1997)，正常供水条件下银叶树光饱和点与光补偿点分别为 1071.0μmol・m^{-2}・s^{-1}和 24.3μmol・m^{-2}・s^{-1}，说明银叶树为喜光植物。前人研究发现，干旱胁迫条件下，植物 *LCP* 升高，*LSP* 降低，使得叶片对弱光和强光的利用能力降低(Xia et al.，2011)。随着干旱胁迫的加重，银叶树的 *LCP* 逐渐增加，*LSP* 逐渐降低，在重度干旱胁迫下利用强光和弱光的能力均最弱，抵御强光能力明显下降(韩刚等，2010)。银叶树 P_{max}在干旱胁迫下显著低于 CK，说明干旱胁迫影响了银叶树电子传递速率，在 SS 处理下 P_{max}降幅达 63.07%，严重制约了银叶树光合潜力的发挥，叶片光能转化效率降低，光合作用受到影响。银叶树 *AQY* 在 CK 和 LS 处理下均无显著变化，在 MS 和 SS 处理下，银叶树 *AQY* 显著下降，表明干旱胁迫下，银叶树幼苗叶片光合能力下降。在 SS 处理下，银叶树叶片 R_d较低，说明银叶树通过降低呼吸作用来适应干旱的土壤环境(李泽等，2017)。

2.5.5.2 干旱胁迫对银叶树叶绿素荧光特性的影响

叶片叶绿素荧光动力学参数能快速反映植物对土壤水分变化的响应，因此可作为植物抗旱性评价的参考指标(张国盛等，2017)。F_v/F_m是 PSⅡ反应中心最大 PSⅡ的光能转换效率；Φ_{PSII}是 PSⅡ反应中心在部分关闭情况下的实际光能捕获效率；*ETR* 反映实际光照强度下的电子传递情况，即驱动 PSⅡ的实际量子流量；q_P反映 PSⅡ天线色素吸收的光能用于光化学电子传递的部分，而 *NPQ* 则反映 PSⅡ反应中心 PSⅡ天线色素吸收的光能不能用于光化学电子传递而以热能形式耗散掉的光能部分(王琰等，2011；卢广超等，2013)。正常情况下，没有遭受环境胁迫并经过充分暗适应的植物叶片 F_v/F_m是比较恒定的，一般介于 0.80~0.85 之间(吴甘霖等，2010)，而在逆境或受伤害时会明显降低(李泽等，2017；许大全，2013)。本研究结果表明，干旱胁迫对 F_v/F_m影响不显著，这与王琰等对不同松树种源研究结果一致(王琰等，2011)，说明银叶树 F_v/F_m对干旱胁迫不敏感，不能用 F_v/F_m值来反映其光能利用能力(李瑞姣等，2018)。相对于 CK，LS 和 MS 处理下，银叶树叶片 Φ_{PSII}和 *ETR* 均略有降低；在 MS 胁迫下，*NPQ* 急剧升高，且高于 SS 处理，说明此时银叶树幼苗对环境的适应能力较强，反应中心进入关闭状态，热耗散加强，避免剩光能对光合机构造成破坏(李瑞姣等，2018)。在 SS 处理下银叶树幼苗叶片 *NPQ* 也较高，

Φ_{PSII}、ETR 和 q_P 则随干旱程度的加剧逐渐降低，说明在干旱胁迫下，电子捕获和传递能力受到抑制，光能转化效率降低(王琰等，2011)。

综上所述，银叶树幼苗在正常供水条件下 LSP 和 LCP 分别为 1071.01μmol·m^{-2}·s^{-1} 和 24.3μmol·m^{-2}·s^{-1}，银叶树为喜光植物；随着干旱程度的增加，银叶树幼苗叶片 LCP 逐渐增加，LSP 则逐渐降低，在 SS 胁迫下，银叶树对弱光和强光的利用能力均最弱，抵御强光能力明显下降，发生严重的光抑制现象；随着干旱胁迫的增加，银叶树幼苗叶片 Φ_{PSII} 与 ETR 均呈下降趋势，而 q_P 与 NPQ 表现出先升高后降低的趋势；在严重干旱胁迫下 Φ_{PSII} 与 ETR 达到最低值，而 NPQ 处于较高值，说明在干旱胁迫下，电子捕获和传递能力受到抑制，光能转化效率降低。研究表明，银叶树具有较强的抗旱能力，当土壤含水量介于 17.3%~25.2%时不会影响银叶树幼苗的正常生长，当土壤含水量低于 4.7%~6.3%时，银叶树幼苗正常生理代谢受到严重影响。

2.6 干旱胁迫对银叶树幼苗生长和化学计量特征的影响

水分是影响植物生长的关键因子之一，水分亏缺可导致植物干物质产生和分配发生一系列变化，如各器官生物量减少，叶、茎、根分配比率发生显著变化(肖冬梅等，2004；王云龙等，2004)。干旱胁迫下，植物地上部分生物量的减少能够防止水分在地上部分过多消耗，而地下部分生物量的增加则有利于根系获取更多的水分，增强植物对干旱的适应性(将瑾等，1998；李树华等，2003)。干旱胁迫通常会降低植物光合速率、酶活性及其合成速率等(井大炜等，2013)，导致植物体内可溶性糖和蛋白质等积累、转移或转化(王凯等，2017)，进而影响植物化学计量特征。化学计量特征可以将环境变化与器官功能性状联系起来(Tjoelker et al.，2005)，干旱胁迫下不同器官营养元素含量及分配特征可反映植物对环境变化的适应能力及生态策略(Wright et al.，2001)，对阐明环境作用于植物器官功能的内在机制具有重要意义。近年来，银叶树群落破坏严重，分布面积剧减，中国现存成年个体数在 20 株以上的银叶树种群仅见于广东深圳市盐灶和海丰县香坑、广西防城港和海南清澜港的沿海区域(简曙光等，2004)。然而，沿海区域立地条件较为恶劣，诸如淡水资源缺乏、常年海风强度大导致的土壤水分蒸发快等干旱因素限制了沿海银叶树种群恢复的效果。目前，关于干旱胁迫与半红树植物化学计量关系方面的报道较少，大部分研究集中于北方干旱区植物的化学计量特征对干旱胁迫的响应。本文以 1.5 年生银叶树实生苗为研究对象，通过盆栽试验，系统分析了不同水分处理[正常供水(CK)、轻度干旱(LS)、中度干旱(MS)、重度干旱(SS)]对银叶树幼苗生物量生长及其各器官碳、氮、磷化学计量特征的影响，探讨银叶树幼苗生长过程对土壤干旱胁迫的适应特征，以期为银叶树幼苗养分管理和银叶树种群恢复提供科学依据。

2.6.1 干旱胁迫对银叶树幼苗生物量和根冠比的影响

干旱胁迫对银叶树幼苗根、茎、叶的生物量和根冠比均存在显著的影响(表 2-20)。和 CK 相比，LS 对银叶树幼苗叶生物量没有显著的影响，MS 和 SS 显著地降低了银叶树幼苗叶的生物量，其中 SS 处理下的叶生物量显著低于 MS 处理下的叶生物量(图 2-34A)。和 CK 相比，LS 对银叶树幼苗茎的生物量没有显著的影响，MS 和 SS 显著地降低了银叶树的茎生物量，SS 处理下的茎生物量又显著低于 MS 处理下的茎生物量(图 2-34B)。和 CK 相比，LS 和 MS 对银叶树幼苗根的生物量没有显著的影响，SS 显著地降低了银叶树幼苗根的生物量(图 2-34C)。和 CK 相比，LS 和 MS 对银叶树幼苗的根冠比没有显著的影响，而 SS 显著地增加了银叶树幼苗的根冠比(图 2-34D)。

表 2-20　干旱胁迫对银叶树幼苗生物量及根冠比的单因素方差分析(*F* 值)

	叶生物量	茎生物量	根生物量	根冠比
干旱胁迫	41.03***	33.06***	14.4***	3.14*

注：*** 表示 $P<0.001$；* 表示 $P<0.05$。

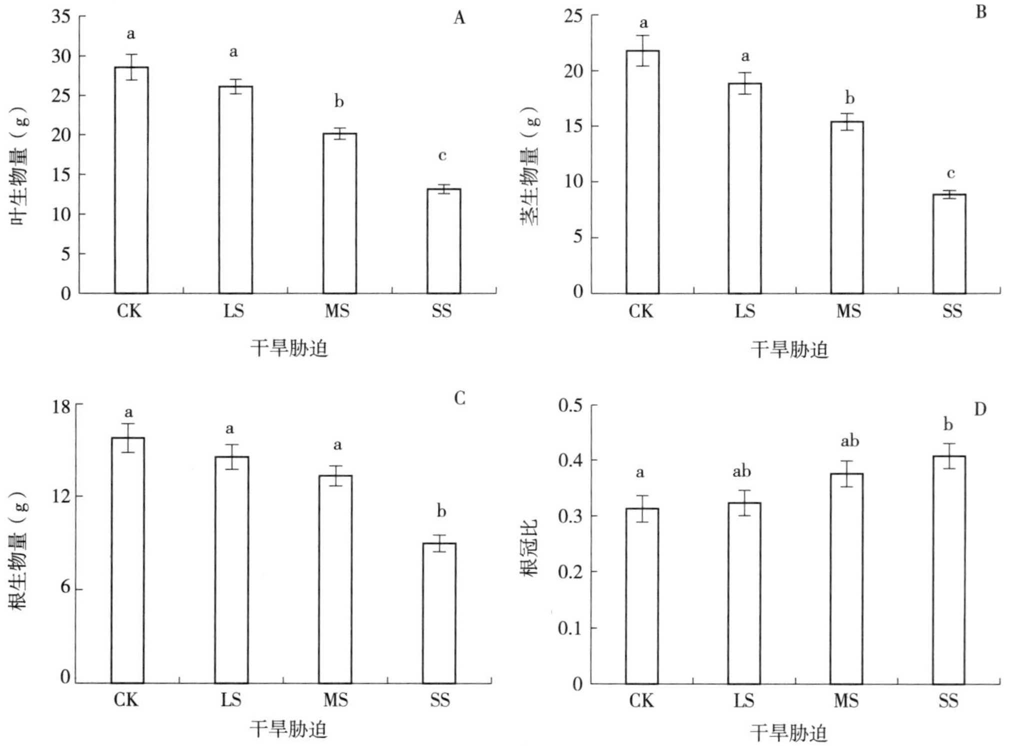

图 2-34　干旱胁迫对银叶树幼苗生物量与根冠比的影响

2.6.2　干旱胁迫对银叶树幼苗 C、N、P 含量的影响

干旱胁迫和器官对银叶树幼苗 N、P 含量及其相关比值的效应显著，但干旱胁迫和器官只对银叶树幼苗的 C∶N 有显著的交互效应(表 2-21)。

表 2-21　干旱胁迫和器官对银叶树幼苗 C、N、P 化学计量特征的双因素方差分析(*F* 值)

	C	N	P	C∶N	C∶P	N∶P
T	1.74	15.91***	5.21**	12.80***	3.13*	9.12***
O	134.44***	360.26***	139.39***	141.71***	39.31***	9.32***
T×O	2.27	1.48	1.67	3.71**	1.48	0.17

注：* 表示 $P<0.05$；** 表示 $P<0.01$；*** 表示 $P<0.001$。T 为干旱胁迫程度；O 为植物器官。

与 CK 对比，银叶树幼苗叶 N 含量在 SS 处理下显著增加，叶 P 含量则显著降低(图 2-35A，D，G)。不同干旱胁迫处理对茎的 C、N、P 含量均没有显著的影响(图 2-35B，E，H)。与 CK 对比，根 C 含量在 SS 处理下显著降低，根 N 含量则显著增加，干旱处理对根 P 含量没有显著的影响(图 2-35C，F，I)。

与 CK 对比，干旱胁迫显著降低了叶片的 C∶N，显著增加叶片 C∶P 和 N∶P(图 2-36A，D，G)。干旱胁迫对茎的 C、N、P 化学计量比没有显著的影响(图 2-36B，E，H)。SS 处理显著降低了根的 C∶N 和 C∶P，对根的 N∶P 没有显著的影响(图 2-36C，F，I)。

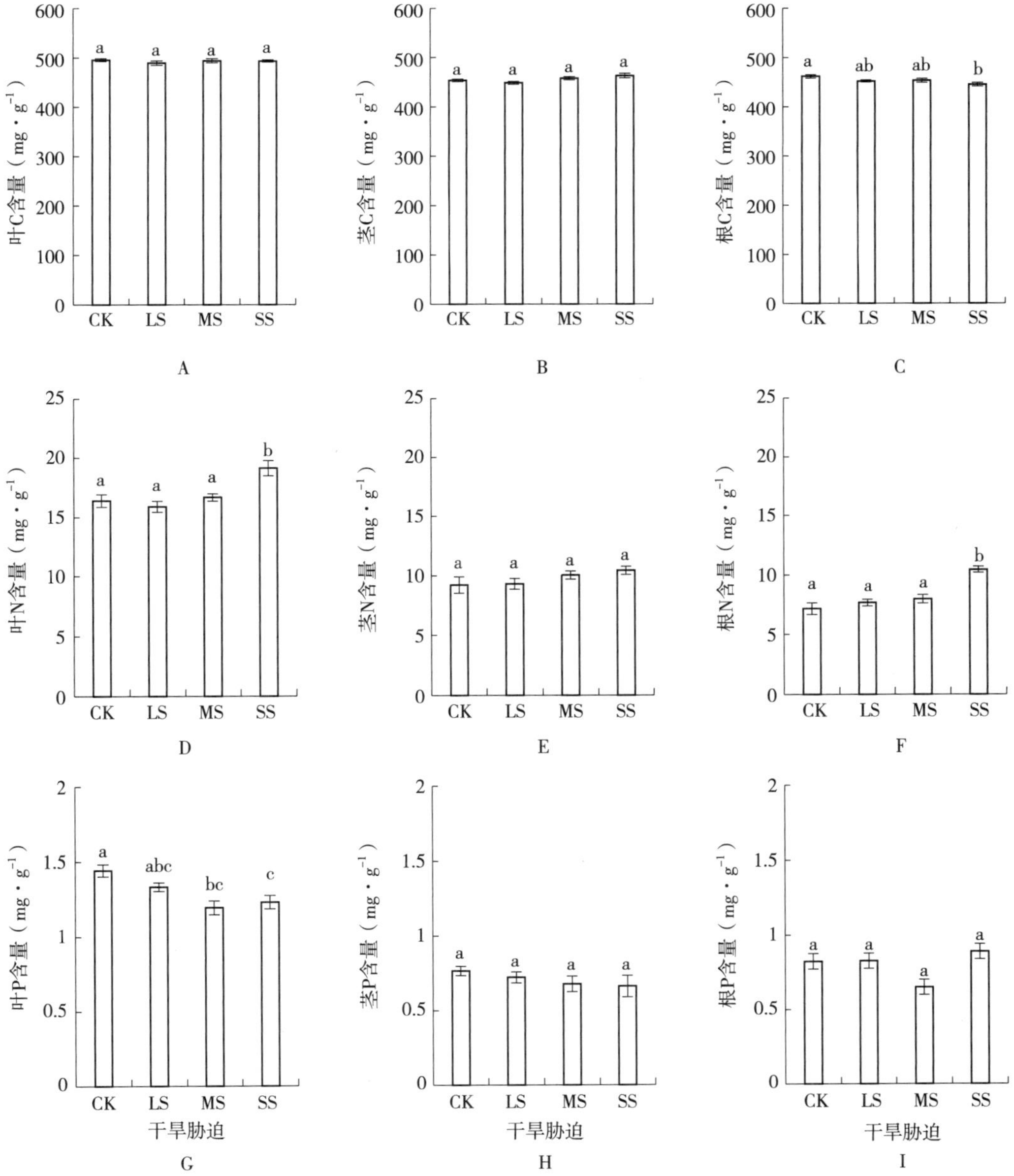

图 2-35　干旱胁迫对银叶树幼苗不同器官 C、N、P 含量的影响

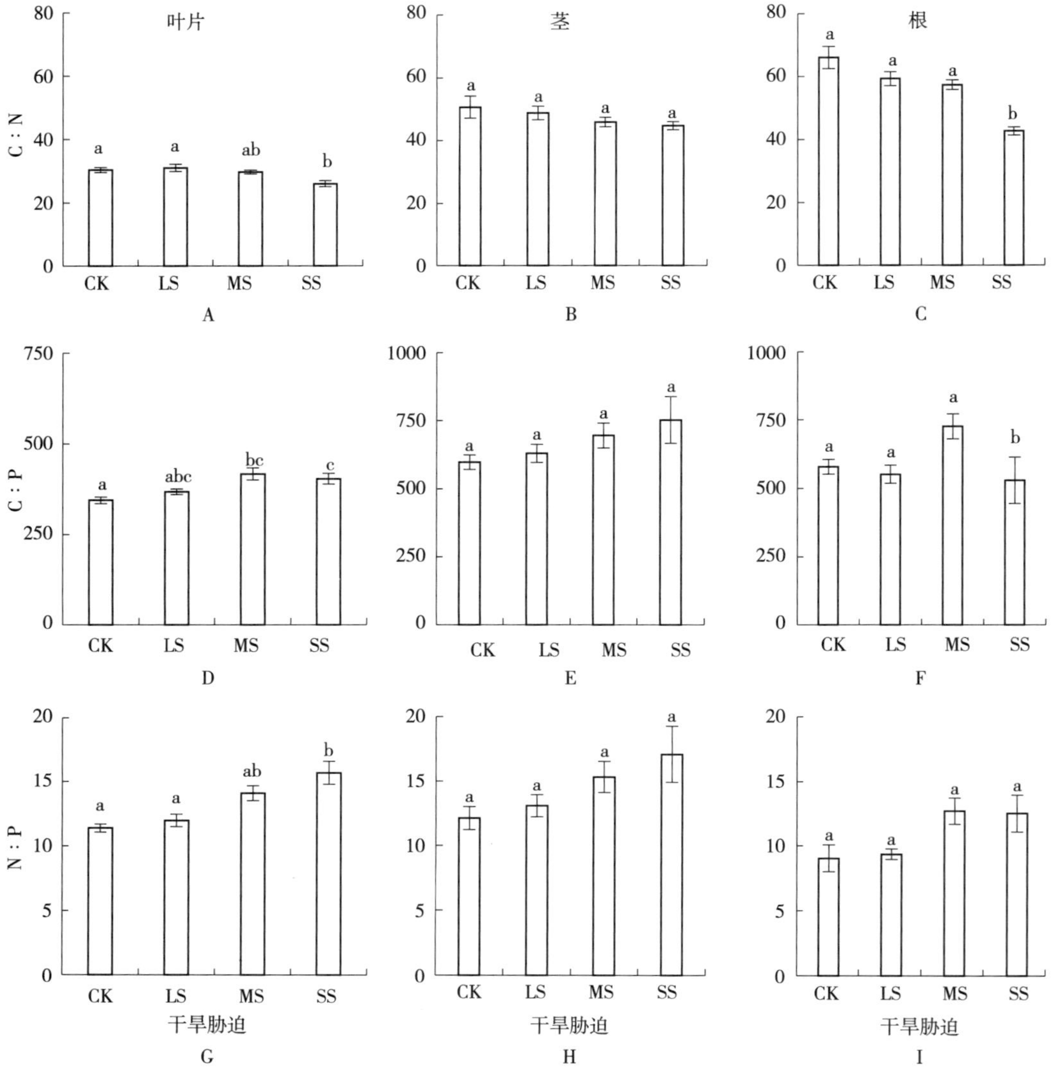

图 2-36　干旱胁迫对银叶树幼苗不同器官 C、N、P 化学计量比的影响

2.6.3　银叶树幼苗不同器官 C、N、P 含量之间的相关性

银叶树幼苗不同器官的 N 含量之间或 P 含量之间均显著正相关，而不同器官的 N、P 之间无显著相关性(表 2-22)。另外，叶 N 含量与茎 C 含量显著正相关，而叶 P 含量与茎 C 含量、根 N 含量显著负相关，根 C 含量与根 N 含量显著负相关(表 2-22)。

表 2-22　银叶树幼苗不同器官 C、N、P 含量的 Pearson 相关系数

		叶			茎			根		
		C	N	P	C	N	P	C	N	P
叶	C	1.00								
	N	-0.08	1.00							
	P	-0.04	-0.30	1.00						

（续）

		叶			茎			根		
		C	N	P	C	N	P	C	N	P
茎	C	0.25	0.44*	-0.42*	1.00					
	N	-0.27	0.66***	-0.40	0.38	1.00				
	P	0.10	-0.34	0.56**	-0.23	-0.29	1.00			
根	C	0.24	-0.32	0.11	0.18	0.00	0.07	1.00		
	N	-0.27	0.70***	-0.41*	0.40	0.62**	-0.40	-0.44*	1.00	
	P	-0.12	0.00	0.53**	-0.32	-0.27	0.60**	-0.37	0.11	1.00

注：* 表示 $P<0.05$；** 表示 $P<0.01$；*** 表示 $P<0.001$。

2.6.4 讨论与结论

2.6.4.1 银叶树幼苗生物量对干旱胁迫的响应

生物量是植物生长状态的综合反映，生物量分配能够反应植物生境的资源状况（王德福等，2019）。当植物生长受到土壤干旱胁迫时，会通过调节生物量在各器官中的分配以抵御干旱胁迫环境（徐飞等，2010）。本研究显示，银叶树幼苗叶生物量、茎生物量、根生物量均随土壤干旱胁迫程度的加剧而降低，而根冠比在极端干旱胁迫的情况下较正常供水量时显著增加，这主要由于干旱胁迫下银叶树幼苗通过增加根生物量来促进对土壤水分吸收，通过减少叶生物量和茎生物量来降低蒸腾耗水，从而减少干旱胁迫所造成的伤害，进而改变生物量分配格局，使根冠比增加（李燕等，2007；任磊等，2015）。银叶树幼苗叶生物量和茎生物量均在 MS 处理下显著低于 CK 处理，而根生物量则在 SS 处理下才出现显著性降低，说明了银叶树幼苗的根系较之其地上部分的耐旱性更强。

2.6.4.2 银叶树幼苗各器官 C、N、P 对干旱胁迫的响应

干旱胁迫影响植物 C、N、P 的获取、运输、分配及贮存等生理生态过程，导致植物器官各元素含量发生不同的变化（王凯等，2018）。本研究发现，干旱胁迫使叶片 C 含量均有不同程度的降低，但在不同土壤水分条件下叶片 C 含量差异不显著（$P>0.05$），表明干旱胁迫对叶片 C 含量影响不大，这主要是由于在组成植物体的主要元素中，C 是组成植物体的结构性物质，N、P 则为功能性物质，对同一植物种而言，功能性物质的含量受环境影响变化较大，结构性物质受环境的影响较小，含量相对较稳定。叶片 N 含量随土壤干旱胁迫增加呈先降后升的趋势，在严重干旱胁迫下叶片 N 含量显著高于其他处理（$P<0.05$），这主要是由于在 CK、LS 和 MS 下叶片生长显著高于重度干旱下叶片生长（$P<0.05$），而叶片生长对叶片 N 含量具有稀释作用（王凯等，2018），同时，叶片 N 含量增加有助于植物在较小气孔导度下达到最大光合容积，提升了水分利用效率，降低了光合作用的水分散失（Wright et al.，2001）。土壤干旱胁

迫降低了叶片 P 含量，这主要是由于土壤干旱限制了无机磷的吸附与溶解(Belnap, 2011)，导致银叶树幼苗根系从土壤中吸收 P 减少，同时干旱导致木质部形成栓塞(李荣等，2016)。

叶片 C：N 和和 C：P 代表着植物吸收营养元素时所能同化 C 的能力，反映了植物对 N 和 P 的利用效率(Wang et al.，2014，黄菊莹等，2018)。本研究发现，银叶树幼苗叶 C：N 随土壤干旱胁迫的增加呈下降趋势，而叶 C：P 表现出升高的趋势，表明干旱胁迫一定程度降低了银叶树幼苗对 N 利用效率，却提高了幼苗对 P 的利用效率。植物叶片 N：P 值则能够反映植物生长受 N 或 P 元素限制的状况(Güsewell，2004)，N：P<14，植物生长主要受 N 限制，14≤N：P<16，主要受 N 和 P 限制，而 N：P≥16，主要受 P 限制(Koerselman al.，1996；Güsewell，2004)。本研究中，在正常供水和轻度干旱胁迫下叶片 N：P 分别为 11.38 和 11.96，暗示银叶树幼苗生长可能受 N 限制的影响，而中度干旱与重度干旱胁迫下叶片 N：P 分别为 14.08 和 15.71，银叶树生长可能受 N 和 P 共同限制的影响。

2.6.4.3 干旱胁迫下银叶树幼苗各器官间 C、N、P 的相关性

本研究发现，银叶树幼苗在干旱胁迫下叶、茎、根不同器官间的 N 含量之间和 P 含量之间均呈显著正相关，说明银叶树幼苗不同器官间的 N 或 P 在环境胁迫下仍存在较强的协变性，即 N、P 元素在各器官中彼此协调适应干旱环境(王凯等，2017)。银叶树幼苗各器官中的 N 含量和 P 含量均无显著的相关性，这与在辽宁研究杨树幼苗(王凯等，2017)的结果一样，与在兴安落叶松(任书杰等，2009)和白刺(王楠，2013)中的研究结果不同。这可能与研究方法有关，本研究和杨树幼苗的研究均采用盆栽控水法，能够保证其他实验条件均匀一致，而另外 2 个实验是基于纬度或经度变化形成的降水梯度，可能受到了空间变化带来的其他实验条件差异的影响。

2.7 CO_2加富对施盐处理下银叶树幼苗叶片光合特性的影响

光合作用是植物体内物质循环和能量流动的基础，也是全球碳循环和其他物质循环的重要环节(段利民等，2019)。植物光合作用活力大小能反映植物对外界环境的敏感程度，并且会随着环境因子的改变而产生适应性，因植物自身属性和发育阶段的不同而产生差异(Toledo-aceves et al.，2008)。CO_2是植物光合作用的主要原料，其浓度的高低对植物光合速率有重要影响(Bowes，2006)。光合作用响应曲线分析有助于判定植物光合机构运转状况、光合作用能力、光合作用效率及其受环境变化的影响程度(关军锋等，2004)。由于天然气、煤炭等化石能源的大规模使用，温室气体的大量排放导致温室效应、全球气候变暖等一系列环境问题的产生(刘晓聪等，2016)。CO_2作为主要的温室气体，其浓度的增加必将对植物的光合作用产生很大影响(Jiang et al.，2016)。研究表明，CO_2浓度的增加能对植物光合作用产生促进作用，但其作用程度因植物生长阶段的不同而产生不同的效果(毕玉伟等，2011)。目前，有关此领域的研究虽取得了一定成果(Porras et al.，2017)，但研究对象主要以农作物和草本植物为主，对于木本植物的

研究较少。为探索大气 CO_2浓度升高对施盐处理下银叶树光合特性的影响，本研究以 1 年生银叶树实生苗为研究对象，利用 LI-6800 便携式光合测定仪测定了土壤盐胁迫（1.6%）下银叶树幼苗叶片在不同 CO_2浓度下的光合作用对光的响应曲线以及 CO_2响应曲线，对银叶树幼苗叶片光合特性进行研究，以期为进一步探讨气候变化对银叶树种群影响及其适宜恢复区域的栽培提供科学依据。

2.7.1 CO_2加富对银叶树幼苗叶片光合特征影响

2.7.1.1 CO_2加富对银叶树幼苗叶片光合光响应曲线的影响

在 CO_2浓度升高条件下，不同处理银叶树幼苗叶片光响应曲线如图 2-37 所示。施盐和对照处理下银叶树幼苗叶片 P_n随光合有效辐射（*PAR*）的变化趋势相似，无论是施盐还是对照处理，其 P_n均表现为 $CO_2800>CO_2600>CO_2400$（其中，400μmol · mol^{-1} CO_2浓度 = CO_2400；600μmol · mol^{-1} CO_2浓度 = CO_2600；800μmol · mol^{-1} CO_2浓度 = CO_2800）。同时，施盐和对照处理下银叶树幼苗叶片光响应曲线的拟合方程决定系数分别在 0.9969～0.9970 和 0.9437～0.9923 之间，拟合度好。

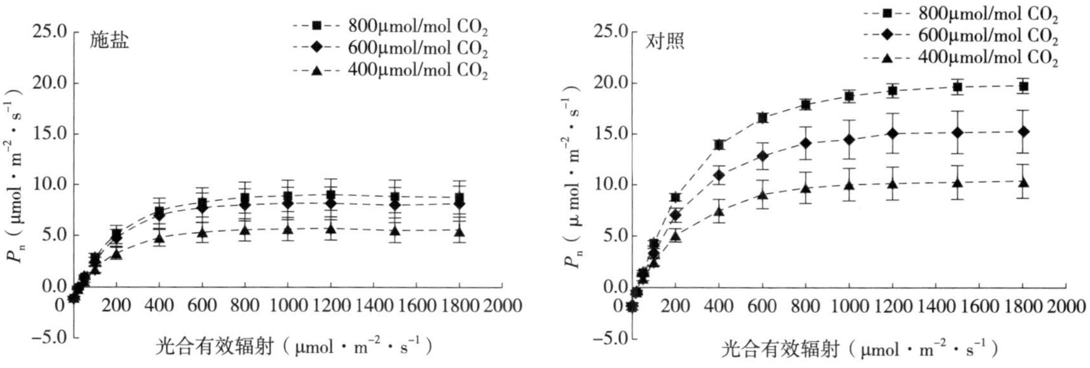

图 2-37 CO_2加富对银叶树幼苗叶片光响应曲线的影响

2.7.1.2 CO_2加富对银叶树幼苗叶片光合气体交换参数的影响

由表 2-23 可知，随 CO_2浓度升高，银叶树 P_{nmax}、*AQY*、*LSP* 均呈上升趋势，而 *LCP* 呈下降趋势。CO_2浓度相同时，施盐抑制了银叶树叶片光合作用，与对照相比，施盐下 CO_2400、CO_2600 浓度和 CO_2800 浓度叶片 P_{nmax} 分别降低了 43.75%、46.09% 和 54.19%，说明随着 CO_2浓度的增加，施盐对银叶树叶片光合作用抑制越明显。*AQY* 下降幅度分别为 31.15%（CO_2400）、25.00%（CO_2600）和 31.76%（CO_2800）。在同一 CO_2浓度下，对照下 *LSP* 和 R_d均分别高于施盐，而对照下 *LCP* 在 CO_2600 和 CO_2800 浓度高于施盐，在 CO_2400 高于施盐。

表 2-23　CO_2加富对银叶树叶片气体交换参数的影响

	CO_2浓度（μmol·mol⁻¹）	最大净光合速率 P_{nmax}（μmol·m⁻²·s⁻¹）	表观量子利用效率 AQY（μmol·m⁻²·s⁻¹）	光饱和点 LSP（μmol·m⁻²·s⁻¹）	光补偿点 LCP（μmol·m⁻²·s⁻¹）	暗呼吸速率 R_d（μmol·m⁻²·s⁻¹）
施盐	400	5.85±2.32a	0.042±0.012a	1324.7±523.7a	29.25±5.15a	1.08±0.35a
	600	8.34±3.39a	0.054±0.016a	1158.9±191.4a	23.51±4.08b	1.16±0.41a
	800	9.12±3.55a	0.058±0.018a	1346.6±463.4a	23.66±7.76b	1.20±0.41a
对照	400	10.40±3.77a	0.061±0.016a	1508.9±199.2a	31.69±9.65a	1.63±0.42a
	600	15.47±4.68ab	0.072±0.013ab	1665.7±431.3a	27.72±6.21a	1.79±0.32a
	800	19.91±1.85b	0.085±0.006b	1695.4±460.0a	27.42±6.95a	2.14±0.42a

注：表中不同小写字母代表同一处理下不同 CO_2浓度之间差异达到显著水平（$P<0.05$）。下同。

2.7.1.3　CO_2加富对银叶树幼苗叶片蒸腾速率和水分利用效率的影响

从图 2-38 可知，PAR 在 0~1800μmol·m⁻²·s⁻¹范围内，银叶树幼苗叶片 T_r随 PAR 增强基本呈直线上升趋势。在无盐条件下，银叶树叶片 T_r表现为 $CO_2800<CO_2600<CO_2400$；在施盐下，银叶树叶片 T_r也表现为 $CO_2800<CO_2600<CO_2400$。研究结果显示，在同一 PAR 强度下，T_r随 CO_2浓度的升高呈下降趋势，施盐下叶片 T_r明显低于对照处理。

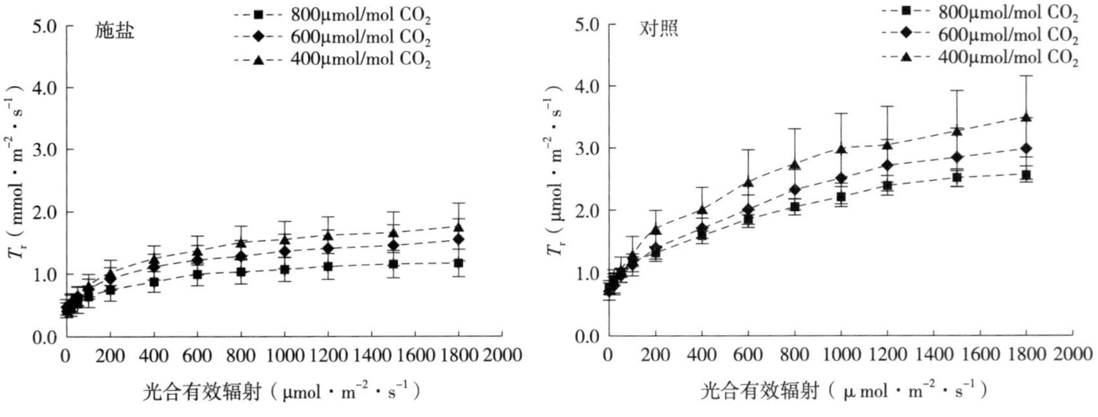

图 2-38　CO_2加富对银叶树幼苗叶片蒸腾速率的影响

从图 2-39 可知，当 $PAR<400$μmol·m⁻²·s⁻¹，WUE 随 PAR 的增加快速增长，PAR 在 400~600μmol·m⁻²·s⁻¹范围内，WUE 随 PAR 的增加而缓慢增长，当 $PAR\geq600$μmol·m⁻²·s⁻¹时，WUE 随 PAR 的增加呈缓慢下降的趋势。施盐下，当 PAR 相同时，WUE 表现为 $CO_2400<CO_2600<CO_2800$，对照也表现相同的变化趋势，说明 CO_2在 400~800μmol·mol⁻¹浓度范围内，WUE 随 CO_2浓度升高而增加。当 CO_2浓度相同时，施盐和对照处理下银叶树幼苗叶片 WUE 差异不明显。

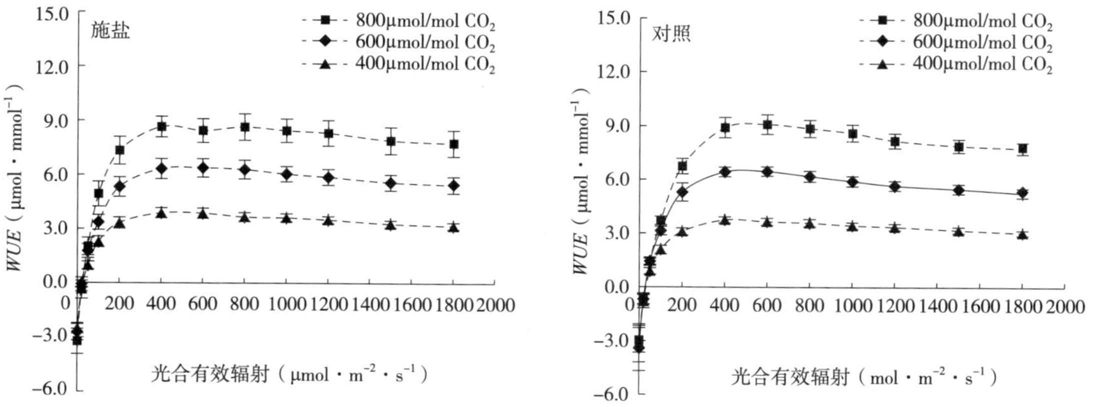

图 2-39 CO_2加富对银叶树幼苗叶片水分利用效率的影响

2.7.1.4 CO_2加富对银叶树幼苗叶片胞间CO_2浓度和气孔导度的影响

从图 2-40 可知，在弱光条件下，C_i随 *PAR* 增加呈直线下降，随着 *PAR* 进一步增加，C_i下降幅度减缓，之后达到稳定状态，这主要是由于随 *PAR* 增加，叶肉细胞光合活性增大使得光合速率增高的结果。*PAR* 相同时，施盐和对照处理 C_i均表现为 $CO_2400<CO_2600<CO_2800$ 的变化趋势；在同一 CO_2浓度处理下，施盐和对照处理银叶树幼苗叶片 C_i差异较小，说明盐胁迫对银叶树幼苗叶片 C_i影响较小。

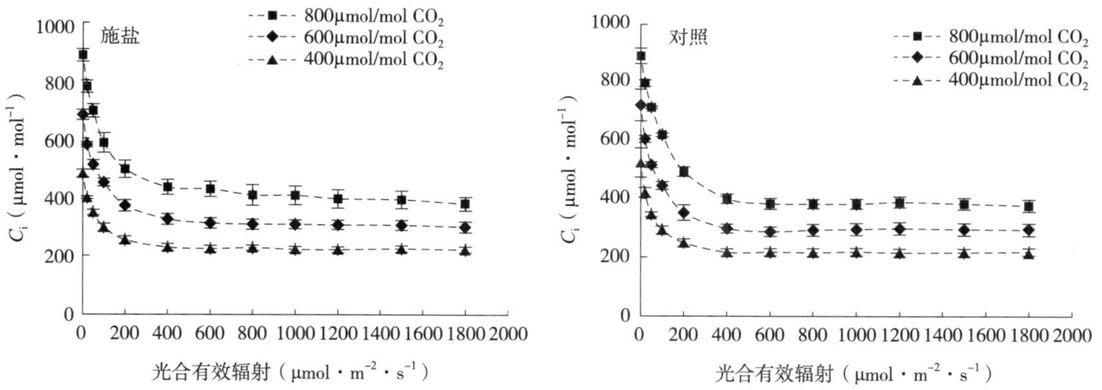

图 2-40 CO_2加富对银叶树幼苗叶片胞间CO_2浓度的影响

从图 2-41 可知，在施盐下，*PAR* 在 0~400μmol · m^{-2} · s^{-1}范围内，银叶树幼苗叶片 G_s随 *PAR* 增强大致呈直线上升趋势，在 400~1000μmol · m^{-2} · s^{-1}范围内，随着 *PAR* 增强，G_s上升幅度趋于平缓，当 *PAR* 超过 1000μmol · m^{-2} · s^{-1}时，G_s基本保持不变。在无盐下，*PAR* 在 0~1000μmol · m^{-2} · s^{-1}范围内，G_s随 *PAR* 增强基本呈直线上升的趋势，当 *PAR* 大于 1000μmol · m^{-2} · s^{-1}时，G_s变化幅度较小，趋于稳定。无论是施盐还是对照处理，*PAR* 相同时，银叶树幼苗叶片 G_s均表现为 $CO_2800<CO_2600<CO_2400$，说明大气 CO_2浓度的增加对叶片 G_s有明显的抑制作用。

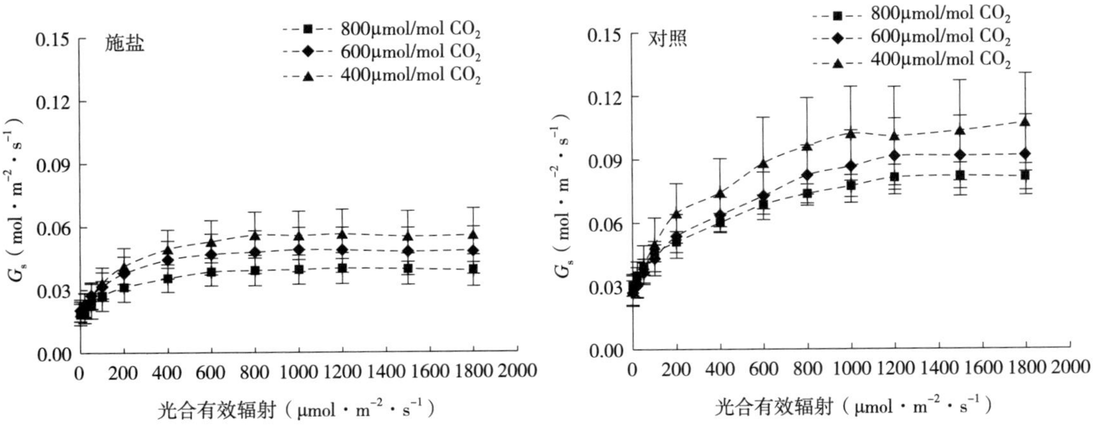

图 2-41 CO_2加富对银叶树幼苗叶片气孔导度的影响

2.7.2 银叶树幼苗叶片 CO_2响应曲线和 CO_2响应参数

如图 2-42 所示，施盐 60 天后，两种处理银叶树幼苗叶片 CO_2响应曲线的变化趋势基本一致，但对照处理 P_n均高于施盐。在较低的 CO_2浓度（$<400\mu mol \cdot mol^{-1}$）下 P_n随 CO_2浓度的增加上升较快，两种处理 P_n差异较小，随着大气 CO_2浓度升高，P_n趋于平缓，但二者 P_n差异增大。施盐和对照处理银叶树幼苗 CO_2响应曲线的拟合方程决定系数分别为 0.9592~0.9986 和 0.9901~0.9981 之间，拟合度好。

从表 2-24 可知，施盐显著降低银叶树 V_{cmax}、J_{max}和 TPU（$P<0.05$），下降幅度分别为 54.5%、56.0%和 48.0%；施盐和对照处理下 J_{max}/V_{cmax}分别为 0.91 和 0.94，表明现有的 J_{max}远远不能支持 V_{cmax}。施盐下叶片 P_{max}、CE 和 R_p均显著低于对照，而 C_{isat}和 Γ 则表现为施盐处理高于对照，但其差异性不显著。研究表明，盐胁迫降低了银叶树幼苗叶片光合同化效率，提升了 C_{isat}和 Γ。

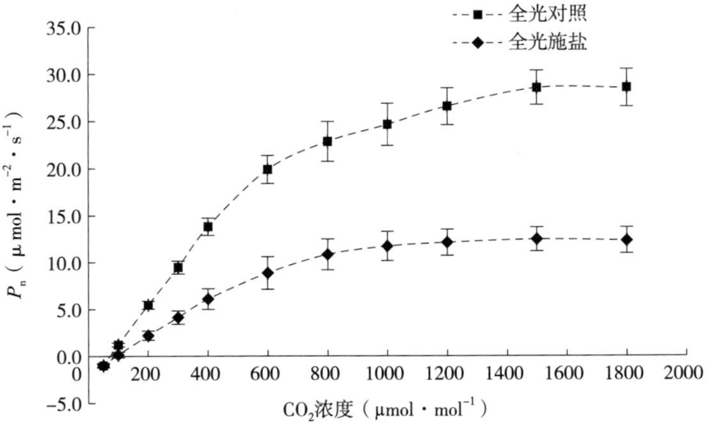

图 2-42 银叶树幼苗叶片 CO_2响应曲线

表 2-24　银叶树幼苗叶片的 CO_2 响应参数

处理	最大羧化速率 V_{cmax} (μmol·m⁻²·s⁻¹)	最大电子传递速率 J_{max} (μmol·m⁻²·s⁻¹)	磷酸丙糖利用效率 *TPU* (μmol·m⁻²·s⁻¹)	最大净光合速率 P_{max} (μmol·m⁻²·s⁻¹)
施盐	27.95±2.67b	25.52±3.00b	5.19±0.50b	30.14±3.27b
对照	61.49±4.63a	57.97±5.07a	9.98±0.57a	54.44±3.41a
处理	初始羧化效率 *CE*	光呼吸速率 R_p (μmol·m⁻²·s⁻¹)	CO_2 饱和点 C_{isat} (μmol·mol⁻¹)	CO_2 补偿点 Γ (μmol·mol⁻¹)
施盐	0.048±0.005b	8.65±2.21b	823.22±62.07a	79.72±7.27a
对照	0.088±0.007a	12.33±1.14a	767.28±20.58a	69.75±3.73a

注：表中不同小写字母代表不同处理之间差异达到显著水平($P<0.05$)。

2.7.3　银叶树幼苗叶片蒸腾速率和水分利用效率对 CO_2 的响应

从图 2-43 可知，T_r 随大气 CO_2 浓度的升高基本呈下降的趋势；在同一 CO_2 浓度下，对照处理 T_r 明显高于施盐。*WUE* 随大气 CO_2 浓度的升高大体呈直线上升趋势，说明大气 CO_2 浓度增加对 *WUE* 有明显的促进作用，施盐下叶片 *WUE* 低于对照处理，但差异不明显。

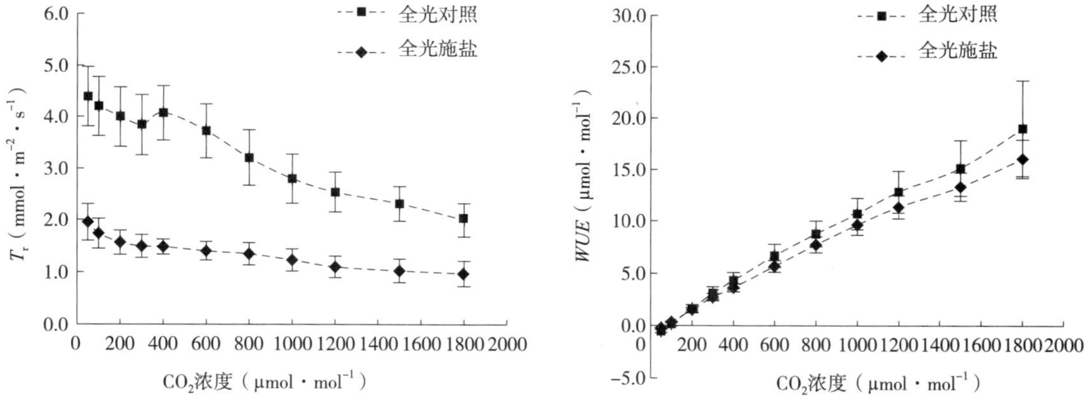

图 2-43　银叶树幼苗叶片蒸腾速率和水分利用效率对 CO_2 的响应曲线

2.7.4　银叶树幼苗叶片胞间 CO_2 浓度和气孔导度对 CO_2 的响应

从图 2-44 可知，C_i 随大气 CO_2 浓度的升高基本呈直线上升趋势，变化趋势与其 *WUE* 基本一致，大气 CO_2 浓度增加对胞间 CO_2(C_i)有明显的促进作用，施盐下 C_i 略高于对照，但其差异不明显。银叶树幼苗叶片 G_s 随 CO_2 浓度的升高大致呈下降趋势，其变化规律与 T_r 基本一致，对照下 G_s 明显高于施盐。

2.7.5　讨论与结论

2.7.5.1　银叶树幼苗叶片光合特性对盐胁迫的响应

盐胁迫会导致植物幼苗光合特性发生变化，限制植物幼苗的光合和生长(周丹丹等，

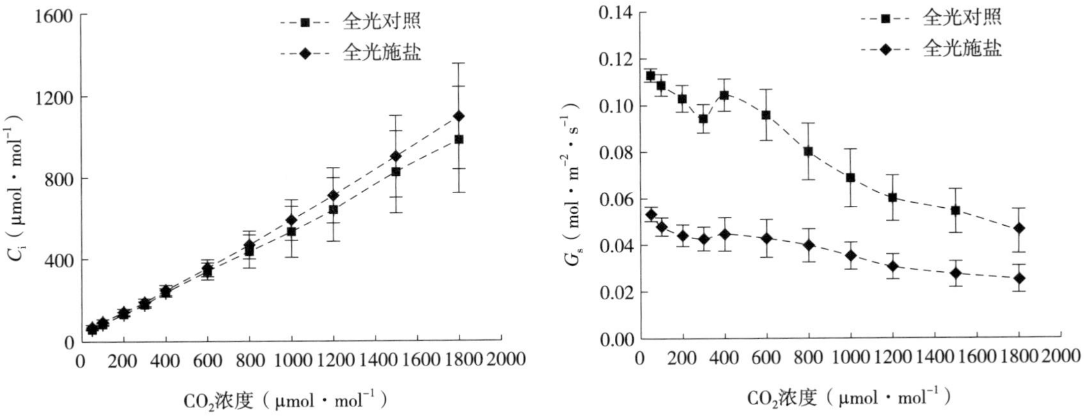

图 2-44 银叶树幼苗叶片胞间 CO_2浓度和气孔导度对 CO_2的响应曲线

2016）。研究表明，相对于对照，在同一 CO_2浓度下，施盐下银叶树幼苗叶片 P_{max}、*AQY*、*LSP*、*LCP*、R_d、T_r、*WUE*、C_i和 G_s均较低，说明施盐抑制了银叶树幼苗光合电子传递及光合磷酸化的正常进行，阻止同化力的生成，从而影响碳同化（厉书豪等，2019）。目前，普遍认为盐胁迫下植物光合速率降低的主要因素有气孔限制和非气孔限制两种，本研究中，施盐下土壤中盐分含量为 1.6%，该盐分胁迫下非气孔限制成为银叶树幼苗叶片光合速率下降的主要限制因子（周丹丹等，2016）。这可能由于盐胁迫会导致叶片中的 Na^+和 Cl^-含量增加，从而降低其 K^+含量，使得叶片失水，进而导致叶片气孔关闭，通过降低 T_r避免水分过度流失，导致 P_n等相关参数降低（李远航等，2019）。施盐下银叶树幼苗组织器官需要消耗更多的能量、有机物和水分来维持原有活动，使其光合速率变慢，从而抑制幼苗生长（惠红霞等，2004）。

2.7.5.2 银叶树幼苗叶片光合特性对 CO_2的响应

银叶树幼苗 P_{nmax}、*AQY*、*LSP* 和 R_d随着 CO_2浓度增加呈上升趋势，而 *LCP* 呈下降趋势。在高浓度 CO_2下，叶绿体内 CO_2分压增加（Albert et al.，2011），光呼吸受到抑制，核酮糖-1，5-二磷酸羧化酶/加氧酶的活性和光合电子传递效率均有所提高，从而使 P_n在达到光饱和点后下降缓慢（叶子飘等，2017）。CO_2浓度的增加能够促进银叶树体内吸收和转换光能色素蛋白的合成，从而增加其对弱光的利用能力。CO_2浓度升高同样对银叶树幼苗的 *WUE*、T_r、C_i和 G_s也有影响。提高 CO_2浓度能增加叶片 *WUE*，是由于 T_r降低引起的（王建林等，2012）；C_i表现为升高趋势，但 G_s表现为降低，G_s降低可能是导致银叶树光合适应现象的主要原因（郑云普等，2019）。适宜的 CO_2浓度升高可促进银叶树幼苗光合速率，增强其光合作用效率。

2.7.5.3 羧化效率等光合参数对 CO_2的响应

光合-CO_2响应曲线反映了植物光合速率随 CO_2浓度的变化规律，准确估算光合电子流对 CO_2响应的变化趋势、V_{cmax}、J_{max}及饱和 CO_2浓度对深入了解光合内部过程具有重要意义（叶子飘等，2018）。施盐显著降低了银叶树 V_{cmax}、J_{max}和 *TPU*（$P<0.05$），表明盐分胁迫逆

境条件降低了银叶树幼苗叶片的光合酶活性、光合能力和生态适应性（王海珍等，2014）；施盐和对照下 J_{max}/V_{cmax} 值分别为0.91和0.94，表明现有的最大电子传递速率远远不能支持最大羧化速率。一般认为，CO_2响应曲线中 *CE* 与 Rubisco 酶活性呈正相关，施盐下银叶树幼苗 *CE* 明显低于对照，说明施盐下银叶树幼苗光合电子传导与 Rubisco 活性低于对照，羧化能力较弱，对 CO_2的利用效率较低。不同处理间银叶树幼苗叶片 C_{isat}和 Γ 差异不显著（$P>0.05$），施盐下银叶树幼苗叶片具有较低的 *CE*、R_p和较高的 C_{isat}、Γ，说明施盐降低了银叶树幼苗光合能力，而在较低的 CO_2浓度下不利于光合作用产物的积累。

综上所述，CO_2浓度增加促进了银叶树幼苗叶片 P_n、P_{max}、*AQY*、*LSP*、R_d、*WUE* 和 C_i等参数的升高。环境中较高的 CO_2浓度能促进银叶树幼苗叶片的光合速率，增强其光合作用效率，尤其高光强下银叶树幼苗的生长；而盐分胁迫则显著降低了银叶树幼苗叶片光合速率。深圳坝光银叶树分布区域狭窄，邻海陆地和远海陆地生境种群多度呈增加趋势，年龄结构呈倒金字塔形，且其生境曾遭到一定程度的破坏（陈晓霞等，2015），通过大气 CO_2浓度升高对施盐下银叶树光合特性的影响研究，为全球气候变化背景下扩大银叶树分布面积、保护和恢复银叶树种群提供了理论依据。

第3章　坝光银叶树湿地园生境和植被恢复研究

3.1　坝光银叶树湿地园生境状况

3.1.1　地表水水环境

水环境质量评价是水资源合理开发利用及水环境污染预防的基础和依据(田晋华等，2014)。水环境评价的方法很多，常见有单因子污染指数法、综合污染指数法、灰色系统理论评价法、人工神经网络法、主成分分析法等(田晋华等，2014；席文娟等，2012；王梦，2008；王文强，2007；陆卫军等，2009)。水环境质量评价往往涉及多项指标，而每项指标实测值与水环境质量等级的分类级别指标值相比，表现出参差不齐；仅从某一两项指标来确定水质类别，既是困难的，也是不全面、不科学的，应该采用多指标合理的综合评价法，对水质做出客观的评价(庞振凌等，2008)。目前，湿地水环境研究主要集中在湿地净化水质机理(李红艳等，2012)、湿地水质净化功能(赵晶等，2013；赵欣胜等，2016)、受损湿地植被恢复对水质的影响(严玉平等，2010)、湿地水质时空分布及评价(周晨等，2016；杨海江等，2018)等方面。深圳坝光银叶树湿地属人工湿地类型，该湿地于2014年正式启动，湿地园内有14个人工水塘，在水塘坡岸种植了乔灌草景观植物，处于人工植被恢复初期。目前，针对坝光银叶树湿地园人工植被恢复初期是否会对地表水水环境产生影响与湿地水环境多种评价方法比较分析尚属空白。本研究以坝光银叶树湿地园地表水为研究对象，对湿地园内不同区域[坝光水库(SKS)、淡水水塘(STD)、咸淡水水塘(STX)、银叶树沼泽(ZZS)及临海海水(LHS)]地表水水质指标进行了分析，采用单因子指数法、综合指数法、水质标识指数法、灰色关联法、变权欧式距离模型法及主成分分析法对地表水水环境质量进行评价，以期为银叶树湿地园地表水污染防治与水环境保护提供科学依据。

3.1.1.1　基于水质单指标水环境质量分析

从图3-1可知，坝光银叶树湿地园不同区域地表水pH介于7.43~8.15之间，呈中性。临海海水(LHS)盐分含量显著高于坝光水库(SKS)、淡水水塘(STD)、咸淡水水塘(STX)及古银叶树沼泽湿地(ZZS)地表水盐分含量($P<0.05$)，受海水潮汐的影响，咸淡水水塘与古银叶树沼泽湿地地表水盐分含量较高。总磷含量(TP)介于0.02~0.13mg·L^{-1}之间，其中，SKS地表水TP达到地表水Ⅰ类等级，LHS与STD地表水TP介于Ⅰ类与Ⅱ类等级，而STX与ZZS地表水TP达到Ⅱ类~Ⅲ类等级。

从图3-2可知，坝光银叶树湿地园地表水总氮含量(TN)介于0.86~3.66mg·L^{-1}之间，其中，古银叶树群落沼泽(ZZS)地表水TN显著高于其他区域地表水TN($P<0.05$)，

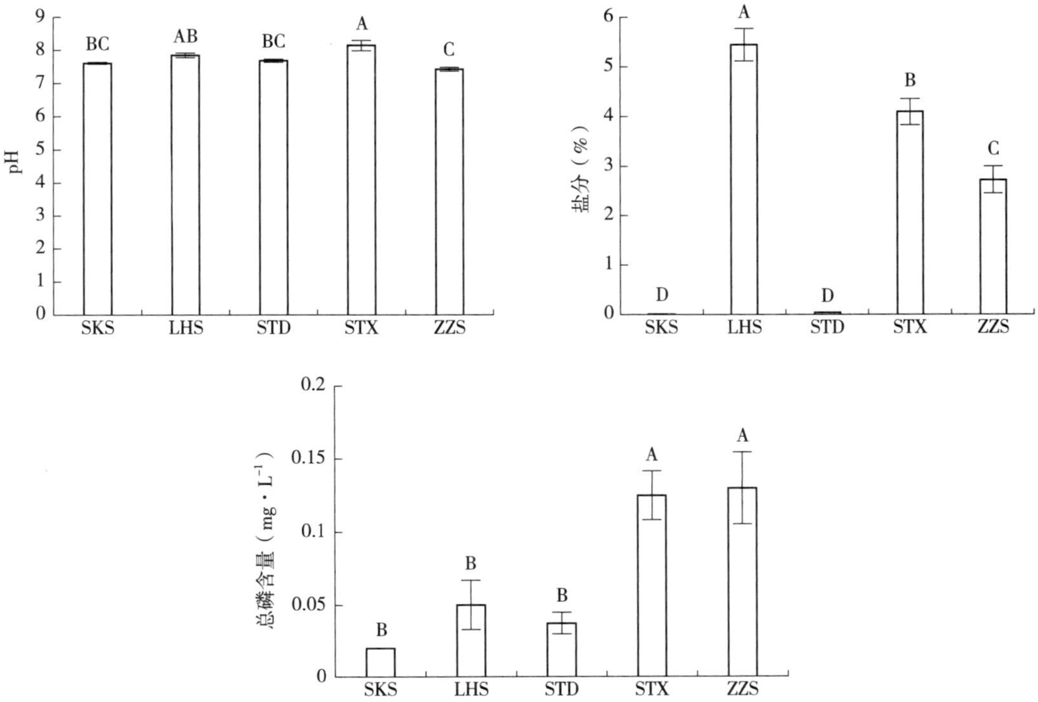

图 3-1 地表水 pH、盐分及总磷含量

注：不同大写字母表示各区域间差异达到 0.05 显著水平。下同。

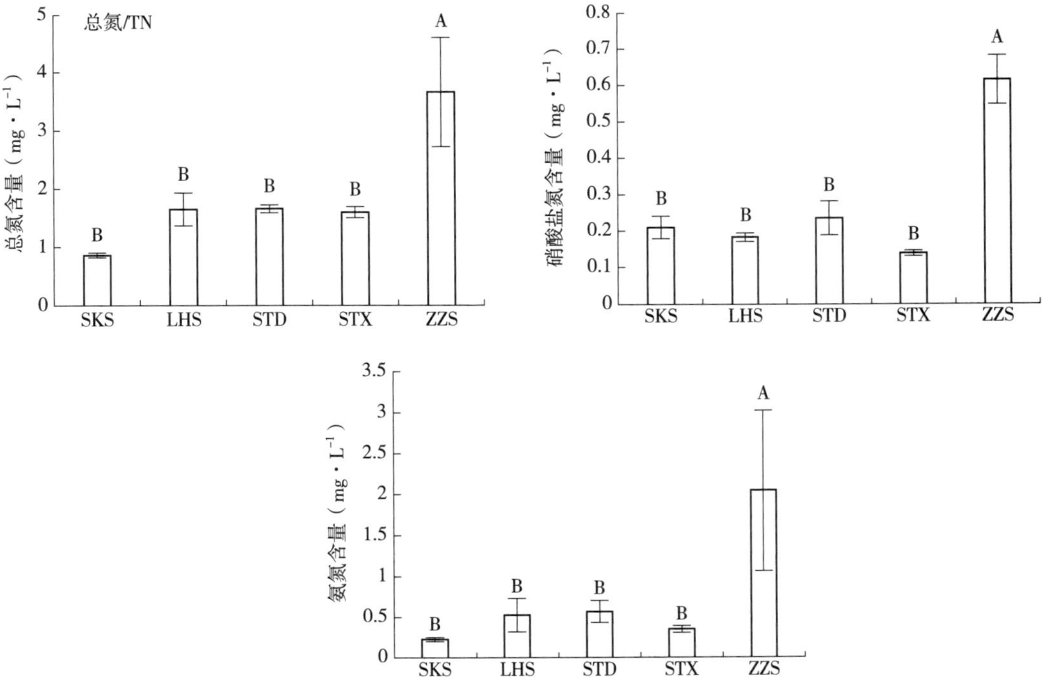

图 3-2 地表水总氮、硝酸盐氮及氨氮含量

而水库(SKS)、临海海水(LHS)、淡水水塘(STD)及咸淡水水塘(STX)间地表水 TN 差异不显著($P>0.05$)。SKS 地表水 TN 达到Ⅱ~Ⅲ类等级，LHS、STD 及 STX 地表水 TN 介于Ⅳ~Ⅴ类等级之间，而 ZZS 地表水 TN 为劣Ⅴ类水。ZZS 地表水硝酸盐氮或氨氮均显著高于其他区域地表水($P<0.05$)，SKS 与 STX 地表水氨氮介于Ⅰ类与Ⅱ类等级，LHS 与 STD 氨氮基本上处于地表水Ⅱ类等级，而 ZZS 氨氮则达到了地表水Ⅴ类等级。

从图 3-3 可知，坝光银叶树湿地园临海海水(LHS)与咸淡水水塘(STX)地表水化学需氧量(COD_{Cr})最高，且显著高于其他区域地表水 COD_{Cr}($P<0.05$)，LHS、STX 及 ZZS 地表水 COD_{Cr}超出了Ⅴ类等级，为劣Ⅴ类，而 SKS 与 STD 地表水 COD_{Cr}仅为 11.62 和 12.78mg · L^{-1}，达到了Ⅰ类等级。STX 地表水五日生化需氧量(BOD_5)为 5.69mg · L^{-1}，为地表水Ⅳ类等级，而 SKS、LHS、STD 及 ZZS 地表水 BOD_5 均低于 3.0mg · L^{-1}，均达到了地表水Ⅰ类等级。除 LHS 地表水氟化物(F^-)达到劣Ⅴ类等级外，其他区域地表水 F^-均达到了地表水Ⅰ类等级。

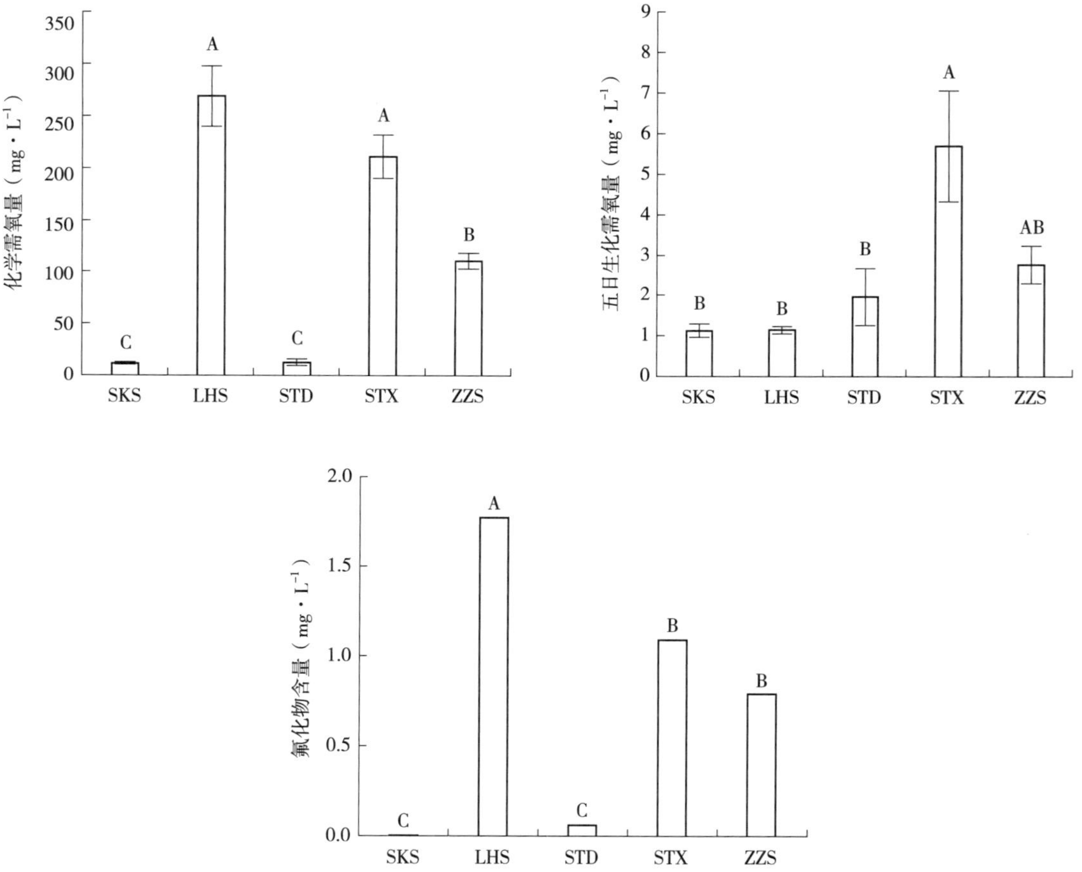

图 3-3　地表水化学需氧量、生物需氧量及氟化物含量

从表 3-1 可知，坝光银叶树湿地园地表水铜(Cu)、锌(Zn)、镉(Cd)、铅(Pb)、六价铬(Cr^{6+})及砷(As)均达到地表水Ⅰ类水质等级。SKS 与 STD 地表水汞达到了Ⅲ类等级，而 LHS、STX 及 ZZS 地表水汞(Hg)介于Ⅲ类~Ⅳ类等级之间。

表 3-1　地表水重金属含量

采样点	铜 Cu（mg·L^{-1}）	锌 Zn（mg·L^{-1}）	镉 Cd（mg·L^{-1}）	铅 Pb（mg·L^{-1}）	六价铬 Cr^{6+}（mg·L^{-1}）	砷 As（mg·L^{-1}）	汞 Hg（mg·L^{-1}）
SKS	0.81±0.05c	2.79±0.73b	0.08±0.01c	1.01±0.12c	4.39±0.33a	1.20±0.08a	0.11±0.01c
LHS	7.20±0.15a	8.98±2.87a	0.59±0.04a	7.14±1.11a	3.95±0.33a	2.38±0.66a	0.43±0.04a
STD	3.29±0.54b	5.09±0.16ab	0.07±0.01c	1.39±0.26bc	7.04±1.32a	2.69±0.53a	0.10±0.03c
STX	6.20±0.45a	1.26±0.22b	0.31±0.08b	3.83±0.69b	5.38±1.67a	3.00±0.49a	0.26±0.02b
ZZS	3.80±0.24b	5.66±0.97ab	0.29±0.01b	2.40±0.25bc	3.08±0.21a	2.03±0.30a	0.19±0.01bc

3.1.1.2　基于水质标识指数与灰色关联度法的地表水水质等级评价

为了克服单因子评价法以偏概全的缺点，综合水质标识指数既考虑了污染最严重的指标，又综合考虑了所有单项指标以全面反映水体的水质状况，并通过综合水质标识指数 P 可以判断水体的水质级别和污染程度(富天乙等，2014)：当 $1.0 \leqslant P \leqslant 2.0$ 时，水质状况为Ⅰ级；当 $2.0<P \leqslant 3.0$ 时，水质状况为Ⅱ级；当 $3.0<P \leqslant 4.0$ 时，水质状况为Ⅲ级；当 $4.0<P \leqslant 5.0$ 时，水质状况为Ⅳ级；当 $5.0<P \leqslant 6.0$ 时，水质状况为Ⅴ级；当 $P>6.0$ 时，水质状况为劣Ⅴ级。从表 3-2 可知，坝光银叶树湿地园地表水水质状况主要分布在Ⅱ级到Ⅳ级之间，其中 SKS 属Ⅱ级水质，STD 属Ⅲ级水质，而 LHS、STX 及 ZZS 属Ⅳ级水质。

灰色关联度分析通过比较不同监测点指标组成的序列与参考序列(水质等级)的关联度，确认关联度最高的序列并进行定级(李可见等，2018)。从表 3-3 可知，坝光银叶树湿地园 SKS 地表水达到Ⅱ类等级，LHS 地表水达到Ⅳ类等级，这与综合水质标识指数法研究结果基本一致；而 STD、STX 及 ZZS 地表水达到Ⅲ类等级。

表 3-2　单项指标和综合水质标识指数评价结果

区域	单项指标水质标识指数													综合水质标识指数	综合水质级别
	COD_{Cr}	BOD_5	TP	NH_4^+-N	TN	Cu	Zn	Cd	Pb	Cr^{6+}	As	Hg	F^-		
SKS	1.77	1.37	2.00	2.22	3.72	1.08	1.06	1.08	1.10	1.44	1.02	4.01	1.00	2.89	Ⅱ
LHS	6.00	1.38	2.38	3.03	5.30	1.01	1.01	1.12	1.71	1.08	1.05	4.36	6.00	4.36	Ⅳ
STD	1.64	1.49	2.22	3.08	5.32	1.00	1.01	1.01	1.03	1.14	1.05	4.00	1.06	3.62	Ⅲ
STX	6.00	4.85	3.25	2.57	5.20	1.01	1.00	1.06	1.08	1.11	1.03	4.18	4.18	4.40	Ⅳ
ZZS	6.00	1.28	3.30	6.00	6.00	1.00	1.00	1.03	1.02	1.03	1.02	4.09	1.53	4.32	Ⅳ

表 3-3　基于灰色关联度法地表水评价结果

采样点	Ⅰ类	Ⅱ类	Ⅲ类	Ⅳ类	Ⅴ类	关联度最大值	水质等级
SKS	0.912	0.946	0.950	0.926	0.903	0.956	Ⅱ
LHS	0.872	0.890	0.894	0.899	0.878	0.899	Ⅳ
STD	0.921	0.950	0.952	0.926	0.902	0.950	Ⅲ
STX	0.869	0.885	0.891	0.892	0.874	0.892	Ⅲ
ZZS	0.843	0.898	0.910	0.896	0.881	0.910	Ⅲ

3.1.1.3 基于变权欧式距离模型与综合污染指数法地表水水环境等级评价

变权欧式距离模型以每个评价单元及评价等级中水质等级与“原点”之间的变权欧式距离大小判定评价单元水质级别的等级(向仰州等，2012)。

从表3-4可知，银叶树湿地园地表水水质评价等级介于Ⅲ~劣Ⅴ等级之间，其中，SKS地表水水质等级为Ⅲ级，而LHS、STX及ZZS地表水水质等级为劣Ⅴ级。综合污染指数认为：$P\leqslant0.40$，属清洁水体；P介于0.41~0.70之间，属轻度污染水体；P介于0.71~1.00之间，属中度污染水体；P介于1.01~2.00之间，属重度污染水体；$P\geqslant2.01$，属严重污染水体。基于综合污染指数法地表水评价结果(表3-5)可知，坝光银叶树湿地园5个水质监测点的综合指数介于0.84~4.04之间，SKS属中度污染，STD属重度污染，而LHS、STX和ZZS属严重污染，表明基于综合污染指数法地表水评价结果与变权欧式距离模型地表水评价结果基本一致，但基于综合污染指数法地表水评价结果只能综合反映地表水污染状态，比较污染程度，不能具体说明水质类别(王肖肖等，2012)。

表3-4 基于变权欧式距离模型地表水评价结果

采样点	等级距离					实测距离	R值	评价等级
	Ⅰ	Ⅱ	Ⅲ	Ⅳ	Ⅴ			
SKS	0.000	0.075	0.192	0.372	0.479	0.143	2.585	Ⅲ
LHS	0.000	0.040	0.123	0.339	0.484	4.000	—	劣Ⅴ
STD	0.000	0.088	0.222	0.374	0.507	0.358	3.895	Ⅳ
STX	0.000	0.050	0.137	0.308	0.452	2.704	—	劣Ⅴ
ZZS	0.000	0.081	0.206	0.346	0.478	0.897	—	劣Ⅴ

表3-5 基于综合污染指数法地表水评价结果

采样点	综合污染指数/P	评价	采样点	综合污染指数/P	评价
SKS	0.84	中度污染	STX	3.13	严重污染
LHS	3.50	严重污染	ZZS	4.04	严重污染
STD	1.46	重度污染			

3.1.1.4 基于主成分分析法地表水水质分析

主成分分析法的核心就是通过主成分分析，选择若干个主分量，基于主分量的方差贡献率构建权数，从而构造综合评价函数(张子龙等，2013)。将得到的特征向量与等级化后的数据相乘，然后就可以得出如下主成分表达式：

$Z_1=0.126X_1+0.070X_2+0.126X_3+0.039X_4+0.058X_5+0.07X_6-0.017X_7+0.025X_8+0.123X_9+0.055X_{10}+0.122X_{11}+0.121X_{12}-0.042X_{13}+0.069X_{14}+0.122X_{15}+0.126X_{16}$

$Z_2=0.015X_1-0.178X_2-0.013X_3-0.044X_4+0.100X_5+0.224X_6+0.228X_7+0.209X_8-0.029X_9+0.090X_{10}+0.033X_{11}-0.019X_{12}-0.165X_{13}-0.078X_{14}-0.013X_{15}+0.017X_{16}$

$Z_3 = 0.004X_1 + 0.114X_2 - 0.001X_3 + 0.325X_4 + 0.273X_5 + 0.086X_6 + 0.062X_7 + 0.125X_8 + 0.039X_9 - 0.237X_{10} - 0.086X_{11} - 0.108X_{12} + 0.089X_{13} + 0.194X_{14} - 0.102X_{15} - 0.039X_{16}$

$Z_4 = -0.113X_1 - 0.109X_2 - 0.118X_3 - 0.160X_4 - 0.128X_5 + 0.139X_6 + 0.060X_7 + 0.193X_8 + 0.194X_9 + 0.444X_{10} - 0.046X_{11} - 0.025X_{12} + 0.546X_{13} + 0.519X_{14} - 0.049X_{15} - 0.054X_{16}$

根据特征值>1 的原则提取了 4 个主成分，其特征值分别为 7.854、4.269、2.825 和 1.051(表 3-6)。第一主成分主要与盐分、COD_{Cr}、氟化物(F^-)的关系比较密切，其方差贡献率最大，为 49.09%；第二主成分的贡献率为 26.68%，是次重要的影响因子，该主成分在硝酸盐氮、氨氮及总氮的数量及比例指标上的负载较大；第三主成分的贡献率为 17.66%，该主成分载荷最大的两项指标 BOD_5 和总磷；第四主成分的贡献率为 6.57%，该主成分载荷最大的两项指标为六价铬和总砷。从表 3-7 可知，坝光水库地表水水质最好，淡水水塘地表水次之，而临海海水与古银叶树群落沼泽湿地地表水较差。

表 3-6 地表水因子荷载

指标	PC_1	PC_2	PC_3	PC_4
盐分	0.126	0.015	0.004	-0.113
pH	0.070	-0.178	0.114	-0.109
COD_{Cr}	0.126	-0.013	-0.001	-0.118
BOD_5	0.039	-0.044	0.325	-0.160
总磷(TP)	0.058	0.100	0.273	-0.128
氨氮(NH_4^+-N)	0.007	0.224	0.086	0.139
硝酸盐氮(NO_3^--N)	-0.017	0.228	0.062	0.060
总氮(TN)	0.025	0.209	0.125	0.193
铜(Cu)	0.123	-0.029	0.039	0.194
锌(Zn)	0.055	0.090	-0.237	0.444
镉(Cd)	0.122	0.033	-0.086	-0.046
铅(Pb)	0.121	-0.019	-0.108	0.025
六价铬(Cr^{6+})	-0.042	-0.165	0.089	0.546
总砷(As)	0.069	-0.078	0.194	0.519
总汞(Hg)	0.122	-0.013	-0.102	-0.049
氟化物(F^-)	0.126	0.017	-0.039	-0.054
特征值	7.854	4.269	2.825	1.051
贡献率	49.09	26.68	17.66	6.57
累积贡献率	49.09	75.77	93.43	100.00

表 3-7 各主成分得分及综合得分

采样点	F_1	F_2	F_3	F_4	F	排序
SKS	-0.578	-0.082	-0.126	-0.073	-0.215	1
LHS	0.624	-0.028	-0.216	0.008	0.097	4
STD	-0.397	-0.123	0.021	0.103	-0.099	2
STX	0.305	-0.227	0.235	-0.037	0.069	3
ZZS	0.048	0.459	0.086	-0.002	0.148	5

3.1.1.5 讨论与结论

(1)基于水质单指标地表水水环境质量评价

坝光银叶树湿地园 SKS、LHS 及 STD 地表水 TP 较低，达到地表水Ⅰ类与Ⅱ类等级，而 STX 与 ZZS 地表水 TP 较高，达到地表水Ⅱ类~Ⅲ类等级。除 SKS 地表水 TN 较低外，其他区域水塘地表水 TN 介于Ⅳ~Ⅴ类，这主要是由于水塘周边进行植物恢复而进行施肥(N、P)，雨季 N、P 等元素在未经全部稀释与植物吸收的情况下经水塘坡面水土流失进入水塘，造成面源污染，致使水塘地表水 TN 浓度升高；随着水塘岸边植物恢复，群落结构趋于稳定、植被盖度增加、水土流失量降低，植物对水塘地表水 TN 吸收利用能力增加，降低了水塘地表水富营养化的风险。古银叶树群落湿地地表 TN 达到劣Ⅴ类水质等级，这主要是由于海水潮汐对银叶树群落影响较大，古银叶树群落湿地盐度升高致使微生物种群数量减少，微生物对 N 束缚作用减弱，加快氮释放(侯贯云等，2017)。COD_{Cr}是衡量水中有机物质含量多少的指标。受海水影响，LHS、STX 与 ZZS 地表水 COD_{Cr}达到了劣Ⅴ类等级，说明 LHS、STX 与 ZZS 水体受有机物的污染严重(曹亚丽等，2014)。坝光银叶树湿地园地表水铜(Cu)、锌(Zn)、镉(Cd)、铅(Pb)、六价铬(Cr^{6+})及砷(As)含量均达到地表水Ⅰ类水质等级；而 SKS 与 STD 地表水汞含量达到了Ⅲ类等级，LHS、STX 及 ZZS 地表水汞(Hg)含量介于Ⅲ类~Ⅳ类等级之间。不同区域地表水铜(Cu)、锌(Zn)、镉(Cd)、铅(Pb)、六价铬(Cr^{6+})及砷(As)含量均达到地表水Ⅰ类水质等级，而地表水汞(Hg)含量介于Ⅲ类~Ⅳ类等级之间，存在 Hg 污染，因此，Hg 应成为银叶树湿地优先关注的重金属污染物。

(2)地表水水环境质量综合评价

《地表水环境质量等级》(GB 3838—2002)中采用的单因子评价法忽略了其他指标对水质的影响，难以全面反映水体的综合状况，可能会造成水体水质评价等级偏低(富天乙等，2014)。本研究采用水质标识指数法与灰色关联度法进行地表水环境等级评价，两种方法水质评价表明，不同区域地表水水环境质量变化基本一致，SKS 地表水达到Ⅱ级水质等级，LHS 地表水达到Ⅳ类水质等级，采用灰色关联度法评价的 STD、STX 及 ZZS 地表水达到Ⅲ类等级，而采用水质标识指数法评价的 STX 和 ZZS 地表水属Ⅳ级水质等级，表明采用灰色关联度法评价的地表水水质等级较好。利用变权欧式距离模型对地表水水质等级进行了评价，整体水质等级介于Ⅲ～劣Ⅴ等级之间，与水质标识指数法与灰色关联度法评价等级相比，水质等级评价结果较差，尤其是 LHS、STX 及 ZZS 地表水水质等级为劣Ⅴ等级。基于综合污染指数法地表水评价只能综合反映地表水污染状态，但不能具体说明水质类别，研究表明，SKS 属中度污染，STD 属重度污染，而 LHS、STX 和 ZZS 属严重污染，说明基于综合污染指数法地表水评价结果与变权欧式距离模型地表水评价结果基本一致。主成分分析可知，坝光水库地表水水质最好，淡水水塘地表水次之，而临海海水与银叶树群落沼泽湿地地表水最差。

综上所述，坝光银叶树湿地园不同区域地表水总磷含量(TP)达到地表水Ⅲ类等级以下，而 LHS、STD、STX、ZZS 地表水总氮含量(TN)偏高，水质等级介于Ⅳ～劣Ⅴ类之间。不同区域地表水铜(Cu)、锌(Zn)、镉(Cd)、铅(Pb)、六价铬(Cr^{6+})及砷(As)含量均达到地表水Ⅰ类水质等级，而地表水汞(Hg)含量介于Ⅲ类～Ⅳ类等级之间，Hg 为银叶树湿地优先关注的重金属污染物。采用水质标识指数法与灰色关联度法进行地表水水环境等级评价结果基本一致，说明利用上述 2 种方法进行水质评价是可行的。而基于综合污染指数法地表水评价结果与变权欧式距离模型地表水评价结果基本一致。坝光水库地表水水质最好，淡水水塘地表水次之，而临海海水与古银叶树群落沼泽湿地地表水最差。

3.1.2 土壤理化性质与土壤肥力

土壤作为森林生态系统的重要组成部分和物质基础，在维护森林健康、促进森林更新中发挥着重要的作用(陈春林等，2012)。土壤肥力中的限制性因子能够影响森林植被的分布和群落多样性(王顺忠等，2005)。森林自然演替、森林经营模式、生态修复等对土壤肥力具有明显影响。土壤肥力主要体现在土壤有机质、氮、磷、钾等指标，以及影响这些养分指标的土壤变量(pH)(阚文杰等，1994)。目前，客观评价土壤综合肥力状况主要采用灰色关联度法(覃其云等，2013)、主成分分析法(麻泽宇等，2016)、内梅罗指数法(杨皓等，2015；周伟等，2017；高郯等，2020)等。本研究通过对坝光银叶树湿地园不同土层土壤 pH 和养分含量的调查和测定，以全国第二次土壤普查养分分级标准为依据，采用内梅罗肥力指数，评估土壤综合肥力状况；同时，分析了古银叶树群落与人工植被恢复区土壤养分含量和肥力指数的差异，旨在揭示坝光银叶树湿地园总体土壤肥力状况，为探索古银叶树群落保育和人工植被恢复施肥管理提供科学依据。

3.1.2.1 土壤容重与孔隙度

从表 3-8 可知，古银叶树群落沼泽生境土壤容重随土层深度的增加呈上升趋势，而土壤土壤孔隙度(总孔隙度、毛管孔隙度和非毛管孔隙度)和土壤通气性呈下降趋势；不同土层间土壤孔隙度(总孔隙度、毛管孔隙度和非毛管孔隙度)或土壤通气性差异不显著($P>0.05$)，而 20～40cm 土层容重显著高于 0～10cm 土层容重($P<0.05$)。古银叶树群落陆地生境不同土层间容重、土壤孔隙度(总孔隙度、毛管孔隙度和非毛管孔隙度)和土壤通气性差异不显著($P>0.05$)。人工植被恢复生境不同土层间土壤容重、毛管孔隙度和非毛管孔隙度差异不显著($P>0.05$)，而 0～10cm 土层土壤通气性显著高于其他土层($P<0.05$)。

表 3-8　坝光银叶树湿地园土壤容重与孔隙度

生境类型	土壤层次 /(cm)	容重 /(g · cm^{-3})	总孔隙度 /(%)	毛管孔隙度 /(%)	非毛管孔隙度 /(%)	土壤通气性 /(%)
古银叶树群落沼泽生境	0~10	0.89±0.10a	58.15±3.73a	42.91±3.68a	15.24±1.47a	28.44±3.24a
	10~20	0.98±0.07ab	56.69±3.04a	43.56±5.08a	13.14±2.60a	23.56±5.63a
	20~40	1.14±0.06b	51.08±1.84a	38.16±4.01a	12.91±3.36a	22.86±4.81a
	均值	1.00±0.06A	55.31±2.20B	41.54±3.73A	13.76±1.93B	24.95±4.32B
古银叶树群落陆地生境	0~10	1.03±0.05a	47.64±1.01a	38.91±1.42a	8.72±1.71a	22.03±3.18a
	10~20	1.11±0.05a	51.46±3.64a	38.12±0.84a	13.34±3.32a	26.05±4.76a
	20~40	1.11±0.04a	52.22±3.06a	42.66±2.26a	9.57±2.71a	27.72±3.53a
	均值	1.08±0.02A	59.44±0.96C	39.89±0.89A	10.54±1.33B	25.27±1.82B
湿地园人工植被恢复生境	0~10	1.33±0.05a	45.18±1.05b	37.42±0.86a	7.76±0.74a	16.37±2.50b
	10~20	1.42±0.04a	42.71±1.33ab	37.44±1.78a	5.27±0.56a	9.84±1.80a
	20~40	1.49±0.08a	39.17±2.69a	33.90±1.90a	5.27±1.04a	8.76±2.08a
	均值	1.41±0.04B	42.35±1.34A	36.26±1.14A	6.10±0.52A	11.82±1.82A

注：不同小写字母表示不同土层间差异达 0.05 显著水平。不同大写字母表示不同生境间差异达 0.05 显著水平。下同。

不同生境下土壤容重均值介于 1.00~1.41g · cm^{-3}之间，土壤总孔隙度均值介于 42.35%~59.44%之间，土壤毛管孔隙度均值介于 36.26%~41.54%之间，土壤非毛管孔隙度均值介于 6.10%~13.76%之间，土壤通气性均值介于 11.82%~25.27%之间。人工植被恢复生境下土壤容重显著高于古银叶树群落沼泽生境和陆地生境土壤容重($P<0.05$)；不同生境间土壤总孔隙度存在显著差异($P<0.05$)，表现为陆地生境>沼泽生境>人工植被恢复生境。不同生境间土壤毛管孔隙度不存在显著差异($P>0.05$)，沼泽生境和陆地生境土壤非毛管孔隙度和土壤通气性间差异不显著($P>0.05$)，但显著高于人工植被恢复区($P<0.05$)。

3.1.2.2　土壤 pH 与养分

从表 3-9 可知，不同生境下土壤 pH 均值介于 4.45~6.99 之间，其中，古银叶树群落陆地生境土壤呈强酸性，而古银叶树群落沼泽生境和人工植被恢复生境土壤呈中性。古银叶树陆地生境和人工植被恢复生境土壤有机质含量、全氮含量及全磷含量随土层深度的增加呈下降趋势，而全钾随土层深度的增加变化趋势不明显。

表 3-9　坝光银叶树湿地园土壤 pH 与土壤养分含量

生境类型	土壤层次 (cm)	pH	有机质 (g · kg^{-1})	全氮 (g · kg^{-1})	全磷 (g · kg^{-1})	全钾 (g · kg^{-1})
古银叶树群落沼泽生境	0~10	6.54±0.51a	56.01±10.41a	2.11±0.47a	0.43±0.08a	7.70±0.63a
	10~20	6.49±0.68a	47.38±9.70a	1.60±0.27a	0.52±0.13a	8.78±0.52a
	20~40	6.68±0.74a	37.34±10.50a	1.36±0.26a	0.42±0.09a	8.96±0.88a
	均值	6.57±0.59B	46.91±7.61B	1.69±0.26B	0.46±0.06B	8.48±0.41A

（续）

生境类型	土壤层次（cm）	pH	有机质（g·kg^{-1}）	全氮（g·kg^{-1}）	全磷（g·kg^{-1}）	全钾（g·kg^{-1}）
古银叶树群落陆地生境	0~10	4.47±0.06a	64.43±5.83b	2.82±0.17b	0.39±0.02b	11.88±1.64a
	10~20	4.45±0.06a	49.93±3.43a	2.27±0.09a	0.35±0.02ab	12.91±1.99a
	20~40	4.43±0.06a	40.29±2.87a	2.01±0.15a	0.32±0.02a	13.90±2.27a
	均值	4.45±0.05A	51.55±3.48B	2.37±0.11C	0.35±0.02A	12.90±1.96B
湿地园人工植被恢复生境	0~10	7.00±0.25a	7.68±1.11a	0.36±0.03a	0.30±0.02b	12.72±1.22a
	10~20	6.97±0.28a	7.23±1.51a	0.36±0.06a	0.29±0.01ab	12.86±1.06a
	20~40	7.00±0.30a	6.79±1.36a	0.34±0.06a	0.24±0.01a	11.14±1.27a
	均值	6.99±0.26B	7.23±1.20A	0.35±0.05A	0.28±0.01A	12.24±1.14AB

沼泽生境下不同土层间土壤pH、有机质含量、土壤全氮含量、土壤全磷含量及土壤全钾含量差异不显著($P>0.05$)；陆地生境下不同土层间土壤pH和土壤全钾含量差异不显著($P>0.05$)，而0~10cm土层土壤有机质含量和全氮含量显著高于其他土层($P<0.05$)。人工植被恢复区不同土层间土壤pH、土壤有机质含量、土壤全氮含量、土壤全钾含量差异不显著($P>0.05$)。沼泽生境与人工植被恢复生境间土壤pH差异不显著($P>0.05$)，却显著高于陆地生境($P<0.05$)；古银叶树群落沼泽生境与陆地生境土壤有机质含量差异不显著($P>0.05$)，却显著高于人工植被恢复生境($P<0.05$)。不同生境间土壤全氮含量存在显著差异，表现为陆地生境>沼泽生境>人工植被恢复生境；而不同生境间土壤全磷含量表现为沼泽生境>陆地生境>人工植被恢复生境。

从表3-10可知，不同生境间土壤碱解氮含量均值存在显著差异($P<0.05$)，表现为陆地生境>沼泽生境>人工植被恢复生境；而沼泽生境土壤有效磷含量和土壤速效钾含量显著高于陆地生境和人工植被恢复生境($P<0.05$)。沼泽生境土壤有效养分含量(碱解氮、有效磷和速效钾)随土层深度的增加呈先升后降的趋势，而陆地生境土壤有效养分含量(碱解氮、有效磷和速效钾)随土层深度的增加呈下降趋势，与人工植被恢复生境表现不一致。

表3-10　坝光银叶树湿地园土壤有效养分含量

生境类型	土壤层次（cm）	碱解氮（mg·kg^{-1}）	有效磷（mg·kg^{-1}）	速效钾（mg·kg^{-1}）
古银叶树群落沼泽生境	0~10	146.56±27.12a	13.24±5.28a	136.22±27.34a
	10~20	121.29±25.68a	15.92±6.53a	139.02±28.23a
	20~40	92.40±16.58a	12.13±4.08a	133.84±41.15a
	均值	120.08±18.97B	13.76±4.01B	136.36±29.47B
古银叶树群落陆地生境	0~10	206.73±10.47b	5.23±1.42a	72.57±10.52a
	10~20	174.02±9.49ab	4.73±1.74a	56.89±6.40a
	20~40	153.33±13.42a	3.76±1.79a	48.75±5.33a
	均值	178.03±9.11C	4.57±1.59A	59.40±6.40A

（续）

生境类型	土壤层次（cm）	碱解氮（$mg \cdot kg^{-1}$）	有效磷（$mg \cdot kg^{-1}$）	速效钾（$mg \cdot kg^{-1}$）
湿地园人工植被恢复生境	0~10	25.84±2.16a	4.29±1.58a	79.59±8.75a
	10~20	23.17±5.14a	3.93±1.95a	63.36±6.06a
	20~40	21.55±4.39a	5.85±2.17a	58.57±7.33a
	均值	23.52±3.77A	4.69±1.79A	67.18±3.66A

3.1.2.3 土壤理化性质相关性分析

从表 3-11 可知，古银叶树群落沼泽生境土壤容重与土壤总孔隙度、毛管孔隙度呈极显著负相关（$P<0.01$），而与有效磷含量呈显著正相关（$P<0.05$）。土壤总孔隙度与毛管孔隙度呈极显著正相关（$P<0.01$），与有机质含量呈显著正相关（$P<0.05$），而与 pH、有效磷含量呈显著负相关（$P<0.05$）。土壤毛管孔隙度与非毛管孔隙度、土壤通气性、pH、有效磷含量呈极显著负相关（$P<0.01$），与 pH 值相关系数最高。土壤非毛管孔隙度与通气性、pH 值呈极显著正相关（$P<0.01$），而与速效钾含量呈极显著负相关（$P<0.01$）。土壤 pH 值与有机质含量、全磷含量及有效磷含量呈极显著正相关（$P<0.01$），而与速效钾含量呈极显著负相关（$P<0.01$）。土壤有机质含量与全氮含量、碱解氮含量呈极显著正相关（$P<0.01$），而与有效磷含量呈显著负相关（$P<0.05$）。土壤全氮含量与碱解氮含量呈极显著正相关（$P<0.01$）。土壤全磷含量与有效磷含量呈极显著正相关（$P<0.01$）。

表 3-11 古银叶树群落沼泽生境土壤理化性质相关系数

	X_1	X_2	X_3	X_4	X_5	X_6	X_7	X_8	X_9	X_{10}	X_{11}	X_{12}	X_{13}
X_1	1.000	-0.734**	-0.601**	0.100	0.142	0.463	-0.364	-0.153	0.317	0.219	-0.164	0.483*	-0.294
X_2		1.000	0.807**	-0.116	-0.169	-0.581*	0.570*	0.307	-0.467	0.044	0.269	-0.542*	0.238
X_3			1.000	-0.680**	-0.650**	-0.790**	0.457	0.080	-0.542*	-0.018	0.021	-0.631**	0.594**
X_4				1.000	0.884**	0.608**	-0.061	0.245	0.332	0.084	0.298	0.389	-0.703**
X_5					1.000	0.722**	-0.061	0.354	0.414	0.124	0.491*	0.380	-0.867**
X_6						1.000	0.606**	-0.148	0.616**	-0.136	0.006	0.629**	-0.751**
X_7							1.000	0.852**	-0.256	0.400	0.747**	-0.514*	0.177
X_8								1.000	-0.007	0.429	0.948**	-0.331	-0.262
X_9									1.000	-0.105	0.062	0.758**	-0.233
X_{10}										1.000	0.372	-0.170	-0.194
X_{11}											1.000	-0.301	-0.390
X_{12}												1.000	-0.268
X_{13}													1.000

注：*表示 $P<0.05$，**表示 $P<0.01$。X_1为土壤容重（$g \cdot cm^{-3}$）；X_2 为总孔隙度（%）；X_3为毛管孔隙度（%）；X_4为非毛管孔隙度（%）；X_5 为土壤通气度（%）；X_6为 pH，X_7为有机质（$g \cdot kg^{-1}$）；X_8为全氮（$g \cdot kg^{-1}$）；X_9为全磷（$g \cdot kg^{-1}$）；X_{10}为全钾（$g \cdot kg^{-1}$）；X_{11}为碱解 N（$mg \cdot kg^{-1}$）；X_{12}为有效 P（$mg \cdot kg^{-1}$）；X_{13}为速效 K（$mg \cdot kg^{-1}$）。下同。

从表 3-12 可知，古银叶树群落陆地生境土壤容重与总孔隙度、土壤非毛管孔隙度呈显著正相关($P<0.05$)，而与通气性呈显著负相关($P<0.05$)。土壤总孔隙度与非毛管孔隙度、土壤通气性呈极显著正相关($P<0.01$)。土壤非毛管孔隙度与通气性呈极显著正相关($P<0.01$)。土壤 pH 与全磷含量呈显著正相关($P<0.05$)。土壤有机质含量与全氮含量、全磷含量、碱解氮含量、速效钾含量呈极显著正相关($P<0.01$)，与土壤全氮含量相关系数最大。土壤全氮含量与全磷含量、碱解氮含量、速效钾含量呈极显著正相关($P<0.01$)，与土壤碱解氮含量相关系数最大。土壤全磷含量与碱解氮含量、速效钾含量呈极显著正相关($P<0.01$)。土壤碱解氮含量与速效钾含量呈极显著正相关($P<0.01$)。

表 3-12　古银叶树群落陆地生境土壤理化性质相关系数

	X_1	X_2	X_3	X_4	X_5	X_6	X_7	X_8	X_9	X_{10}	X_{11}	X_{12}	X_{13}
X_1	1.000	0.478*	0.082	0.554*	−0.570*	0.005	−0.281	−0.270	−0.147	0.353	−0.362	−0.116	−0.138
X_2		1.000	0.384	0.797**	0.832**	0.101	−0.150	−0.234	−0.156	−0.239	−0.137	0.085	−0.153
X_3			1.000	−0.253	0.109	0.372	−0.156	−0.202	−0.371	−0.060	−0.213	0.057	−0.266
X_4				1.000	0.801**	0.138	−0.055	−0.113	0.080	−0.212	−0.004	0.051	0.014
X_5					1.000	0.212	−0.121	−0.150	0.034	−0.205	−0.004	0.028	0.086
X_6						1.000	0.093	0.068	0.547*	0.094	0.116	−0.087	0.391
X_7							1.000	0.943**	0.661**	−0.026	0.920**	0.246	0.824**
X_8								1.000	0.727**	−0.015	0.946**	0.257	0.821**
X_9									1.000	−0.036	0.767**	0.321	0.737**
X_{10}										1.000	−0.172	−0.834**	0.242
X_{11}											1.000	0.408	0.813**
X_{12}												1.000	0.031
X_{13}													1.000

从表 3-13 可知，人工植被恢复生境土壤容重与总孔隙度、土壤毛管孔隙度、非毛管孔隙度、土壤通气性呈极显著负相关($P<0.01$)，与有机质含量、碱解氮含量、速效钾含量呈显著负相关($P<0.05$)。土壤总孔隙度与毛管孔隙度、非毛管孔隙度、通气性呈极显著正相关($P<0.01$)，与有机质含量、全氮含量、碱解氮含量呈显著正相关($P<0.05$)，而与 pH 呈显著负相关($P<0.05$)。土壤毛管孔隙度与有机质含量、全氮含量呈极显著正相关($P<0.01$)，与 pH 呈显著负相关($P<0.05$)。土壤非毛管孔隙度与通气性呈极显著正相关($P<0.01$)。土壤 pH 与有机质含量、全氮含量、碱解氮含量、有效磷含量呈极显著负相关($P<0.01$)，而与全磷含量呈显著正相关($P<0.05$)。土壤有机质含量与全氮含量、碱解氮含量、有效磷呈极显著正相关($P<0.01$)。土壤全氮含量与碱解氮含量、有效磷含量呈极显著正相关($P<0.01$)。土壤有效磷含量与碱解氮呈极显著正相关($P<0.01$)。

表 3-13　银叶树湿地园植被恢复生境土壤理化性质相关系数

	X_1	X_2	X_3	X_4	X_5	X_6	X_7	X_8	X_9	X_{10}	X_{11}	X_{12}	X_{13}
X_1	1.000	−0.908**	−0.718**	−0.715**	−0.732**	0.387	−0.525*	−0.459	−0.243	0.140	−0.539*	−0.184	−0.559*
X_2		1.000	0.897**	0.593**	0.607**	−0.477*	0.563*	0.540*	0.317	−0.043	0.548*	0.212	0.461
X_3			1.000	0.176	0.299	−0.525*	0.666**	0.611**	0.230	−0.173	0.536*	0.341	0.344
X_4				1.000	0.806**	−0.107	0.040	0.089	0.286	0.220	0.243	−0.150	0.401
X_5					1.000	−0.135	0.305	0.257	0.203	0.004	0.380	0.110	0.368
X_6						1.000	−0.599**	−0.747**	0.473*	0.393	−0.727**	−0.660**	−0.167
X_7							1.000	0.887**	0.067	−0.269	0.843**	0.676**	0.0381
X_8								1.000	−0.144	−0.151	0.951**	0.748**	0.342
X_9									1.000	0.518*	−0.123	−0.395	0.353
X_{10}										1.000	−0.084	−0.485*	−0.094
X_{11}											1.000	0.700**	0.447
X_{12}												1.000	0.285
X_{13}													1.000

3.1.2.4　银叶树湿地园土壤肥力评价

采用内梅罗综合指数法对林分土壤肥力质量进行综合评价。

从表 3-14 可知，古银叶树群落沼泽生境和陆地生境土壤综合肥力系数分别为 1.48 和 1.22，土壤肥力为一般。人工植被恢复区土壤综合肥力系数为 0.69，土壤肥力为贫瘠。

表 3-14　银叶树湿地园土壤肥力评价

生境类型	P_i						P_j
	pH	有机质	全氮	碱解氮	有效磷	速效钾	
古银叶树群落沼泽生境	2.53±0.33b	2.79±0.12b	2.08±0.22b	1.87±0.21b	1.79±0.34a	2.13±0.31b	1.48±0.06c
古银叶树群落陆地生境	1.02±0.03a	3.00±0.00b	2.92±0.05c	2.74±0.07c	0.89±0.29a	1.18±0.12a	1.22±0.05b
人工植被恢复生境	2.88±0.12b	0.72±0.12a	0.47±0.06a	0.39±0.06a	0.89±0.32a	1.34±0.07a	0.69±0.06a

注：不同小写字母表示不同生境间差异达 0.05 显著水平。

3.1.2.5　结论

（1）土壤 N、P 元素作为影响植物生长发育所必需的养分元素，在植物生长发育中发挥着重要作用（Houlton et al.，2008）。坝光银叶树湿地园古银叶树群落沼泽生境、古银叶树群落陆地生境及湿地园人工植被恢复生境土壤全氮含量分别为 1.69、2.37 和 0.35g · kg^{-1}，古银叶树群落土壤全氮含量远高于全国的平均水平（0.65g · kg^{-1}），而人工植被恢复生境土壤全氮含量低于全国平均水平。土壤全磷含量分别为 0.46、0.35 和 0.28g · kg^{-1}，而其全磷含量低于全国的平均水平（0.56g · kg^{-1}）（Cleveland et al.，2007）。

（2）古银叶树群落沼泽生境和植被恢复生境土壤容重与土壤总孔隙度、毛管孔隙度呈极显著负相关（$P<0.01$）；土壤总孔隙度与毛管孔隙度、有机质含量呈显著到极显著正相

关($P<0.01$)；土壤有机质含量与全氮含量、碱解氮含量呈极显著正相关($P<0.01$)。

(3)古银叶树群落沼泽生境和陆地生境土壤综合肥力系数分别为1.48和1.22，土壤肥力为一般；人工植被恢复生境土壤综合肥力系数为0.69，土壤肥力为贫瘠。

3.1.3 空气颗粒物与负氧离子浓度

空气颗粒物是指悬浮在空气中的固体微粒。按粒径大小可划分为总悬浮颗粒物TSP(粒径≤100μm)、粗颗粒物PM_{10}(0.5μm<粒径≤10μm)、细颗粒物$PM_{2.5}$(0.1μm<粒径≤2.5μm)及超细颗粒物PM_1(粒径≤1.0μm)4种类型(Freersmith et al., 2005；刘玉兴等，1988)。研究表明，生活在高浓度的空气颗粒物环境中，会对人体健康造成危害(刘岩磊等，2011；董雪玲，2004)。大气颗粒物污染是我国大气污染的主要来源，2012年，将$PM_{2.5}$浓度监测纳入了城市空气质量考核标准(《环境空气质量标准》(GB 3095—2012))，$PM_{2.5}$年均和日均浓度Ⅱ级限值分别定为35μg·m^{-3}和75μg·m^{-3}。近年来广东省空气质量6项污染物平均浓度均达到国家Ⅱ级标准，但大气污染事件仍时有发生，例如，2015年广东省共发生高达13次主要大气污染事件。一般而言，时间上表现为冬季(12至翌年2月)大气污染高于其他季节，且以$PM_{2.5}$污染为主；空间上表现为珠江三角洲地区污染程度高于粤东、粤西和粤北地区，并呈现持续时间长、发生面积大、影响范围广的特征(潘月云等，2017)。因此，对空气颗粒物浓度进行长期监测，确切掌握空气污染现状及动态变化规律，对研究、治理空气污染非常关键。坝光银叶树湿地园位于被誉为深圳“生态基石”的大鹏新区。园内古银叶树群落更是世界上迄今发现的保存最完整、树龄最长的群落，具有重要的自然保育和公众教育意义。目前，坝光银叶树湿地园处于逐步开发中，为此，本研究对坝光银叶树湿地园内的不同区域、不同季节及不同时间的空气颗粒物浓度进行监测，分析园区内不同监测点空气质量的变化趋势，为坝光湿地园空气环境保护提供科学依据。

空气负离子是空气分子获得自由电子后形成带负电荷的离子。19世纪被发现，随后日本医学界证实空气负离子有益人体健康(邵海荣等，2000；赵瑞祥，2002)，20世纪初负氧离子的生物学意义得到了肯定，被誉为空气的“维生素和生长素”(倪军等，2004)。近年来，随着经济的发展和生活水平提升，社会越来越重视生存环境对人体健康及保健功能，空气负氧离子也逐渐为人熟知，其浓度水平已是空气清新度和评判人居环境的空气清洁程度的正向指标，是森林、湿地等自然生态系统的重要生态服务产品之一，并列入《森林生态系统服务功能评估规范》(LY/T 1721—2008)(国家林业局，2008)重点评估的内容。本研究对坝光银叶树湿地园内的不同区域、不同季节及不同时间的负氧离子浓度进行监测，分析园区内不同监测点空气负氧离子的变化趋势，为坝光湿地园生态旅游和森林康养提供科学依据。

3.1.3.1 空气颗粒物

(1)各因素对各颗粒物粒子的影响

单因素方差分析表明，对于TSP、PM_{10}、$PM_{2.5}$和$PM_{1.0}$，地点、季节、时间段的影响极其显著($p<0.001$)，表明空气颗粒物浓度在各监测点内、不同季节和不同时间段差异明显(表3-15)。

表 3-15　不同因素对空气颗粒物浓度的影响

因素	自由度	TSP		PM_{10}		$PM_{2.5}$		$PM_{1.0}$	
		F 值	*P* 值	*F* 值	*P* 值	*F* 值	*P* 值	*F* 值	*P* 值
地区	2	21.189	<0.0001	7.607	0.0005	23.223	<0.0001	43.465	<0.0001
季节	3	218.432	<0.0001	243.436	<0.0001	281.998	<0.0001	255.127	<0.0001
时间段	4	37.722	<0.0001	36.132	<0.0001	149.610	<0.0001	160.309	<0.0001

(2)空气颗粒物浓度时空差异

坝光银叶树湿地园各监测点的空气颗粒物浓度如图 3-4 所示：TSP 浓度在各区域间差异显著，古银叶树群落区域(114 μg · m^{-3})>人工植被恢复区域(106μg · m^{-3})>海边区域(87μg · m^{-3})；PM_{10}浓度在古银叶树群落区域(58μg · m^{-3})最高，海边区域(49μg · m^{-3})最低，人工植被恢复区域(55μg · m^{-3})则处于二者之间；$PM_{2.5}$浓度在人工植被恢复区域(15μg · m^{-3})和海边区域(14μg · m^{-3})差异不显著，并显著低于银叶树群落区域(17μg · m^{-3})；$PM_{1.0}$浓度在人工植被恢复区域(5.6μg · m^{-3})和古银叶树群落区域(5.1μg · m^{-3})差异不显著，并显著高于海边区域(3.9μg · m^{-3})。

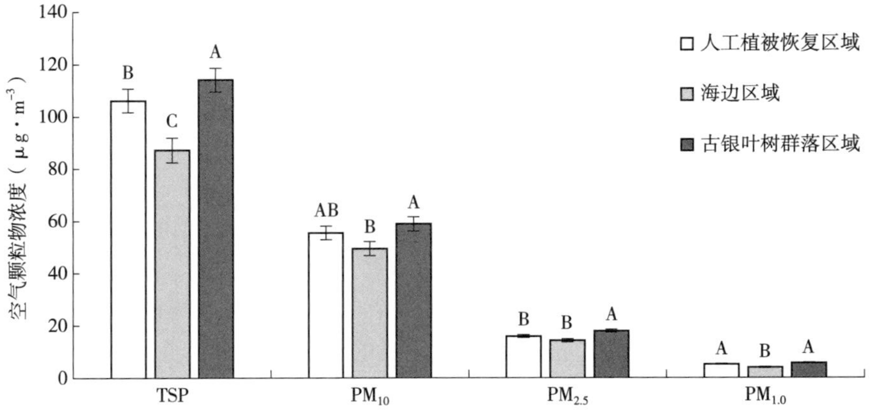

图 3-4　不同区域年平均空气颗粒物浓度

注：各系列内的不同字母代表之间的差异显著(P<0.05)。下同。

坝光银叶树湿地园各月的空气颗粒物浓度如图 3-5 所示。TSP 在冬季(1 月)和春季(4 月)差异不显著，TSP 浓度：夏季(187μg · m^{-3})>秋季(113μg · m^{-3})>春季(83μg · m^{-3})>冬季(75μg · m^{-3})。PM_{10}、$PM_{2.5}$和 $PM_{1.0}$在各个季节差异显著(P<0.05)。PM_{10}浓度：夏季(105μg · m^{-3})>秋季(64μg · m^{-3})>春季(43μg · m^{-3})>冬季(36μg · m^{-3})。$PM_{2.5}$浓度：秋季(24μg · m^{-3})>夏季(21μg · m^{-3})>冬季(16μg · m^{-3})>春季(9μg · m^{-3})。$PM_{1.0}$浓度：秋季(10μg · m^{-3})>冬季(8μg · m^{-3})>夏季(6μg · m^{-3})>春季(5μg · m^{-3})。

坝光银叶树湿地园各时间的空气颗粒物浓度如图 3-6 所示。TSP 和 PM_{10}呈先降后升的趋势，最低值出现在中午 12：00-14：00，且下午 16：00 仍呈上升趋势；$PM_{2.5}$和 $PM_{1.0}$各时间变化较为平稳，上午浓度稍高于其他时间。

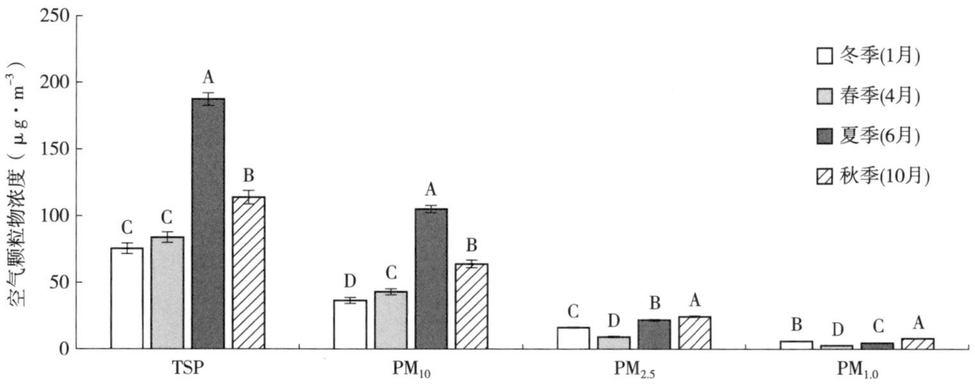

图 3-5　不同季度空气颗粒物浓度

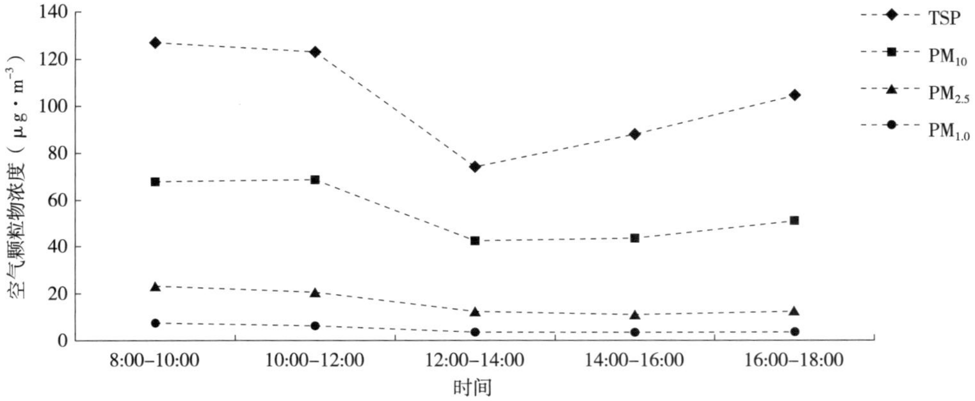

图 3-6　空气颗粒物浓度日变化过程

（3）结论与讨论

坝光银叶树湿地园 TSP、PM_{10}和 $PM_{2.5}$浓度年均值低于国家Ⅱ级标准浓度限值（TSP 为 $200\mu g \cdot m^{-3}$，PM_{10}为 $70\mu g \cdot m^{-3}$，$PM_{2.5}$为 $35\mu g \cdot m^{-3}$），TSP 和 PM_{10}日均值低于Ⅱ级标准浓度限值（TSP 为 $300\mu g \cdot m^{-3}$，PM_{10}为 $150\mu g \cdot m^{-3}$），而 $PM_{2.5}$日均值低于Ⅰ级标准浓度限值（$35\mu g \cdot m^{-3}$）（中国环境科学研究院，2012）。坝光银叶树湿地园空气颗粒物浓度高于南岭国家森林公园、广州帽峰山森林公园、白云山森林公园、二沙岛传祺森林公园和大夫山森林公园等相同自然带不同类型的森林公园（吴巧花等，2017；张霖琳等，2015），这种差异可能与植被、小气候及人为活动等因素有关，主要原因可能为湿地园尚处于开发阶段，植被较少，人为干扰较大。通过对湿地园不同监测区域、季节和日时段的比较可知，古银叶树群落区域的空气颗粒物浓度普遍高于其他两个监测点；夏季的 TSP 和 PM_{10}污染比较严重，$PM_{2.5}$和 $PM_{1.0}$则是秋季较为严重；TSP 和 PM_{10}浓度日变化曲线呈先降后升，中午最低，$PM_{2.5}$和 $PM_{1.0}$浓度曲线则是上午稍高于下午。

古银叶树群落区域的空气颗粒物浓度高于人工植被恢复区域和海边区域，推测与区域之间植被量差异有关：古银叶树群落区域植被最为丰富，分层明显，而其他两个区域植被则明显低于古银叶树群落，且乔木层较稀疏。以往研究表明，植物对空气颗粒物的污染有净化作用（林鑫涛等，2016；张维康等，2015；谢丽宏等，2017），然而，郁闭的林冠可能会形成陷阱效应，即林内空气流通度低，使得捕获的污染物颗粒难以向外扩散(Jin et al.，2014)，从而导致林下测量的空气颗粒物浓度值要比空旷监测点的浓度值要高。

湿地园夏季 TSP 和 PM_{10}污染比较严重，$PM_{2.5}$和 $PM_{1.0}$则是秋季较为严重。一般而言，夏季温度较高，大气混合层高度提升，此时污染物扩散强度可能较强；而秋季由于降雨量小，加之北风带来的区域性污染输送，导致该季节颗粒物污染较为严重(毛恒青，1991；杜荣光等，2011；石灵芝，2011)。分析深圳市大气污染情况也发现，其 PM_{10}、$PM_{2.5}$超标主要发生在秋、冬季节；另外，湿地园开发工程也可能增加了测量期间湿地园的空气颗粒物浓度(朱珠等，2015)。不同粒径空气颗粒物浓度的季节变化不同，推测可能与其来源、组成差异有关，但具体原因有待进一步探讨。日变化曲线中，TSP 和 PM_{10}浓度呈"U"字形，最低值在中午，$PM_{2.5}$和 $PM_{1.0}$则是上午稍高于下午，推测空气颗粒物浓度变化除了是周边区域的影响，可能与气象因素有关。在上午和下午，温度低、湿度大，不利于颗粒物扩散，使空气颗粒物浓度增大；在中午，温度高、湿度小，大气混合层高度抬升，气流加剧与高层清洁空气交换，污染物扩散清除强度增强，使空气颗粒物浓度不断下降(吴巧花等，2017；陈波等，2016；张青等，2017；纪颖等，2008)。

参照《环境空气质量标准》(GB 3095—2012)年平均值作为评价标准，坝光银叶树湿地园各监测点 TSP 浓度均为Ⅱ级标准(80~200μg·m^{-3})，但数值较接近下限；PM_{10}浓度均为Ⅱ级标准(40~70μg·m^{-3})；海边区域和人工植被恢复区域的 $PM_{2.5}$浓度达到Ⅰ级标准(<15μg·m^{-3})，古银叶树群落区域的 $PM_{2.5}$浓度(17μg·m^{-3})虽为Ⅱ级标准(15~135μg·m^{-3})，但与Ⅰ级标准非常接近，说明坝光银叶树湿地园空气颗粒物污染程度较低，空气质量良好。

3.1.3.2 空气负氧离子

(1)湿地园负氧离子浓度季度变化

季度和监测点的交互作用显著(表 3-16)，说明坝光银叶树湿地园内不同监测点的负氧离子浓度季度变化趋势差异显著。

表 3-16 坝光银叶树湿地园负氧离子浓度季度变化模型结果

效应	D_f	F	P
季度	3	1892.42	<0.0001
监测点	2	9.18	0.015
季度×监测点	6	133.55	<0.0001

人工植被恢复区负氧离子浓度在各季度均显著高于其他两个监测区域，最高值为 831 个·cm^{-3}(7~9 月)，各季度海边区域和古银叶树群落区域的负氧离子浓度两者均无显著差异(图 3-7)。各监测点在 7~9 月的负氧离子浓度最高，4~6 月最低。

(2)湿地园负离子浓度日变化

时间和监测点的交互效应显著(表 3-17)，说明坝光银叶树湿地园内不同监测点的负氧离子浓度日间变化趋势差异显著。

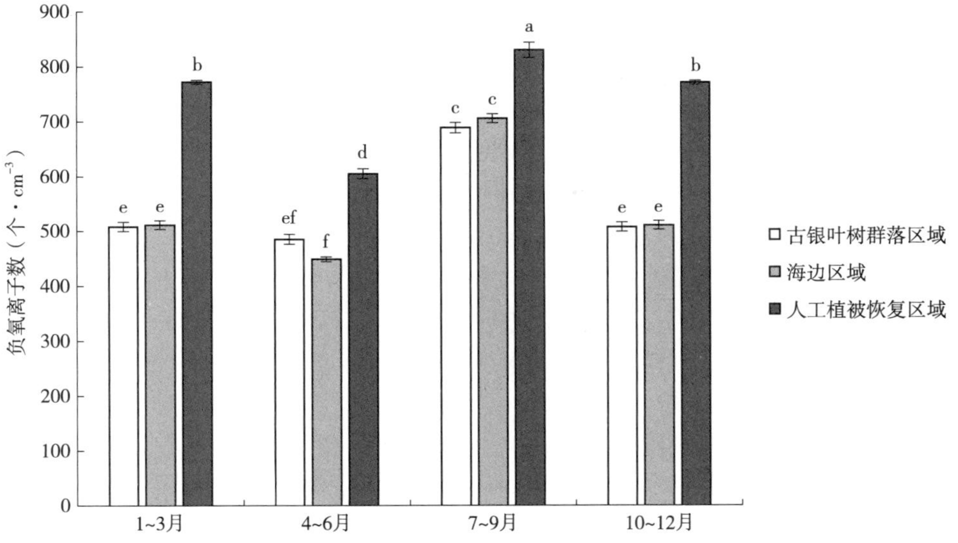

图 3-7　不同季度空气负氧离子浓度

表 3-17　空气负氧离子浓度日变化模型结果

效应	Df	F	*P*
时间	4	351.73	<0.0001
监测点	2	7.58	0.018
时间×监测点	8	22.82	<0.0001

3 个监测区域的负氧离子浓度日变化均呈现多峰的趋势(图 3-8)，具体为 10：00~12：00 出现最低值，12：00~14：00 升至最高值，随后降低，16：00~18：00 再升高。3 个区域中，人工植被恢复区域的负氧离子浓度始终显著高于其他两个区域，海边区域的负氧离子浓度除了在 10：00~12：00 与古银叶树群落区域无显著差异外，其他时间段均为最低。

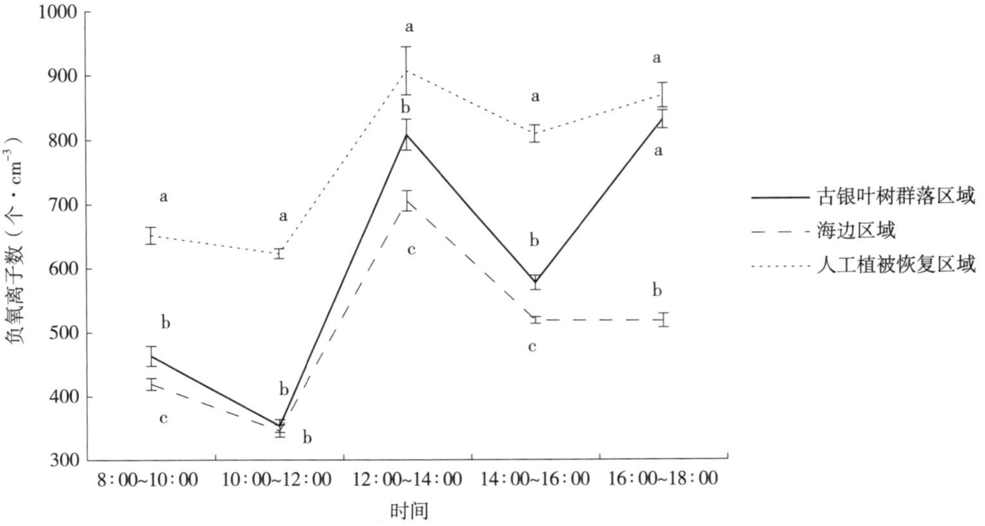

图 3-8　不同区域空气负氧离子浓度日变化

(3)结论与讨论

通过对坝光银叶树湿地园不同季度负氧离子浓度监测发现，负氧离子浓度平均值介于449~831个·cm^{-3}之间，参考负氧离子分级标准，该浓度为Ⅴ级，低于车八岭自然保护区(张兵等，2016)、佛山市云勇林场(苏木荣等，2012)、广州市帽峰山(徐猛等，2008)和珠海淇澳岛红树林(彭辉武等，2013)，这可能与区域植被、小气候及人为活动有关(林喜珀等，2016)。由于坝光银叶树湿地园靠近海边，植被面积相对较小，多数处于人工恢复阶段，相较于自然保护区及森林公园等植被较好的区域，其负氧离子浓度可能受到一定影响。以往研究发现，负氧离子浓度在冬季较低(徐猛等，2008；曾曙才等，2006；邵海荣等，2005；陶宝先等，2012)，这可能与植物的生长活动有关，植物生长越旺盛，代谢能力越强，其空气负氧离子浓度越高(曾曙才等，2006)。本研究发现，各监测点负氧离子浓度最高值出现在夏季(7~9月)，但冬季负氧离子浓度并未显著降低，这可能与监测点位于深圳，冬季气候相对暖和，植物的生长活动未受到明显抑制有关。人工植被恢复区域由于所栽种植物树种较多，树龄较小，生长活跃，可能导致该区域负氧离子浓度始终高于其他两个监测点。

本研究发现，坝光银叶树湿地园负氧离子浓度日间最高值出现在12：00~14：00之间，最低值出现在10：00~12：00。韩静波等(2020)分析沈阳东陵公园不同功能分区负氧离子浓度日变化发现，最低值出现在7：00~10：00，最高值出现在13：00~16：00，整体上呈现先上升后下降的趋势，与本研究趋势较为相近。但以往不少研究发现，负离子浓度日变化通常呈现为早晚高、中午低(曹建新等，2017；彭琳玉等，2020；何平等，2015；陶雪莹等，2020)。不同研究得出的趋势不同可能是由于负氧离子浓度受多种因素(如温湿度、降水量、空气颗粒物、小气候、林分结构等)影响，导致其具体变化趋势(如峰值个数、峰值出现时间等)差异较大。例如，彭琳玉等(2020)对九连山国家森林公园原始阔叶林和人工林的负氧离子浓度进行监测发现，原始阔叶林负氧离子浓度日变化呈现波峰波谷交替的趋势，人工林则呈现单峰分布，负氧离子浓度最大值和最小值出现时间不相同，且两种林型中负氧离子浓度的变化趋势与温湿度的相关性不一致。陶雪莹等(2020)对北京4个城市森林的空气负氧离子与$PM_{2.5}$颗粒物的关系进行研究发现，负氧离子与$PM_{2.5}$浓度呈显著负相关。由此可见，影响负氧离子浓度变化的因素十分复杂，且其相互作用机制尚未清楚，坝光银叶树湿地园各监测点影响负氧离子浓度变化的生态因子还有待进一步探讨。

3.2 坝光银叶树湿地园植被恢复及其养护技术

3.2.1 园林景观树种恢复

从表3-18可知，园林景观树种总株数为2251株。种植数量最多为黄槿，达到372株，占总株数的14.58%；其次是木麻黄，种植株数283株，占总株数的11.09%；银叶树植株数165株，占总株数的6.47%。此外，美丽异木棉、红花羊蹄甲、香樟和合欢也较多，种植株数占总株数的4%以上。发财树、番石榴、枫香、龙眼、马占相思、枇杷和鹅掌柴的种植数量均为最少，只有1株。对种植树种进行生长状况分析可以看到，树种成活率很高，极少死亡，只有黄槐死亡2株。

表 3-18　园林景观树种生长状况分析

中文名	科名	属名	数量(株)	生长状况
黄槿	锦葵科	木槿属	372	33 株优，294 株良好，39 株一般，6 株差
木麻黄	木麻黄科	木麻黄属	283	18 株优，265 株良好
银叶树	梧桐科	银叶树属	165	27 株良好，122 株一般，16 株差
美丽异木棉	木棉科	吉贝属	137	20 株优，60 株良好，56 株一般，1 株差
红花羊蹄甲	豆科	羊蹄甲属	116	15 株良好，89 株一般，12 株差
香樟	樟科	樟属	101	54 株良好，38 株一般，9 株差
合欢	豆科	合欢属	94	94 株良好
水黄皮	豆科	水黄皮属	81	78 株良好，3 株一般
朴树	榆科	朴属	73	60 株良好，12 株一般，1 株差
紫薇	千屈菜科	紫薇属	69	27 株一般，42 株差
凤凰木	豆科	凤凰木属	65	43 株一般，22 株差
大王椰子	棕榈科	王棕属	60	2 株优，58 株良好
小叶榄仁	使君子科	诃子属	48	32 株良好，26 株一般
朱槿	锦葵科	木槿属	41	7 株良好，34 株一般
水石榕	杜英科	杜英属	41	5 株优，12 株良好，24 株一般
大花紫薇	千屈菜科	紫薇属	39	5 株优，20 株良好，14 株一般
海杧果	夹竹桃科	海杧果属	39	3 株良好，28 株一般，8 株差
复羽叶栾树	无患子科	栾树属	35	35 株良好
白兰	木兰科	玉兰属	33	33 株一般
桂花	木犀科	木犀属	33	9 株良好，21 株一般，3 株差
蒲桃	桃金娘科	蒲桃属	31	31 株良好
黄槐	豆科	决明属	30	26 株一般，2 株差，2 株死亡
秋枫	大戟科	秋枫属	27	6 株优，21 株良好
假苹婆	梧桐科	苹婆属	25	7 株良好，8 株一般
细叶榕	桑科	榕属	25	4 株优，21 株良好
毛果杜英	杜英科	杜英属	21	18 株良好，3 株一般
红鸡蛋花	夹竹桃科	鸡蛋花属	20	20 株良好
黄花风铃木	紫葳科	风铃木属	20	18 株一般，2 株差
腊肠树	豆科	决明属	15	13 株一般，2 株差
椰子	棕榈科	椰子属	15	15 株良好
青皮枫	槭树科	槭树属	13	7 株优，6 株良好
旅人蕉	芭蕉科	旅人蕉属	12	6 株良好，3 株一般，3 株差
刺葵	棕榈科	刺葵属	9	6 株良好，3 株一般

（续）

中文名	科名	属名	数量(株)	生长状况
鸡冠刺桐	豆科	刺桐属	8	8 株良好
青梅	龙脑香科	青梅属	8	8 株差
高山榕	桑科	榕属	5	5 株良好
人面子	漆树科	人面子属	5	5 株一般
蒲葵	棕榈科	蒲葵属	5	5 株良好
五月茶	大戟科	五月茶属	5	5 株良好
潺槁树	樟科	木姜子属	4	4 株良好
木棉	木棉科	木棉属	3	3 株良好
水翁	桃金娘科	蒲桃属	3	3 株一般
杧果	漆树科	杧果属	2	2 株良好
米仔兰	楝科	米仔兰属	2	2 株良好
无忧树	豆科	无忧树属	2	2 株一般
血桐	大戟科	血桐属	2	2 株良好
阴香	樟科	樟属	2	2 株良好
发财树	木棉科	瓜栗属	1	1 株良好
番石榴	桃金娘科	番石榴属	1	1 株良好
枫香树	金缕梅科	枫香树属	1	1 株一般
龙眼	无患子科	龙眼属	1	1 株一般
马占相思	豆科	金合欢属	1	1 株良好
枇杷	蔷薇科	枇杷属	1	1 株良好
鹅掌柴	五加科	鹅掌柴属	1	1 株良好

调查发现，美丽异木棉、水石榕、大花紫薇、秋枫和青皮枫树种生长优秀，树种生长优的棵数所占该树种比例达到 10%以上；黄槿、木麻黄、合欢、水黄皮、朴树、大王椰子、马占相思、复羽叶栾树、蒲桃、细叶榕、毛果杜英、红鸡蛋花、椰子、鸡冠刺桐、高山榕、蒲葵、五月茶、潺槁树和木棉的树种生长良好，树种生长良好的棵数所占该树种比例达到 70%以上。

3.2.2 观赏型水塘草本植物恢复

3.2.2.1 观赏型水塘区植物物种组成

观赏型水塘区(水面与岸带)共有植物 64 种，隶属于 21 科 55 属(表 3-19)。水塘区植物优势科属从高到低依次为禾本科、菊科和豆科，分别含有 13 属、7 属和 6 属。该区植物科属组成以单科属和少属科植物为主，仅有 1 属的科有 11 科 11 属，占总科数的 52.38%，分别为伞形科、柳叶菜科、香蒲科、百合科、木麻黄科、紫金牛科、茅膏菜科、蓼科、茄科、龙舌兰科和茜草科。水塘区植物属种组成以单属种为主，含 1 个种的属有 49 属，占总属数的 89.09%。含 3 个及以上种的属有 3 属，分别为大戟属、番薯属和莎草属。含 2 个种的属有 3 属，分别为鬼针草属、莲子草属和苋属。

表 3-19　坝光湿地园观赏型水塘区植物名录

科	属	种	拉丁学名
菊科	鬼针草属	鬼针草	*Bidens pilosa*
	藿香蓟属	藿香蓟	*Ageratum conyzoides*
	假泽兰属	薇甘菊	*Mikania micrantha*
	紫菀属	钻叶紫菀	*Aster subulatus*
	羽芒菊属	羽芒菊	*Tridax procumbens*
	茼蒿属	茼蒿	*Chrysanthemum coronarium*
	飞机草属	飞机草	*Chromolaene odorata*
豆科	含羞草属	含羞草	*Mimosa pudica*
	鹿藿属	鹿藿	*Rhynchosia volubilis*
	猪屎豆属	猪屎豆	*Crotalaria pallida*
	链荚豆属	链荚豆	*Alysicarpus vaginalis*
	合欢属	山槐	*Albizzia kalkora*
	木豆属	蔓草虫豆	*Cajanus scarabaeoides*
禾本科	白茅属	白茅	*Imperata cylindrica*
	狗牙根属	狗牙根	*Cynodon dactylon*
	水蔗草属	水蔗草	*Apluda mutica*
	芦苇属	芦苇	*Phragmites australis*
	芦竹属	芦竹	*Arundo donax*
	龙爪茅属	龙爪茅	*Dactyloctenium aegyptium*
	穇属	牛筋草	*Eleusine indica*
	甘蔗属	斑茅	*Saccharum arundinaceum*
	画眉草属	小画眉草	*Eragrostis minor*
	狼尾草属	象草	*Pennisetum purpureum*
	蒺藜草属	蒺藜草	*Cenchrus echinatus*
	细柄草属	细柄草	*Capillipedium parviflorum*
	虎尾草属	虎尾草	*Chloris virgata*

（续）

科	属	种	拉丁学名
大戟科	大戟属	通奶草	*Euphorbia hypericifolia*
		飞扬草	*Euphorbia hirta*
		续随子	*Euphorbia lathyris*
	叶下珠属	叶下珠	*Phyllanthus urinaria*
旋花科	番薯属	三裂叶薯	*Ipomoea triloba*
		蕹菜	*Ipomoea aquatica*
		假厚藤	*Ipomoea stolonifera*
	鱼黄草属	篱栏网	*Merremia hederacea*
	牵牛属	牵牛	*Pharbitis nil*
	菟丝子属	菟丝子	*Cuscuta chinensis*
莎草科	莎草属	莎草	*Cyperus rotundus*
		碎米莎草	*Cyperus iria*
		旋鳞莎草	*Cyperus michelianus*
	水莎草属	水莎草	*Juncellus serotinus*
锦葵科	梵天花属	地桃花	*Urena lobata*
	黄花稔属	黄花稔	*Sida acuta Burm*
	黄麻属	甜麻	*Corchorus acutangulus*
	刺蒴麻属	刺蒴麻	*Triumfetta rhomboidea*
鸭跖草科	鸭跖草属	竹节菜	*Commelina diffusa*
	水竹叶属	裸花水竹叶	*Murdannia nudiflora*
伞形科	积雪草属	积雪草	*Centella asiatica*
玄参科	野甘草属	野甘草	*Scoparia dulcis*
	通泉草属	弹刀子菜	*Mazus stachydifolius*
柳叶菜科	丁香蓼属	丁香蓼	*Ludwigia prostrata*
香蒲科	香蒲属	香蒲	*Typha orientalis*
百合科	黄精属	玉竹	*Polygonatum odoratum*
苋科	莲子草属	空心莲子草	*Alternanthera philoxeroides*
		莲子草	*Alternanthera sessilis*
	苋属	凹头苋	*Amaranthus lividus*
		皱果苋	*Amaranthus viridis*
木麻黄科	木麻黄属	木麻黄	*Casuarina equisetifolia*
紫金牛科	蜡烛果属	桐花树	*Aegiceras corniculatum*

（续）

科	属	种	拉丁学名
茅膏菜科	茅膏菜属	圆叶茅膏菜	*Drosera rotundifolia*
蓼科	蓼属	习见蓼	*Polygonum plebeium*
茄科	酸浆属	酸浆	*Physalis alkekengi*
龙舌兰科	虎尾兰属	小棒叶虎尾兰	*Sansevieria canaliculata*
茜草科	耳草属	白花蛇舌草	*Hedyotis diffusa*

3.2.2.2 观赏型水塘区植被及生境特征

坝光银叶树湿地园内多数水塘水面与岸带植被以草本植物为主。该区水塘尚处于恢复初期，人工干扰痕迹明显。参照区水塘明水面植被数量较多，以东方香蒲、芦苇和飞机草为主。与参照区相比，恢复区水塘明水面水生植被偏少。多数水塘岸带植被种类较多但覆盖度不高，以禾本科植物为主。岸带植被处于自然萌发生长阶段，而人工栽植的景观植物因处于幼苗阶段未计入本次调查范围。恢复区水塘岸带植被多样性指数（1.30±0.48）显著高于参照区（0.89±0.56），均匀度指数（0.43±0.09）显著低于参照区（0.56±0.16）；丰富度指数和优势度指数均高于参照区，但统计不显著（$P>0.05$）（表3-20）。恢复初期水塘岸带原生植被和人工栽植植被处于共生状态，植被种类丰富，但不同物种间数量悬殊，从而形成多样性指数虽高，但均匀度指数低于参照区的现象。

表3-20 修复区与参照区水塘岸带植被指数

	多样性指数	丰富度指数	均匀度指数	优势度指数
修复区	$1.30±0.48^a$	$39.85±21.54^a$	$0.43±0.09^a$	$0.62±0.21^a$
参照区	$0.89±0.56^b$	$27.88±34.71^a$	$0.56±0.16^b$	$0.53±0.17^a$

注：不同字母表示不同采样区各植被指数在 $\alpha=0.05$ 水平差异显著。

恢复初期坝光湿地园内多数水塘水质总体较差，其中EC、Sal、Tur、COD_{Cr}、TN、TP、NH_4^+-N、NO_3^--N 均值分别为 25.50±21.23、1.66±1.46、13.77±10.83、60.78±33.06、1.31±0.55、0.09±0.13、0.44±0.32 和 0.19±0.18mg·L^{-1}，总体处于Ⅲ至Ⅴ级，基本满足景观用水要求。恢复区水塘内各项水质指标略低于参照区四个水塘（图3-9），但统计不显著（$P>0.05$）。因恢复时间较短，水塘岸带植被及水生植被尚未完全适应恢复后的生境，其净化水质的功能尚未发挥，因此恢复区水塘水质与参照区之间并未有根本改善。

恢复初期坝光湿地园内多数水塘岸带土壤理化性质略有改善，仅pH和TN两项指标在两区间有显著差异（$P<0.05$），其他指标均无显著差异（$P>0.05$）（图3-10）。此外，恢复区水塘岸带土壤理化参数中，除pH、TP和AK之外，其他指标的变幅均大于参照区各指标变幅，这说明恢复区各水塘岸带间土壤修复进程并不统一，彼此间存在显著差异。

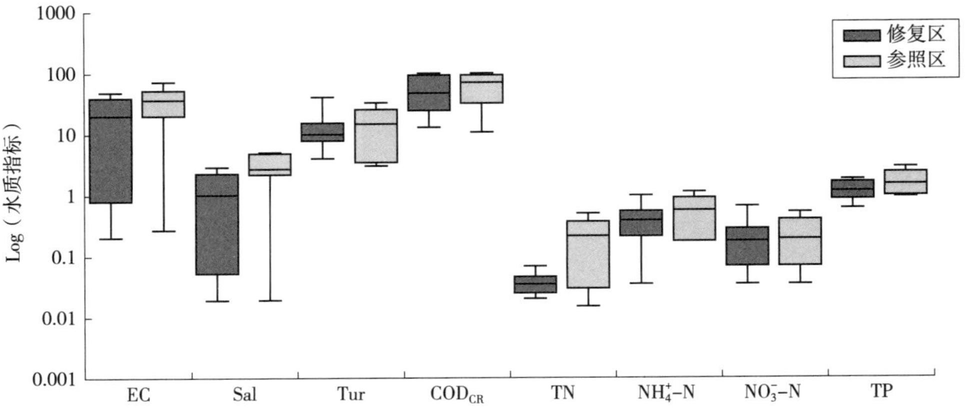

图 3-9　修复区与参照区水塘水质指标箱式对比图

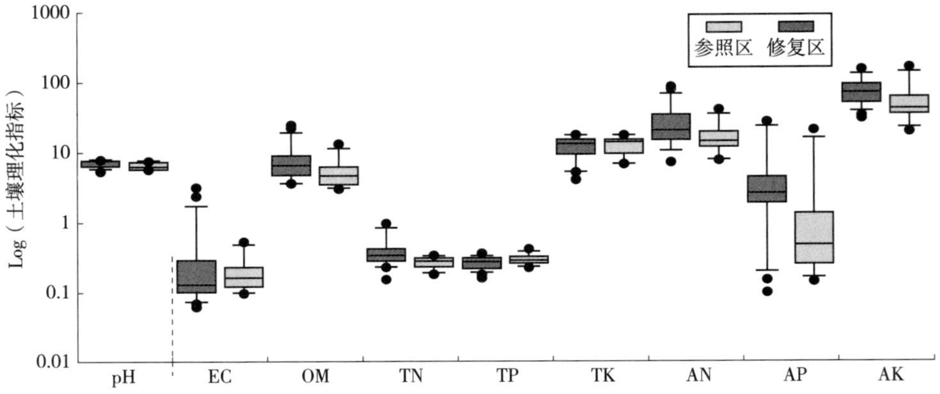

图 3-10　修复区与参照区水塘岸带土壤理化指标箱式对比图

3.2.2.3　观赏型水塘区植被与生境因子间的关系

水塘岸带植被与部分土壤参数间存在显著相关关系（表 3-21）。如均匀度指数与土壤 pH 显著正相关，与有机质（OM）和 TN 显著负相关，其他岸带植被指数均与土壤参数间无显著相关性。均匀度指数用于表征不同物种在数量上的接近程度。适宜的土壤 pH 对岸带各类植被生长均有促进作用，而土壤 OM 和 TN 值的增加，会优先促进先锋物种的快速生长，从而使物种均匀度指数降低。

表 3-21　水塘岸带植被与土壤理化指标间相关系数矩阵

	pH	EC($ms \cdot cm^{-1}$)	OM($g \cdot kg^{-1}$)	TN($g \cdot kg^{-1}$)	TP($g \cdot kg^{-1}$)	TK($g \cdot kg^{-1}$)	AN($mg \cdot kg^{-1}$)	AP($mg \cdot kg^{-1}$)	AK($mg \cdot kg^{-1}$)
多样性	0.053	−0.114	−0.174	−0.186	−0.246	−0.060	−0.195	−0.173	−0.095
丰富度	−0.153	0.035	0.049	0.049	−0.158	0.081	−0.030	−0.296	0.109
均匀度	0.411*	−0.189	−0.356*	−0.382*	−0.301	−0.324	−0.322	0.035	−0.278
物种优势度	−0.246	0.262	0.307	0.293	0.227	0.180	0.266	0.017	0.286

注：** 表示 $P<0.01$；* 表示 $P<0.05$。下同。

水塘岸带植被与部分水质参数间存在显著相关关系(表3-22)。如丰富度指数与EC和TP间存现显著负相关，与NO_3^--N存在显著正相关；均匀度指数与EC呈显著正相关。水塘岸带与水塘间存在紧密和动态的水文联系，降雨期岸带对水塘有补给作用，非降雨期水塘对岸带有补给作用。水塘EC和TP指标的升高，会率先促进先锋植被的生长，加剧种间竞争关系，而NO_3^--N则属于普适性变量，对所有岸带植被均有促进作用。水塘EC值也会对各类岸带植被生长起促进作用。

表3-22　水塘岸带植被与水质间相关系数矩阵

指标	EC ($ms \cdot cm^{-1}$)	Sal (%)	Tur (°)	COD_{Cr} ($mg \cdot L^{-1}$)	TP ($mg \cdot L^{-1}$)	NH_4^+-N ($mg \cdot L^{-1}$)	NO_3^--N ($mg \cdot L^{-1}$)	TN ($mg \cdot L^{-1}$)
多样性	-0.044	-0.051	-0.186	-0.084	-0.217	-0.014	0.314	-0.026
丰富度	-0.327*	-0.270	-0.289	-0.305	-0.399*	-0.216	0.482*	-0.150
均匀度	0.328*	0.271	0.073	0.266	0.097	0.158	-0.200	0.240
物种优势度	-0.213	-0.195	0.110	-0.173	0.036	0.048	-0.011	0.060

3.2.2.4　讨论与结论

坝光湿地园水塘岸带植被整体较为稀疏，以禾本科植物为主。恢复区水塘水面植被偏少，而参照区水塘水面植被相对较多以东方香蒲、芦苇和飞机草为主。水塘区岸带土壤指标整体偏低，水面水质指标整体偏高，恢复区水塘岸带土壤和水面水质并未显著优于参照区。这说明坝光湿地园现阶段恢复效果并不理想，与该区湿地恢复进程较短相符合。湿地恢复是湿地系统各个组分间协同演替的过程，湿地土壤与水环境等生境质量的改善必然促使湿地植被的正向演替(崔丽娟等，2011)。而湿地植被的正向演替必然进一步改善湿地土壤理化性质和水环境质量。坝光湿地园水塘区恢复进程不足1年，恢复时间尚短，湿地植被及其生境因子整体均未表现出明显改善，湿地植被与其生境因子之间也未建立起有效的耦合机制。

湿地植被是湿地环境质量的重要指示剂，对于评判湿地环境改善具有重要科学价值(林立等，2018；黄燕等，2018)。目前，坝光湿地园水塘区前期修复措施以人工干预为主，水塘植被及其生境经历重大改变，尚处于幼苗期，未发挥指示作用。如水塘水体盐度受水闸调控上下游咸淡水的混合比例呈动态变化趋势，而红树植物长势对水体盐度较为敏感。水塘P10、P11和P12岸带多种植桐花树和秋茄等红树植物，这些红树植物可作为评判水塘P10、P11和P12水体盐度及环境质量的指示物种。坝光湿地园水塘区已是一个较为完整的湿地生态系统，具有一定的系统稳定性和恢复能力。因此，坝光银叶树湿地园水塘区今后的修复措施建议在长期定位监测的基础上，以自然更新修复措施为主。

3.2.3　园林植被恢复养护技术

养护管理是园林绿化中非常重要的环节，常言说“三分种，七分养”，因此它是一种长期性、反复性的工作。园林绿地的建成并不代表园林景观的形成，只有通过高质量、高技术的园林养护管理，园林景观才能逐渐地形成与完善。我国的很多城市园林绿地建设中，常常可以看到“重建轻养”的现象，能有上亿元的园林绿地建设投入，却不考虑日常园林绿地的养护投入，使辉煌一时的国际或国内“一流”，持续不了“一流”的水平，实现不了“一流”的效益。

肥沃土壤的概念是指凡是在植物不同发育期间能及时满足植物生长所需水分、养分等条件，并且具有很好地调节这些条件能力的土壤就称为“肥土”，也就是说能使植物“吃饱喝足、住得舒服”的土壤。要使土壤肥沃，“增施肥料、土肥相融”是很重要的措施。人工植被恢复区土壤肥力分级标准 0.69，土壤肥力属贫瘠。

3.2.3.1 生长良好园林乔木施肥养护

由于园林乔木种植土为客土，土壤肥力贫瘠，无法长期满足乔木树种正常生长需求，需要进行施肥管理。所用肥料为挪威复合肥，施肥量为 1.5~2kg·株$^{-1}$，每年度 3~4 月和 7~8 月施肥 2 次，连续施肥 3 年。施肥措施如下。撒施：按适宜的施肥量，把肥料均匀地撒在土壤表面，用耙子耙匀混土后灌足透水。条施法：在树木行间或行列附近开沟，沟深在 20~30cm，肥料施入后覆土踏实。穴施法：在植物树冠投影边缘，一定间隔挖掘单个洞穴，一个大树投影区挖 5~6 个小穴，施入肥料后覆土填平。

3.2.3.2 生长一般与生长差园林乔木施肥养护

施肥量与施肥方法参考生长良好园林乔木施肥养护。在此基础上，需要喷洒叶面肥，促进乔木树种叶片生长。叶面施肥措施如下：每年度 4~11 月进行叶面施肥，每 2 个月喷洒叶面肥 1 次，连续施肥 3 年；叶面肥为氮、磷、钾的营养配比为 20：20：20 的花多多® 复合肥 1000 倍液。

3.2.3.3 生长死亡园林乔木补植

定植间距依据设计来完成，定植穴规格为 1.0m×1.0m×0.8m，每穴加入 5kg 有机基肥与土壤混合均匀。安装后期浇灌和喷水使用的管网。定植前，对每个植穴施用林木专用肥 1.5kg，并回土。小心解开泥头上的包装，然后在土球上喷淋特瑞大树移栽生根剂，接着在定植穴中扶正树体并回土压实，定植后须支护。种植区的土壤透水性较好，而且处于坡地上，无需做防积水处理。定植后立即浇透定根水，浇水胶管安装有长约 0.5m 的钢管，把钢管插入回填土中灌水，保证定根水进入树头根系周围。定植后一个月内每天浇灌 1 次，喷雾淋水 2 次，保持环境湿润。同时用棉毡布对树身进行包裹，淋水喷雾时可延长树干保湿，平时可防止水分散失。第一次喷淋在定植后 20 天，另一次在定植后 40 天，仍使用与定植时使用的特瑞大树移栽生根剂。种植后施肥量与施肥方法参考生长良好园林乔木施肥养护。

3.3 坝光银叶树湿地园植被恢复过程有害生物防控

3.3.1 有害生物种类及危害程度

对坝光银叶树湿地公园的古银叶树群落、人工植被恢复区、人工红树林区进行了 3 次全园病虫害调查(附图 1-18)，共调查寄主植物 48 科 91 种以及周围地被植物，发现有害生物 72 种(表 3-23)。91 种寄主植物中，35 种尚未发现有害生物危害，属紫金牛科、樟科、冬青科、芸香科和茜草科植物。

表 3-23 银叶树湿地公园有害生物种类调查结果表

寄主植物	科	有害生物	危害程度
银叶树 *Heritiera littoralis*	梧桐科	叶斑病菌①	轻度
		八点广翅蜡蝉 *Ricania speculum*	重度
		长鼻蜡蝉 *Fulfora candelaria*	偶发
		量天尺(寄生) *Hylocereus undatus*	轻度
		藤黄檀(寄生) *Dallergia hancai*	轻度
假苹婆 *Sterculia lanceolata*	梧桐科	大蓑蛾 *Clania variegata*	中度
		苹婆木虱	轻度
澳洲火焰木 *Brachychiton acerifolius*	梧桐科	黄夜蛾 *Xanthodes malvae*	轻度
		盗盼夜蛾 *Panthea honei*	轻度
竹节树 *Carallia brachiata*	红树科	豹尺蛾 *Dysphania militaris*	轻度
		八点广翅蜡蝉 *Ricania speculum*	轻度
秋茄 *Kandelia candel*	红树科	—	—
桐花树 *Aegiceras corniculatum*	紫金牛科	甜菜贪夜蛾 *Spodoptera exigua*	中度
罗伞树 *Ardisia quinquegona*	紫金牛科	—	—
密花树 *Rapanea neriifolia*	紫金牛科	—	—
鲫鱼胆 *Maesa perlarius*	紫金牛科	—	—
白骨壤 *Avicennia marina*	马鞭草科	—	—
苦郎树 *Clerodendrum inerme*	马鞭草科	—	—
海杧果 *Cerbera manghas*	夹竹桃科	—	—
山乌桕 *Sapium discolor*	大戟科	乌桕黄毒蛾 *Euproctis bipunctapex*	轻度
		杧果蚜 *Taxoptera odinae*	轻度
秋枫 *Bischofia javanica*	大戟科	炭疽病菌 *Collectotrium* sp.	轻度
		马氏刺粉蚧 *Allococcus morrisomi*	轻度
黑面神 *Breynia fruticosa*	大戟科	茶蓑蛾 *Cryptothelea minuscula*	轻度
银柴 *Aporosa dioica*	大戟科	金龟子	轻度
白楸 *Mallotus paniculatus*	大戟科	白楸枯斑病菌 *Cercospora* sp.	轻度
土蜜树 *Bridelia tomentosa*	大戟科	土蜜树叶斑病菌 *Phyllosticta* sp.	轻度
海漆 *Excoecaria agallocha*	大戟科	—	—
木麻黄 *Casuarina equisetifolia*	木麻黄科	木麻黄豹蠹蛾 *Zeuzera multistftigata*	轻度
		细圆藤(缠绕) *Pericampylus glaucus*	轻度

① 未写学名的表示尚未鉴定到种。

（续）

寄主植物	科	有害生物	危害程度
香樟 *Cinnamomum camphora*	樟科	樟树枝枯病菌 *Cytosporella cinnamomi*	轻度
		樟细蛾 *Acrocercop sordinatalla*	轻度
		樟叶蜂 *Mesonura rufonota*	轻度
岩樟 *Cinnamomum saxatile*	樟科	大蓑蛾 *Cryptothelea variegata*	轻度
豺皮樟 *Litsea rotundifolia*	樟科	薇甘菊 *Mikania micrantha*	偶发
潺槁木姜子 *Litsea glutinosa*	樟科	炭疽病 *Collectotrium* sp.	轻度
		斑凤蝶 *Chilasa clytia*	轻度
红楠 *Machilus thunbergii*	樟科	—	—
华润楠 *Machilus chinensis*	樟科	—	—
木姜润楠 *Machilus litseifolia*	樟科	—	—
浙江润楠 *Machilus chekiangensis*	樟科	—	—
阴香 *Cinnamomum burmannii*	樟科	叶斑病菌 *Phyllosticta cirsii*	轻度
		阴香木虱 *Trioza* sp.	轻度
笔管榕 *Ficus subpisocarpa*	桑科	—	—
青果榕 *Ficus variegate*	桑科	朱红毛斑蛾 *Phauda flammans*	偶发
细叶榕 *Ficus microcarpa*	桑科	榕透翅毒蛾 *Perina nuda*	偶发
		榕母管蓟马 *Gynaikothrips ficorum*	轻度
粗叶榕 *Ficus hirta*	桑科	—	—
紫荆 *Cercis chinensis*	豆科	灰斑病 *Phyllosticta bauhiniae*	中度
		褐边绿刺蛾 *Latoia consocia*	轻度
八角枫 *Alangium chinense*	八角枫科	京枫多态毛蚜 *Periphyllus diacerivorus*	轻度
毛八角枫 *Alangium kurzii*	八角枫科	京枫多态毛蚜 *Periphyllus diacerivorus*	轻度
小叶榄仁 *Terminalia neotaliala*	使君子科	大蓑蛾 *Cryptothelea variegata*	轻度
枫香 *Liquidambar formosana*	金缕梅科	枫香褐斑病菌 *Alternaria* sp.	轻度
		茶蓑蛾 *Cryptothelea minuscula*	中度
米老排 *Mytilaria laosensis*	金缕梅科	—	—
红枝蒲桃 *Syzygium rehderianum*	桃金娘科	白裙赭夜蛾 *Carea subtilis*	偶发
蒲桃 *Syzygium jambos*	桃金娘科	葡桃个木虱 *Trioza syzygii*	轻度
大叶紫薇 *Lagetstroemia speciosa*	千屈菜科	斑点病菌 *Phyllosticta lagerstroemiae*	轻度
		紫薇长斑蚜 *Tinocallis kahawaluokalani*	轻度
		紫薇细口象 *Apion* sp.	轻度
掌叶黄钟木 *Tabebuia rosea*	紫葳科	—	—
绿冬青 *Ilex viridis*	冬青科	—	—

（续）

寄主植物	科	有害生物	危害程度
三花冬青 *Ilex triflora*	冬青科	—	—
铁冬青 *Ilex rotunda*	冬青科	—	—
疏花卫矛 *Euonymus laxiflorus*	卫矛科	扁刺蛾 *Thosea sinensis*	轻度
中华卫矛 *Euonymus nitidus*	卫矛科	卫矛尺蠖 *Abraxas miranda*	偶发
黄槿 *Hibiscus tiliaceus*	锦葵科	黄槿叶斑病菌 *Cercospora* sp.	轻度
		木槿叶甲	中度
		八点广翅蜡蝉 *Ricania speculum*	重度
毛果杜英 *Elaeocarpus rugosus*	杜英科	杜英叶枯病 *Elaeocarpus apiculatus*	中度
水石榕 *Elaeocarpus hainanensis*	杜英科	铜绿金龟 *Anomala corpulenta*	轻度
美丽异木棉 *Ceiba speciosa*	木棉科	炭疽病菌 *Glomeralla cingulata*	中度
桂花 *Fragrans*	木犀科	—	—
九里香 *Murraya paniculata*	芸香科	灰斑病菌 *Hendersonia* sp.	轻度
楝叶吴茱萸 *Tetradium glabrifolium*	芸香科	荔枝蝽 *Tessaratoma papillosa*	偶发
酒饼簕 *Atalantia buxifolia*	芸香科	—	—
簕欓花椒 *Zanthoxylum avicennae*	芸香科	—	—
山油柑 *Acronychia pedunculata*	芸香科	—	—
破布叶 *Microcos paniculata*	锦葵科	舞毒蛾 *Lymantria dispar*	偶发
箣柊 *Scolopia chinensis*	大风子科	—	—
齿缘吊钟花 *Enkianthus serrulatus*	杜鹃花科	—	—
龙船花 *Ixora chinensis*	茜草科	赤枯病菌 *Pestalotia ixorae*	中度
		棉卷叶野螟 *Sylepta derogata*	轻度
多毛茜草树 *Aidia pycnantha*	茜草科	茶墨袋蛾 *Mahasena theivora*	轻度
狗骨柴 *Diplospora dubia*	茜草科	—	—
鸡爪簕 *Oxyceros sinensis*	茜草科	—	—
九节 *Psychotria asiatica*	茜草科	黛蓑蛾 *Dappula tertia*	轻度
鱼骨木 *Canthium dicoccum*	茜草科	—	—
海红豆 *Adenanthera microsperma*	豆科	盗毒蛾 *Porthesia similis*	偶发
台湾相思 *Acacia confusa*	豆科	叶尖枯病菌 *Phyllosticta acaciicola*	中度
亮叶猴耳环 *Archidendron lucidum*	豆科	—	—
黑叶谷木 *Memecylon nigrescens*	野牡丹科	—	—
木蜡树 *Toxicodendron sylvestris*	漆树科	漆树金花虫 *Donacia provosti*	轻度
白花泡桐 *Paulownia fortunei*	泡桐科	泡桐叶甲 *Basiprionota bisignata*	轻度

（续）

寄主植物	科	有害生物	危害程度
黄牛木 *Cratoxylum cochinchinense*	金丝桃科	蓝绿象 *Hypomeces squamosus*	偶发
黄杞 *Engelhardtia roxburghiana*	胡桃科	核桃叶甲 *Gastrolina depressa*	轻度
金叶树 *Chrysophyllum lanceolatum* var. *stellatocarpon*	山榄科	—	—
龙眼 *Dimocarpus longan*	无患子科	荔枝蝽 *Tessaratoma papillosa*	偶发
		长鼻蜡蝉 *Fulfora candelaria*	偶发
朴树 *Celtis sinensis*	榆科	炭疽病 *Glomeralla cingulata*	轻度
		朴绵斑蚜 *Shivaphis celti*	轻度
		萤叶甲	轻度
珊瑚树 *Viburnum odoratissimum*	忍冬科	叶斑病	轻度
		扁刺蛾 *Thosea sinensis*	轻度
石斑木 *Raphiolepis indica*	蔷薇科	李叶甲 *Cleoporus variabilis*	轻度
枇杷 *Eriobotrya japonica*	蔷薇科	李叶甲 *Cleoporus variabilis*	轻度
复羽叶栾树 *Koelreuteria bipinnata*	无患子科	跳甲	轻度
毛锥 *Castanopsis fordii*	壳斗科	叶斑病 *Phyllosticta* sp.	轻度
水石梓 *Sarcosperma laurinum*	山榄科	—	—
乌材 *Diospyros eriantha*	柿树科	袋蛾	轻度
鹅掌柴 *Schefflera heptaphylla*	五加科	—	—
印度崖豆藤 *Millettia pulchra*	豆科	—	—
岭南山竹子 *Garcinia oblongifolia*	藤黄科	—	—
牛耳枫 *Daphniphyllum calycinum*	虎皮楠科	炭疽病 *Collectotrichum* sp.	轻度
水松 *Glyptostrobus pensilis*	杉科	—	—
鸦胆子 *Brucea javanica*	苦木科	—	—
有害昆虫		红火蚁 *Solenopsis invicta*	轻度
有害植物		薇甘菊 *Mikania micrantha*	轻度
有害植物		三裂叶薯 *Ipomoea triloba*	轻度
有害植物		五爪金龙 *Ipomoea cairica*	轻度
有害植物		野葛 *Pueraria lobata*	轻度

72 种有害生物中，薇甘菊和红火蚁为外来入侵检疫性有害生物。有害杂草 5 种；寄生性植物 2 种，均寄生在银叶树上；病害 20 种，均为真菌病害；虫害 45 种，木麻黄豹蠹蛾为钻蛀性害虫，甜菜贪夜蛾危害桐花花蕾害虫，蜡蝉类、木虱类、蝽类、蓟马等均为刺吸

性害虫，其他大部分为食叶性害虫。轻度发生或偶见种类 63 种，占 87.5%；中度发生 8 种，占 11.1%，主要是病害和食叶蓑蛾类；重度发生 1 种，即八点广翅蜡蝉，主要危害黄槿和银叶树。

3.3.2　主要病虫害发生规律及防治策略

3.3.2.1　病害

植物病害以真菌病害为主，如叶斑病、叶枯病、炭疽病等。病菌多在寄主受侵害部位越冬，树上的越冬病原菌为翌年主要侵染来源。在自然状态下，病原菌依靠风雨传播，从寄主表皮直接侵染或自然孔口侵入。病害开始发生时间多数在每年 3~4 月，4~6 月为高峰期，在高温高湿条件下，病害容易发生。因此，对病害防治建议如下：加强栽培管理，增施有机肥，促使植株生长健壮，提高抗病性。秋冬季清除病叶、病枝等带病植株部分，集中烧毁或土埋，减少病害侵染源。春季 3~4 月，植物长出新叶后喷施 1∶100 波尔多液 1~2 次，预防病害发生。病害发生严重时，喷洒 10%世高(苯醚甲环唑)水分散粒剂 1500~2000 倍液、25%嘧菌酯悬浮剂 20 克/18L 水，轮换使用，每隔 15 天喷施一次，连续喷施 2~3 次，喷药量以叶面湿润为止。

3.3.2.2　食叶性害虫

食叶类害虫主要是鳞翅目如蓑蛾类、夜蛾类、刺蛾类、毒蛾类幼虫及鞘翅目叶甲、金龟子等成虫。这类害虫寄主范围广，能危害多种阔叶乔灌木，低龄幼虫将叶片吃成网状，残留叶脉，高龄幼虫造成叶片缺刻和孔洞，仅留叶柄和主脉；危害严重时，吃光叶片。根据不同害虫的特性，建议采用不同的防治措施。

鳞翅目害虫防治：成虫期用黑光灯或高压汞灯诱杀成虫。幼虫期喷洒 Bt 乳剂 500 倍液、或 20%除虫脲悬浮剂 7000 倍液喷雾。利用多角体病毒进行生物防治。保护姬蜂、猎蝽、螳螂、鸟类等天敌。

鞘翅目害虫防治：秋末或早春清除枯枝落叶，消灭越冬虫源。成虫出土盛期或幼虫发生盛期，使用 10%吡虫啉可湿性粉剂 1500 倍液喷雾。保护利用天敌(如姬小蜂、瓢虫、蚂蚁等)防治害虫。

3.3.2.3　重点害虫防治

八点广翅蜡蝉 1 年发生 1 代，以卵越冬。越冬卵在 4 月上旬至 6 月下旬孵化，5 月上旬为孵化高峰期。若虫出现高峰期为 5 月下旬至 6 月下旬，8 月下旬还可见若虫。成虫 6 月上旬至 9 月下旬出现，7 月上旬至下旬成虫数量最多(包强等，2013)。八点广翅蜡蝉在坝光银叶树湿地公园主要危害银叶树、秋茄、桐花树、黄槿等红树林和半红树林树种，也危害樟树、桂花等植物，成虫和若虫聚集在嫩枝、叶背和幼芽上吸食汁液，造成植株营养不良，树势衰弱，严重时导致落叶、落花、落果，影响景观；雌成虫用产卵器将嫩枝表皮割破，将卵产于植物组织中，严重时导致枝条枯死，影响植物抽新梢；其排泄物(蜜露)可诱发煤污病，影响叶片的光合作用(徐华林等，2013)。

根据八点广翅蜡蝉生物学特性，建议采用以下防治措施。①物理防治：可人工捕捉成虫，利用成虫具趋黄色的习性，在成虫发生期，每隔 20m 悬挂一块黄色粘虫板，诱集效果显著(李志刚等，2015)。②生物防治：八点广翅蜡蝉主要天敌有草蛉、大腹圆蛛、异色瓢虫等，可在银叶树湿地园保护、引进、饲养、释放各类天敌，发挥它们的控制作用。③化学防治：初冬向植物喷洒 3~5 波美度石硫合剂，杀灭越冬卵；若虫群集叶片或枝上危害期，喷洒 10%吡虫啉可湿性粉剂 2000 倍液，可有效控制害虫的发生。

3.3.3 薇甘菊防控

坝光银叶树湿地园存在薇甘菊入侵危害，表现为薇甘菊缠绕乔木、灌木和草本，对人工恢复植物正常生长产生较为严重的危害。薇甘菊是我国华南地区入侵程度最为严重的外来物种之一，一般在 3~4 月开始萌芽，6~8 月进入生长旺盛期，9 月出现花蕾，10 月进入开花期，花期可以持续至 12 月，果期 1~3 月，2 月后种子成熟，花枝枯萎，生长期达 8 个月；茎枝每周生 30cm 以上，1 年中薇甘菊所有分枝茎节生长约 1007cm(范志伟等，2016)。

薇甘菊防治手段主要包括：①物理防治，即利用割除、挖除等手段来控制其入侵危害。根据薇甘菊的生活史特性，其最佳防治时期为每年 10~12 月种子成熟前。利用人工割除、拔除或机械铲除，先将植株割除，再耕翻晒根，必须尽可能连根拔起，尽量将残留在土壤中的根茎等集中焚烧销毁，做到斩草除根。否则，虽然外露的部分可能会枯萎，但下面的部分避免了阳光照射，可能重新繁殖(张付斗等，2018)。此外，在夏秋两季连续进行 3 次清除，可清除 90%以上的藤茎，首次清除后应连续进行后续清除，以达到较好的防治效果(陈志云等，2020)。由于园区面积相对较小，在条件允许的情况下，建议采用物理清除。②化学防治，即采用除草剂等化学防除剂对薇甘菊进行喷杀。化学防除主要用于应急，由于其一般具有毒性，可能对园区植物群落和生态环境造成破坏，并影响人体健康，一般情况下不建议使用化学防治手段。③群落改造控制，指通过对现有植物群落的干预，营造出不利于薇甘菊生长的群落和生境，达到薇甘菊防治的目的，是生态友好型的防治手段。已有研究发现，乡土树种血桐、幌伞枫和阴香对薇甘菊具有较好的抵抗能力，是群落改造的优良树种；田野菟丝子寄生薇甘菊可有效控制薇甘菊(李鸣光等，2012)，在不影响园区景观的情况下，可尝试使用并作为生态控制主要框架树种。

3.3.4 结论与讨论

对银叶树湿地公园开展有害生物调查，在 48 科 91 种寄主植物及周围植被上，收集并鉴定出有害生物 72 种，其中有害杂草 5 种、寄生植物 2 种、病害 20 种、虫害 45 种。其中，红火蚁和薇甘菊属外来入侵检疫性有害生物，八点广翅蜡蝉在公园危害严重，对三种有害生物将加强预测预报、及时防治。公园常见病害均为真菌病害，虫害以食叶害虫为主，应加强管理和防治。本次有害生物调查仅进行 3 次，调查时间在昆虫活跃期，对害虫调查结果影响较大，因此下一步将继续改进完善调查时间和调查方法。本次调查列出的 74 种草害、病害和虫害，大部分种类危害寄主植物轻微，对植物生长并不造成危害。

坝光银叶树湿地园作为一个完整的生态系统，病原菌、害虫、天敌等都是生态系统中不可分割的组成部分，如果该生态系统稳定、健康，有害生物危害很难成灾。湿地园为新建园，多数寄主植物为新移植入园，寄主植物在适应当地环境的同时，抗病虫害能力较弱，且尚未形成一个稳定、健康的生态系统，因此才会导致有害生物侵袭并造成一定损失。尤其是病害的发生和流行需要有病菌和易感病品种存在，同时，气候因素也有影响。在病害防治上，必要时要进行喷药预防或防治。因此，加强湿地公园的栽培管理，创造有利于林木生长的环境条件，建立稳定的生态系统，阻止或减轻有害生物的发生。

第4章　古银叶树群落特征及其保育技术研究

4.1　古银叶树群落特征

4.1.1　古银叶树群落多样性与群落结构

物种多样性是人类社会发展的基础，其形成和维持机制是20世纪亟待解决的重大科学问题之一(Pennisi，2005)。准确翔实的物种分布与组成数据是物种多样性格局研究和生物多样性保护规划的基础(汪小全等，2017)。银叶树是一种既能生长在潮间带，也能生长在陆地上的两栖半红树植物，对海陆生境适应性强，在滨海湿地植被保护与恢复、物种多样性维持、群落演替和更新等方面具有极其重要的研究价值(简曙光等，2004，2005；韩维栋等，2013；徐桂红等，2014)。在深圳市大鹏半岛盐灶村坝光湿地园集中分布着成熟的银叶树群落，其中有数十株古树，但近年来受全球气候变化、自然资源开发利用等影响，粤港澳大湾区部分近岸海域生态功能受损、生物多样性降低、生态系统脆弱，深圳盐灶坝光湿地园银叶树种群也存在一定程度的退化。盐灶古银叶树群落的面积从20世纪80年代的约1hm^2(陈晓霞等，2015)缩减为目前的约0.8hm^2。为了保持该种群的稳定性和多样性，其生物学特性(简曙光等，2005)、群落结构和多样性(陈晓霞等，2015)引起了学者关注。分析坝光古银叶树群落结构和多样性，为粤港澳大湾区海岸带生物多样性保护和沿海防护林营建提供科学依据。

4.1.1.1　古银叶树群落多样性

古银叶树群落乔木层共有77种木本植物(图4-1)，总数1325株，其中，银叶树226株，阴香213株，假苹婆122株，多毛茜草树102株，海杧果69株；其余树种数量相对较少，银柴、香港大沙叶、细叶榕等18个树种的数量介于10~50株之间，密花树、罗伞树、朴树等54个树种均不足10株。整个群落的乔木层密度为16.6株·100m^{-2}，邻海陆地生境的密度较高，为20.2株·100m^{-2}，远海陆地生境密度较低，为13.3株·100m^{-2}。灌木层共有47种木本植物，总数2133株，其中，银叶树多达499株，其次是阴香347株、九节280株、罗伞树261株、假苹婆148株，银柴、黑叶谷木等42个树种的数量均低于80株。整个群落的灌木层密度为26.7株·100m^{-2}，邻海陆地生境的灌木层多样性最高，密度较低，为22.5株·100m^{-2}，其余两种生境的多样性接近，且密度均高于29株·100m^{-2}。

整个古银叶树群落乔木层物种丰富度指数(S)为77，灌木层为47，乔木层与灌木层物种丰富度指数均表现为邻海陆地生境>远海陆地生境>滨海沼泽湿地生境。乔木层邻海陆地生境、远海陆地生境、滨海沼泽湿地生境优势度指数(D)、Shannon-Wiener指数(H')、Pielou均匀度指数(E)分别为0.94、0.89、0.87，3.28、2.77、2.57，0.79、0.74、0.73。而灌木层分别为0.94、0.92、0.92，3.16、2.80、2.85，0.88、0.83、0.88。乔木层各多样性指数在 3 种生境中的大小顺序一致，均表现为：邻海陆地生境>远海陆地生境>滨海沼泽湿地生境；而灌木层多样性指数则表现不一致。

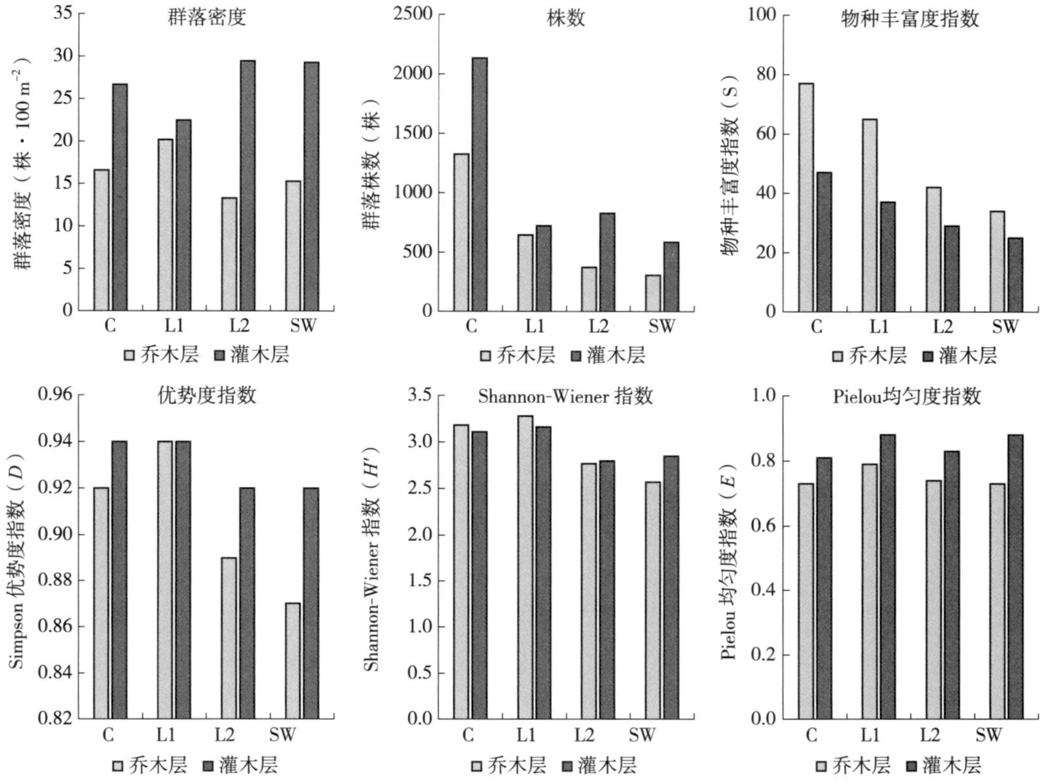

图 4-1 古银叶树群落乔木层和灌木层多样性

注：C 为整个古银叶树群落；L1 为邻海陆地生境；L2 为远海陆地生境；SW 为滨海沼泽湿地生境。

4.1.1.2 古银叶树群落垂直结构

古银叶树群落乔木层中 4~6m 高的植株最多（图 4-2），占乔木层总个体数的 41.4%，其次是 2~4m 高的植株，占 32.8%。不同优势种的高度级分布略有差异，银叶树的高度级分布为标准的倒 J 形；阴香、假苹婆、多毛茜草树、海杧果均为抛物线形，以 4~6m 高的植株最多；细叶榕为反抛物线形，无 4m 以下的植株，高度 10m 以上的植株较多，高度 6~8m 的植株较少。不同生境中的乔木层植株高度级分布也不同。滨海沼泽湿地生境中，乔木层树种高度级呈标准倒 J 形分布，其他 2 种陆地生境中则呈抛物线形分布（图 4-3）。高度 10m 以上的植株有 30 株分布在 2 种陆地生境中，仅 3 株分布在滨海沼泽湿地。

根据高度级的分布可将乔木层划分为 3 个亚层，乔木一层高度在 10m 以上，乔木二层高度为 6~10m，乔木三层高度 2~6m（图 4-3）。乔木一层的个体数仅 33 株，其中，银叶树 13 株、细叶榕 7 株、其他非优势种 13 株，分别占群落总个体数的 1.0%、0.5%和 1.0%；乔木二层共有 309 株，占群落总个体数的 23.3%，其中，银叶树和阴香分别为 58 株和 73 株，占该层总个体数的 88.5%；乔木三层共有 983 株植物，占群落总个数的 74.2%，其中，银叶树和阴香较多，分别为 155 株和 140 株，假苹婆、多毛茜草树、海杧果分别为 93、94 和 45 株。

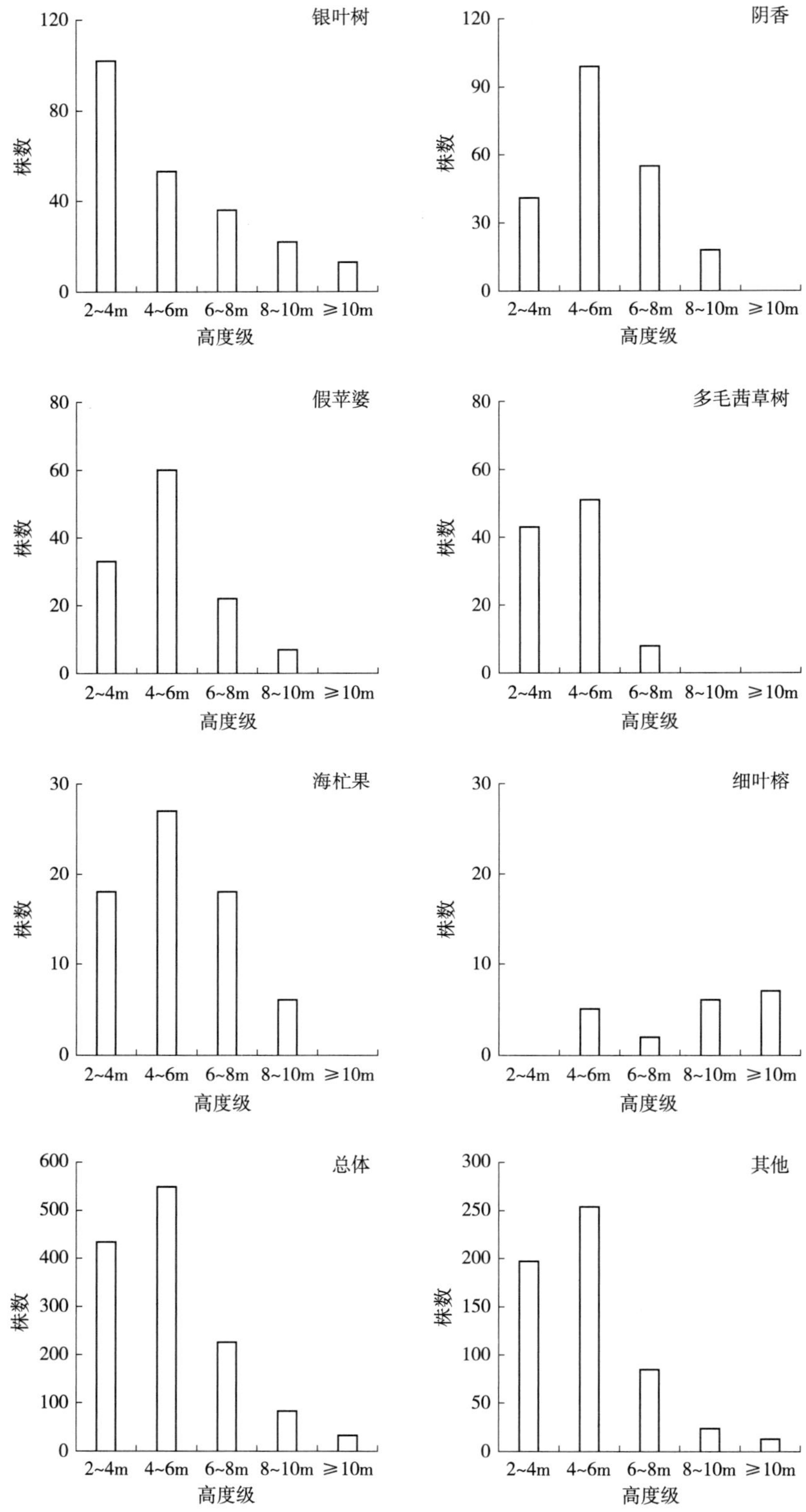

图 4-2　古银叶树群落乔木层高度级结构

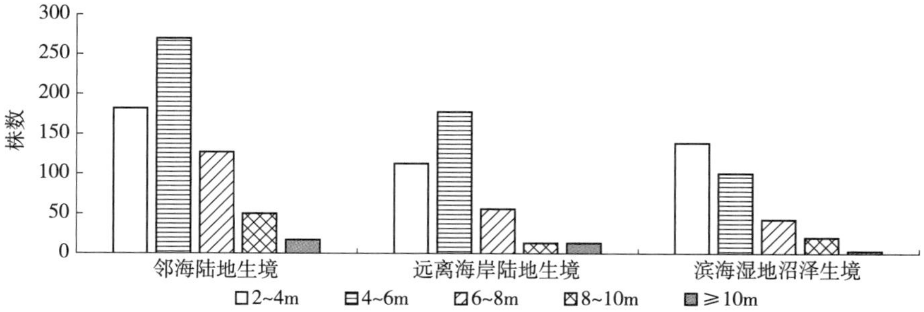

图 4-3　不同生境的乔木层植株高度级结构

4.1.1.3　古银叶树群落立木级特征

古银叶树群落立木级分布见表 4-1。

表 4-1　古银叶树群落立木级结构　　单位：株

树种	Ⅰ	Ⅱ	Ⅲ	Ⅳ	Ⅴ
银叶树	416	109	104	41	55
阴香	245	119	101	92	3
假苹婆	95	60	64	42	9
海杧果	12	5	20	34	12
多毛茜草树	0	22	63	24	1
细叶榕	0	3	7	10	20
其他树种	551	628	310	155	26
合计	1319	946	669	398	126

从表 4-1 可知，古银叶树群落中Ⅰ级幼苗数量占所有植株数量的 38.1%，占绝对优势，Ⅱ级苗木、Ⅲ级幼树、Ⅳ级立木和Ⅴ级大树逐渐减少，群落处于增长型的正金字塔型结构，表明群落处于稳定的增长期。银叶树、阴香、假苹婆种群的立木级结构与整个群落一致，多毛茜草树和海杧果的立木级结构表现为Ⅲ级幼树、Ⅳ级立木相对较多，Ⅰ级幼苗和Ⅱ级苗木较少。群落的立木级结构与生境相关，远海陆地生境和滨海沼泽湿地生境的群落立木级结构一致(图 4-4)，都是增长型的正金字塔形结构，而邻海陆地生境则以Ⅱ级苗木最多，Ⅲ级幼树、Ⅰ级幼苗依次减少。

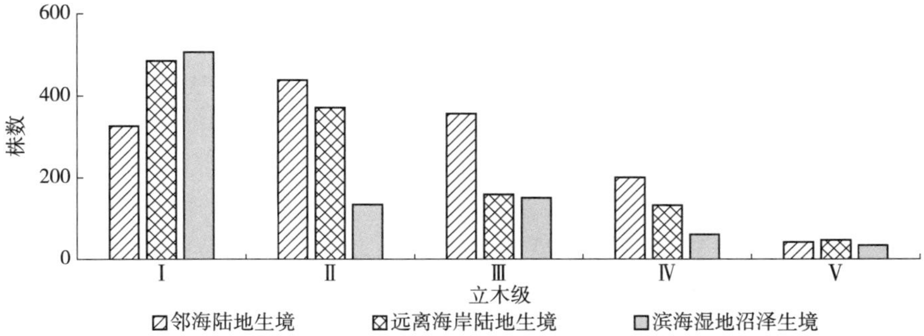

图 4-4　不同生境的群落立木级结构

4.1.1.4 讨论与结论

(1)群落多样性

古银叶树群落多样性与生境密切相关。无论是乔木层还是灌木层，邻海陆地生境群落多样性均最高，远海陆地生境和滨海沼泽湿地生境的群落多样性相对较低，这与陈晓霞等(2015)的研究结论一致，但总种数及各生境的种数与陈晓霞等(2015)略有不同，这种差异主要与调查分析方法有关。首先，本研究中的样地是根据文献资料及现场初步踏查的情况，以银叶树的分布范围作为界限划定的，虽然样地面积同为 8000m^2，但实际调查区域并不完全一致，陈晓霞等的样带从东部的沼泽湿地区域沿海岸线延伸至西部海滩，调查时间为 2013 年 2 月，本研究的调查于 2017 年 10～11 月完成，范围未拓展至西部海滩；其次，陈晓霞等对幼苗的调查是在每个 10m×10m 的小样方设置 2m×2m 的调查小区，本研究则是在每个 20m×20m 的样方设置 4 个 5m×5m 的灌木小样方，在此基础上开展调查，这种调查时间和方法上的差异必然导致结果有所不同。

(2)群落结构

古银叶树群落的立木级结构特征分析表明，群落处于稳定的增长期，这与陈晓霞等(2015)的研究结果一致。王伯荪等(1986)认为，银叶树、海杧果、黄槿林是典型的陆生海岸林，处于演替中前期，随着群落的正向演替发展为银叶树单优林或银叶树+海漆林，即向海岸林过度的一个类群或一个水陆两栖类群。本研究中发现，银叶树Ⅳ级立木和Ⅴ级大树在邻海陆地生境中相对较少，而在其他两种生境中相对较多，符合王伯荪等的观点。目前，滨海沼泽湿地生境中银叶树Ⅰ级幼苗数量仍较多，但Ⅱ级苗木和Ⅲ级幼树相对较少，简曙光等(2005)发现幼苗向成苗的转化率低，这都不利于保持银叶树种群的稳定。陈晓霞等(2015)认为滨海沼泽湿地群落可能会逐渐衰退，这对于古树群落的保护是需要特别注意的。滨海沼泽湿地生境区域修筑的人行栈道对银叶树的种子萌发和幼苗生长具有负面影响，坝光银叶树湿地园的建设与建成后更加频繁的人为活动如果不能得到有效控制，如游客翻越栈道栏杆与古树合影、踩踏幼苗及落果、拾走银叶树种子等，将进一步增加负面影响，可能加快滨海沼泽湿地群落的衰退。

(3)生态保护与恢复

尽管坝光古银叶树群落处于稳定增长期，但其保护与恢复仍不容忽视。坝光古银叶树群落的面积从 20 世纪 80 年代的约 1hm^2(王伯荪等，1986)缩减为目前的约 0.8hm^2，近年来气候变化、环境污染以及深圳高速城市化，也对该群落造成了负面或不确定的影响。该群落南部毗邻盐灶村，其余三面邻海，已无向外拓展的空间，也使得古银叶树群落没有足够的缓冲空间，因此其保护难度较大，如唯一的树龄超过 500 年的古银叶树主干已于 2013 年断裂，其修复难度极大。大树倒伏必然形成林窗，改变光照、水分等微环境，从而改变林下幼苗和幼树的生长进程，甚至可能为部分外来种提供生存发展的空间，因此，需对古银叶树群落透光伐，扩大群落林窗面积，确保群落林下更新幼苗正常生长所需的光照环境。

古银叶树群落为沿海防护林建设提供了可借鉴的对象。我国南方省份的沿海防护林建设中，原产澳大利亚的木麻黄因耐干旱、抗风固沙和耐盐碱等特性而得到广泛应用，但青枯病等已对木麻黄纯林造成了极大的破坏，对沿海防护林建设提出了挑战。混交林是稳定性较高、抗病性较强的生态系统类型，坝光古银叶树群落是成熟的天然混交林生态系统，其优势种银叶树、阴香、假苹婆、多毛茜草树和海杧果是适应性较强的乡土树种，因此，这些优势树种可根据沿海防护林的造林立地条件而针对性地引入，从而构建稳定性强的乡土沿海防护林。

4.1.2 古银叶树群落优势种生态位特征

生态位能够评价群落中物种之间以及物种内部的关系，表达种群位于环境内的地位（李燕芬等，2014）。种群的生态位特征包括了各种群在环境内能够使用的所有资源以及种群和环境之间的关系，通常采用生态位宽度和生态位重叠两种指标表达，反映物种间的竞争和共存机制，说明群落结构及各物种的功能（Li et al.，2006）。生态位宽度和生态位重叠两种指标分别反映了物种对于环境资源的利用状况和物种之间对于环境资源的利用发生重叠的情况（梁玉莲等，2010；Gunton et al.，2010）。探讨生态位特征，对于了解群落中种群与种群以及种群与环境之间的关系具有重要意义，有利于森林群落管理与保护措施的制定。目前，对生态位特征的研究主要在森林、湿地生态系统以及高寒地区进行，集中于生态位特征的测度、其在不同环境梯度的变化以及植物群落对于环境资源的多维利用等方向，但是尚未见文献对古银叶树群落生态位特征进行研究（段后浪等，2017；Turnbull et al.，2013；王鑫等，2008）。

古银叶树群落对于研究物种更新与群落演替有重要价值。对于银叶树群落的研究主要集中于群落特征与抗性、多样性特征和化学成分等（孙红斌等，2018；Ge et al.，2016；高敏等，2015）。坝光古银叶树属于热带、亚热带海岸地区典型的潮间带半红树植物，分布区域潮水涨至最高时被淹没，潮水退到最低时露出水面，具有较高的研究价值。由于旅游、经济开发等人为干扰，该群落银叶树分布区域缩减、更新缓慢，出现濒危特征。本文以广东省深圳市大鹏新区的坝光湿地园古银叶树群落为研究对象，探讨银叶树群落中各种群之间的竞争与共存机制，了解种群对于环境资源的利用状况，为古银叶树群落的保护措施提供科学依据，同时也为银叶树林的培育与恢复提供理论支持。

4.1.2.1 群落重要值与结构特征

按照数值大小排序，分别选取乔木层中重要值大于 1.50 的 13 个优势种，灌木层中重要值大于 1.50 的 14 个优势种，选出的优势种重要值分别占乔木层和灌木层总重要值的 73.81%和 87.23%（表 4-2 和表 4-3）。乔木层和灌木层中均是银叶树重要值最大，分别为 26.91 和 23.11。乔木层中重要值排序前 5 的表现为：银叶树（26.91）>阴香（10.58）>假苹婆（7.44）>海杧果（5.42）>多毛茜草树（4.95）。灌木层中重要值排序前 5 为：银叶树（23.11）>阴香（13.45）>九节（11.55）>罗伞树（9.37）>假苹婆（6.22）。乔木层中平均树高、胸径和冠幅最大的均为银叶树，分别为 8.27m、31.21cm 和 5.60m；其次是木麻黄的树高与胸径最大，分别为 6.94m 和 22.58cm。灌木层中平均树高、基径和冠幅最大的是罗伞树，分别为 1.20m、1.39cm 和 0.70m；其次是岩樟，平均树高、胸径和冠幅分别为 0.60m、0.39cm 和 0.30m；而银叶树的平均树高、胸径和冠幅分别排名第 10、第 11 和第 9。

4.1.2.2 生态位宽度

由表 4-2 和表 4-3 可知，重要值的排序与两种生态位宽度(Levins 和 Shannon 时间)并不一致，乔木层与灌木层中重要值最大的银叶树在两种生态位宽度中仅排第 9 和第 5。乔木层 13 个优势种中生态位宽度最大的是阴香，Levins 指数和 Shannon 指数分别为 14.07 和 2.69；其次是假苹婆、海杧果和鹅掌柴，Levins 指数分别为 13.50、13.48 和 10.73，Shannon 指数分别为 2.68、2.69 和 2.42；最小为齿缘吊钟花和木麻黄，Levins 指数分别为 4.13 和 3.38，Shannon 指数分别为 1.60 和 1.39。灌木层 14 个优势种中生态位宽度最大的也是阴香，Levins 指数和 Shannon 指数分别为 13.45 和 2.64；其次是九节、假苹婆和岩樟，Levins 指数分别为 13.29、12.82 和 11.12，Shannon 指数分别为 2.64、2.62 和 2.48；最小为香港大沙叶和黄槿，Levins 指数分别为 4.14 和 1.51，Shannon 指数分别为 1.59 和 0.71。

表 4-2 乔木层群落优势种重要值与生态位宽度

乔木层树种	生态位宽度		重要值	平均树高(m)	平均胸径(cm)	平均冠幅(m)
	B_L	B_S				
阴香	14.07	2.69	10.58	5.06	15.99	3.10
假苹婆	13.50	2.68	7.44	5.07	7.96	2.36
海杧果	13.48	2.69	5.42	4.80	9.89	2.46
鹅掌柴	10.73	2.42	2.68	4.98	13.39	2.61
银柴	10.51	2.45	3.12	4.25	5.87	1.68
九节	9.46	2.32	1.91	4.33	7.32	1.81
多毛茜草树	9.43	2.40	4.95	3.86	3.70	1.35
山油柑	9.29	2.35	2.24	5.20	10.27	2.15
银叶树	9.09	2.39	26.91	8.27	31.21	5.60
香港大沙叶	7.65	2.19	2.76	4.91	9.41	2.28
垂叶榕	5.73	1.83	2.34	2.77	2.64	1.04
齿缘吊钟花	4.13	1.60	1.79	4.46	6.66	2.24
木麻黄	3.38	1.39	1.66	6.94	22.58	2.58

注：B_L 为 Levins 指数；B_S 为 Shannon 指数。下同。

表 4-3 灌木层群落优势种重要值与生态位宽度

灌木层树种	生态位宽度		重要值	平均树高(m)	平均胸径(cm)	平均冠幅(m)
	B_L	B_S				
阴香	13.45	2.64	13.45	0.40	0.31	0.20
九节	13.29	2.64	11.55	0.46	0.27	0.25
假苹婆	12.82	2.62	6.22	0.45	0.32	0.26

（续）

灌木层树种	生态位宽度		重要值	平均树高 (m)	平均胸径 (cm)	平均冠幅 (m)
	B_L	B_S				
岩樟	11.12	2.48	3.46	0.60	0.39	0.30
银叶树	10.40	2.45	23.11	0.42	0.25	0.22
鹅掌柴	8.41	2.21	2.51	0.44	0.26	0.24
山油柑	7.29	2.10	2.19	0.44	0.27	0.22
银柴	6.93	2.00	3.25	0.53	0.35	0.30
罗伞树	6.91	2.14	9.37	1.20	1.39	0.70
黑叶谷木	5.18	1.76	2.96	0.40	0.21	0.18
土蜜树	5.09	1.70	2.65	0.39	0.30	0.26
金叶树	4.53	1.56	1.57	0.41	0.23	0.19
香港大沙叶	4.14	1.59	2.21	0.57	0.30	0.26
黄槿	1.51	0.71	2.73	0.40	0.22	0.21

4.1.2.3　生态位重叠

从表4-4和表4-5可知，乔木层优势种总共组成了78个种对，生态位重叠指数的整体平均值为0.437，其中，生态位重叠小于0.3的种对有26个(33.33%)，在0.3~0.5的种对有18个(23.08%)，超过0.5的种对有34个(43.59%)，不发生重叠的种对有0个。乔木层优势种种对中生态位重叠指数最大的是假苹婆与阴香(0.87)，其次是银柴与阴香(0.83)以及银柴与多毛茜草树(0.81)，而木麻黄与多毛茜草树(0.01)最小。灌木层优势种总共组成了91个种对，生态位重叠指数的整体平均值为0.419，其中，生态位重叠小于0.3的种对有32个(35.16%)，在0.3~0.5的种对有19个(20.88%)，超过0.5的种对有40个(43.96%)，不发生重叠的种对有4个。灌木层优势种种对中生态位重叠指数最大的是黑叶谷木与罗伞树(0.96)；其次是假苹婆与阴香(0.89)，九节与阴香(0.88)以及假苹婆与九节(0.87)；黄槿与银柴、土蜜树与黑叶谷木、金叶树与黄槿以及金叶树与土蜜树最小，生态位重叠指数均为0。

表4-4　乔木层群落优势种生态位重叠

乔木层生态位重叠	银叶树	阴香	假苹婆	海杧果	多毛茜草树	银柴	香港大沙叶	鹅掌柴	细叶榕	山油柑	九节	齿缘吊钟花
阴香	0.27											
假苹婆	0.29	0.87										
海杧果	0.34	0.76	0.68									
多毛茜草树	0.17	0.76	0.67	0.63								

（续）

乔木层生态位重叠	银叶树	阴香	假苹婆	海杧果	多毛茜草树	银柴	香港大沙叶	鹅掌柴	细叶榕	山油柑	九节	齿缘吊钟花
银柴	0.23	0.83	0.69	0.73	0.81							
香港大沙叶	0.23	0.68	0.59	0.45	0.49	0.32						
鹅掌柴	0.42	0.68	0.63	0.57	0.53	0.46	0.50					
垂叶榕	0.21	0.55	0.54	0.49	0.31	0.33	0.34	0.47				
山油柑	0.21	0.80	0.66	0.75	0.58	0.63	0.59	0.56	0.32			
九节	0.23	0.77	0.69	0.66	0.48	0.55	0.65	0.49	0.38	0.54		
齿缘吊钟花	0.19	0.28	0.35	0.47	0.18	0.25	0.14	0.52	0.44	0.19	0.20	
木麻黄	0.63	0.11	0.10	0.22	0.01	0.15	0.02	0.03	0.23	0.05	0.08	0.22

表 4-5　灌木层群落优势种生态位重叠

灌木层生态位重叠	银叶树	阴香	九节	罗伞树	假苹婆	岩樟	银柴	黑叶谷木	黄槿	土蜜树	鹅掌柴	香港大沙叶	山油柑
阴香	0.67												
九节	0.57	0.88											
罗伞树	0.13	0.56	0.64										
假苹婆	0.47	0.89	0.87	0.76									
岩樟	0.83	0.76	0.68	0.39	0.67								
银柴	0.20	0.66	0.66	0.81	0.72	0.46							
黑叶谷木	0.06	0.51	0.55	0.96	0.73	0.32	0.81						
黄槿	0.30	0.04	0.04	0.02	0.04	0.04	0.00	0.01					
土蜜树	0.65	0.27	0.26	0.05	0.21	0.43	0.20	0.00	0.61				
鹅掌柴	0.54	0.68	0.74	0.32	0.57	0.57	0.43	0.17	0.02	0.26			
香港大沙叶	0.36	0.34	0.48	0.16	0.40	0.57	0.10	0.06	0.05	0.27	0.60		
山油柑	0.32	0.65	0.71	0.52	0.68	0.34	0.61	0.49	0.05	0.29	0.55	0.38	
金叶树	0.18	0.47	0.53	0.53	0.55	0.41	0.27	0.37	0.00	0.00	0.60	0.29	0.27

4.1.2.4　生态位宽度指数与频度、重要值等参数相关性分析

由表 4-6 可知，在乔木层中，生态位宽度指数 B_L 和 B_S 均与优势种的频度极显著正相关，相关系数分别为 0.701 和 0.719。在灌木层中，生态位宽度指数 B_L 和 B_S 分别与优势种频度及重要值显著正相关，与频度相关系数为 0.559 和 0.578，与重要值相关系数为 0.577 和 0.540；其中，B_S 指数与物种的平均树高、平均基径以及平均冠幅显著负相关。

表 4-6 生态位宽度与重要值等参数的相关性分析

相关性		重要值	株数	频度	平均树高	平均胸径或基径总显示度	平均冠幅
乔木层	B_L	0.276	0.436	0.701**	−0.361	−0.379	−0.233
生态位宽度	B_S	0.338	0.454	0.719**	−0.454	−0.447	−0.277
灌木层	B_L	0.577*	0.486	0.559*	−0.490	−0.465	−0.431
生态位宽度	B_S	0.540*	0.510	0.578*	−0.661*	−0.662*	−0.624*

注：* 表示 $P<0.05$；** 表示 $P<0.01$。乔木层 $n=13$；灌木层 $n=14$。

4.1.2.5 讨论

物种生态位特征表达了其对于环境资源的利用状况，说明物种在群落中的作用与地位，能够用生态位宽度指标进行评估(钱逸凡等，2012)。生态位宽度的大小由物种在环境中的适应力与种间竞争力决定。竞争能力越强、适应速度越快的物种，对环境资源的利用越充分，适应环境变化的速度越快，在环境中的分布范围越广(赵天梁，2015)。在本研究中，乔木层中的阴香、假苹婆、海杧果、鹅掌柴和银柴的生态位宽度较大；灌木层中阴香、九节、假苹婆、岩樟和银叶树的生态位宽度较大，说明乔木层与灌木层中这些优势种的生态幅度较宽，对于资源利用能力较强，对于环境适应速度较快，在坝光银叶树湿地园资源条件下能够生长较好，能够影响到群落的构建与发展。乔木层中垂叶榕、齿缘吊钟花和木麻黄的生态位宽度较小；灌木层中金叶树、香港大沙叶和黄槿的生态位宽度较小。这些物种的数量相对较小且分布集中，资源的利用率相对较弱，对环境变化敏感，在资源争夺上处于不利状况，在群落发展中适应能力较差。另外，在本研究中，生态位宽度的排序与重要值有很大差别，这与陈俊华等和赵永华等的研究结果并不一致(陈俊华等，2010；赵永华等，2004)。研究区优势种中银叶树的重要值在乔木层与灌木层中均是最大，生态位宽度却在乔木层和灌木层中分别排名第 9 和第 5。作为建群种的银叶树虽然由于其抗风、耐盐、耐水浸的特性，在研究区环境中生存时间较长，树木高大，在群落初期构建中起到了重要作用，然而在群落演替过程中生长相对缓慢，在群落复杂的演替中繁殖速度不够快，在群落中的分布不够广，生态位宽度没达到最大。而阴香由于其喜爱暖热湿润气候及耐阴耐湿，自播力强，适应范围广，生态位在乔木层与灌木层中均是最大，在群落中具有主导地位，优势明显，在一定程度上能够支配群落的组成与发展，改变群落生境，最大限度地利用和适应环境(陈波等，1995)。

作为评估物种在环境中竞争或者共享相同资源状况以及空间配置关系的指标，生态位重叠值比较大的物种对于资源的需求类似，具有相近的生活型(尼玛曲珍等，2018)。一般认为，作为物种之间排斥与竞争的基础，每个种对的生态位重叠值越大，两个物种之间的竞争与排斥也更强烈(陈玉凯等，2014)。但是也有研究表明，生态位重叠值与物种之间的竞争的联系并非必然，仅在资源匮乏的地区才会引起竞争(冯飞等，2013)。在本研究中，生态位重叠的平均值在乔木层中为 0.437，小于 0.3 的种对占 33.33%，小于 0.5 的种对占 56.41%；生态位重叠的平均值在灌木层中为 0.419，小于 0.3 的种对占 35.16%，小于 0.5 的种对占 56.04%。整体上，研究区各种群的生态位重叠值较低，一半以上种对的重叠值低于 0.5，说明群落整体稳定，内部物种在群落的结构与功能上相互弥补，物种之间协调适应，优势种的竞争并不激烈，生态位通过产生分化来降低种间竞争，在环境中稳定共生。同时，在本研究中，生态位宽度比较大的种对相互之间生态位重叠值也较大，如在乔木层中的阴香与假苹婆、阴香与海杧果、阴香与银柴、假苹婆与海杧果、海杧果和银柴等；在灌木层中的阴香与九节、阴香与假苹婆、阴香与岩樟、九节与假苹婆等。这与陈玉凯等的研究结果一致(陈玉凯等，2014)，主要是由于生态位宽度比较大的物种对于环境资源的利用效率较高，在环境中的分布范围也较广，其生态位能够与大量的物种发生重叠。然而，物种的生态位宽度与重叠值之间的这种相关关系也不完全一致，由于生活习性以及对于环境资源的需求存在差异，部分生态位宽度较小的物种重叠值较大(张忠华等，2009)。如乔木层中的银叶树与木麻黄，灌木层中的银柴与黑叶谷木。这种不一致的原因主要是物种在利用资源过程中除了竞争关系还存在依存与促进关系。研究区属于滨海湿地，泥沙容易在波浪、潮流的共同作用下发生位移，改变潮滩高度以及水淹周期，生境具有较高的异质性。与柴宗政等(2012)和王霞等(2017)的研究类似，银叶树与木麻黄这类相邻的生活型生态位重叠高于距离较远的生活型。物种为了适应生境聚集在局部地区共享环境资源，生态位宽度相对压缩，集中分布在地势较高的局部适宜生境内，物种间关系以资源利用互补甚至互利的方式存在，极大地促进了群落物种的共存，形成了这种生态位宽度较小而重叠值较大的状况。

以往研究表明，生态位宽度和重要值之间往往有一种正相关性，重要值较大的物种生态位宽度也越大(陈俊华等，2010；赵永华等，2004)。本研究对坝光湿地园古银叶树群落优势种株数、频度、平均树高、平均冠幅、平均胸径或基径以及重要值与生态位宽度指标进行相关性分析，发现乔木层与灌木层中，生态位宽度指数 B_L 和 B_S 均与频度显著正相关；而重要值仅在灌木层中与生态位宽度指标显著正相关。这个结果与以往研究不同，与普陀山的研究类似(钱逸凡等，2012)，说明相比重要值，物种在群落中的分布频度与生态位宽度关系更加密切，重要值并不是影响群落中物种生态位宽度的唯一因素。虽然频度是重要值的计算指标之一，重要值反映了多度、频度和显示度(也就是数量、分布范围以及植被大小)的信息，涵盖了频度特征；但是重要值所包含的信息更广，是个更加综合的指标，而其中频度与生态位宽度的关系更加紧密，在乔木层与灌木层中均与生态位宽度显著相关。

通过分析坝光湿地园内古银叶树群落生态位特征可知，在对古银叶树群落进行植被修复与保育过程中，应该根据实际生境条件，充分考虑群落中各个物种的生态位特征，选择性地将对于环境资源条件要求相似的物种搭配在一起，利用其相似的生境需求，对生态位重叠较大的种对进行优化配置，以达到保护的目的。此外，研究区中银叶树在群落中的分布不够广、频度不够大，生态位宽度也没有达到最大。在银叶树群落修复过程中应该采用适当的容器育苗与人工栽植的方法，在潮间带较高生境异质性下扩大其种群的分布数量与范围，加强对幼苗的抚育管理来调节与其他物种的种间关系，促进银叶树群落的演替更新，增加其在群落中的生态位宽度，达到对该种群有效保护与恢复的目的。

4.1.2.6 结论

本研究基于坝光湿地园内古银叶树群落样地调查，分析了乔木层与灌木层优势种生态位特征，可以得到以下结论。

(1)生态位宽度的排序与重要值有很大差别，乔木层和灌木层中均是银叶树重要值最大，分别为26.91和23.11，生态位宽度却在乔木层和灌木层中分别排名第9和第5。

(2)乔木层中的阴香、假苹婆和海杧果的生态位宽度较大，垂叶榕、齿缘吊钟花和木麻黄的生态位宽度较小；灌木层中阴香、九节和假苹婆的生态位宽度较大，金叶树、香港大沙叶和黄槿的生态位宽度较小。

(3)生态位重叠的平均值在乔木层和灌木层分别为0.437和0.419，整体上各种群的生态位重叠值较低，一半以上种对的重叠值低于0.5；说明群落整体稳定，优势种竞争并不激烈。大部分生态位宽度比较大的种对相互之间生态位重叠值也较大，但是这种关系并不绝对。

(4)相比重要值，物种的分布频度与生态位宽度关系更加密切。

4.1.3 古银叶树群落优势树种分布与土壤环境、群落竞争的关系研究

植物群落中物种生长和种群更新受到多个因素影响。其中，土壤是森林生态系统中的重要组成部分，为物种生长提供必要的养分和水分，对植物生长和更新有着重要作用；同时，土壤还可通过影响群落物种竞争关系、群落构成及演替格局，影响群落发展动态(Paoli et al.，2006；Toriyama et al.，2007)。群落中不同物种对土壤环境的需求存在差异(Porazinska et al.，2003)，良好的土壤环境，如充足的养分和有利的土壤微生物群落，有助于群落物种稳定发展，而恶劣的土壤环境则可能影响植物生长，降低群落物种多样性(Isermann，2005；Lai et al.，2018)。不同的土壤环境往往支持不同类型群落的发展，反映出物种对土壤环境响应的差异性(陈林等，2019)。种间关系是影响群落物种生长和更新的重要生物因素(Martorell et al.，2014)。由于植物对资源往往表现为刚性需求，种间竞争是种间关系的重要形式，并显著影响物种在群落中的分布格局(Ding et al.，2019)。种间竞争和土壤环境存在相互作用(Lekberg et al.，2018)，即不同土壤环境下群落种间竞争程度不一。良好的土壤环境可缓解种间竞争，而恶劣的土壤环境则可能加剧种间竞争。此外，除了通过优先占领及竞争性状表达等直接形式，种间竞争也可能通过间接形式，如改变土壤生物和非生物环境来影响物种生长(van De Voorde et al.，2011)。

古树群落对研究群落演替格局和物种更新具有重要的研究价值(林中大等，2012)。但是，持续的人为干扰对现存古树群落产生了严重影响，加强对古树群落的保护和恢复显得尤为迫切。银叶树通常散布于红树林内缘，以优势种成林则非常少见(简曙光等，2004；陈晓霞等，2015)。近30年来，海岸经济快速发展导致银叶树生境的大量丧失，目前中国现存成年个体数在20株以上的野生银叶树种群仅见于广东深圳市盐灶和海丰县香坑、广西防城港和海南清澜港(简曙光等，2004)。其中，深圳盐灶银叶树群落是目前全国乃至全世界发现分布最完整、树龄最长的天然古银叶树群落，保有多株树龄过百的古树。受经济发展、旅游开发等多种原因影响，该群落已表现出部分濒危特征，如分布区域减少、更新困难等(陈晓霞等，2015)。现有研究对银叶树的群落特征(陈晓霞等，2015)、生态学特性(简曙光等，2005；孙红斌等，2018)、化学成分(Christopher et al.，2014；Ge et al.，2016)及抗性(高敏等，2015)等已有探讨，但尚未见文献对群落优势树种生长与土壤环境的关系进行研究。本研究以深圳坝光古银叶树群落为研究对象，探讨优势物种的生长和更新对土壤环境与种间关系的响应特点，以期为古银叶树群落的保育与管理提供科学依据。

4.1.3.1 乔木层群落结构与优势树种分布趋势

NMDS 分析表明，乔木层群落结构与土壤 pH 及盐度显著相关，与土壤营养状况相关性不显著(表 4-7 和表 4-8)。土壤 pH 及盐度与群落多样性呈现负相关趋势(图 4-5)，随着 pH 和盐度的增加，群落物种及多样性降低。多样性相关指数在排序图中指向较为一致，表明随着群落中物种多样性的增加，均匀度也随之增加，群落结构趋于稳定。阴香、假苹婆、海杧果和多毛茜草树的重要值均随着群落多样性的增加呈现不同程度的增加，而银叶树重要值则与群落多样性指数呈负相关，表明在多样性越高的群落中，银叶树重要值越低。此外，银叶树重要值还与土壤 pH 及盐度有较一致的指向，说明随着土壤 pH 及盐度的增加，群落中银叶树优势程度增加。

表 4-7 乔木层和灌木层 NMDS 分析结果

参数	乔木层				灌木层			
	NMDS1	NMDS2	r^2	P	NMDS1	NMDS2	r^2	P
pH	-1.00	-0.09	0.46	0.008	-0.92	-0.40	0.59	0.002
有机质(OM)	-0.20	-0.98	0.02	0.830	0.34	-0.94	0.03	0.772
全氮(TN)	0.64	-0.77	0.05	0.657	0.90	-0.43	0.12	0.338
全磷(TP)	0.64	-0.77	0.17	0.180	0.67	-0.75	0.29	0.058
全钾(TK)	0.95	-0.31	0.14	0.286	0.71	0.71	0.15	0.233
有效氮(AN)	0.66	-0.75	0.11	0.347	0.91	-0.41	0.23	0.106
有效磷(AP)	0.93	-0.37	0.21	0.142	0.99	0.16	0.28	0.058
有效钾(AK)	-0.77	-0.63	0.22	0.111	-0.39	-0.92	0.19	0.160
盐度(Salinity)	-0.82	-0.57	0.26	0.058	-0.45	-0.89	0.21	0.145
物种丰富度(Richness)	0.86	0.50	0.80	0.001	0.79	-0.61	0.34	0.027
Pielou 均匀度指数(Pielou)	0.93	0.36	0.53	0.002	0.12	0.99	0.37	0.012
Simpson 指数(Simpson)	0.94	0.33	0.66	0.001	0.59	0.81	0.56	0.002
Shannon-Weiner 指数(H)	0.90	0.44	0.77	0.001	0.63	0.78	0.46	0.007
银叶树重要值(H. litⅣ)	-0.97	-0.23	0.94	0.001	-0.85	-0.53	0.84	0.001
阴香重要值(C. burⅣ)	0.93	-0.36	0.56	0.001	0.81	-0.58	0.1	0.362
假苹婆重要值(S. lanⅣ)	1.00	0.04	0.56	0.002	0.77	0.64	0.68	0.001
海杧果重要值(C. manⅣ)	0.59	0.81	0.36	0.020	/	/	/	/
多毛茜草树重要值(A. pycⅣ)	0.47	-0.89	0.75	0.001	/	/	/	/
九节重要值(P. rubⅣ)	/	/	/	/	0.78	0.62	0.33	0.045
罗伞树重要值(A. quiⅣ)	/	/	/	/	0.77	-0.64	0.66	0.001

注：括号中显示的为图 4-5 和图 4-6 中参数缩写。

优势树种重要值与土壤、群落多样性相关指标的相关分析结果表明，除土壤 pH 及盐度外，各优势树种的生长和分布还与土壤营养状况尤其是磷和钾有关，但与氮元素含量相关性不显著(表 4-8)。就树种而言，银叶树和海杧果重要值与钾含量相关，假苹婆和多毛茜草树重要值与磷含量相关，阴香重要值与所测定的土壤主要元素均无显著相关性。NMDS分析结果类似，银叶树与所测定的大部分土壤营养元素含量呈负相关，其他树种则与土壤营养元素含量呈正相关。这表明在乔木层，银叶树随着土壤营养元素和群落多样性的分布趋势异于其他树种。

表 4-8　乔木层优势树种重要值与土壤性质相关分析结果

r		银叶树	阴香	假苹婆	海杧果	多毛茜草树
土壤	pH	0.66**	−0.56**	−0.47*	−0.29	−0.44*
	有机质(OM)	0.16	0.02	−0.13	0.19	0.10
	全氮(TN)	−0.08	0.16	−0.03	0.35	0.23
	全磷(TP)	−0.23	0.29	0.09	0.22	0.43†
	全钾(TK)	−0.30	0.22	0.13	0.45*	0.37
	有效氮(AN)	−0.17	0.24	0.07	0.35	0.31
	有效磷(AP)	−0.36	0.36	0.43†	0.05	0.24
	有效钾(AK)	0.51*	−0.21	−0.27	−0.43†	−0.14
	盐度(Salinity)	0.53*	−0.27	−0.24	−0.50*	−0.18
乔木层多样性指数(r)	丰富度(Richness)	−0.92***	0.57**	0.54*	0.61**	0.38
	Shannon-Weiner 指数(H)	−0.95***	0.64**	0.53*	0.53*	0.44*
	Pielou 均匀度指数(Pielou)	−0.83***	0.64**	0.41†	0.36	0.43†
	Simpson 指数(Simpson)	−0.90***	0.69***	0.50 *	0.42†	0.46*

注：† 表示 $0.05<P\leqslant0.1$，* 表示 $P\leqslant0.05$，** 表示 $P\leqslant0.01$，*** 表示 $P\leqslant0.001$。

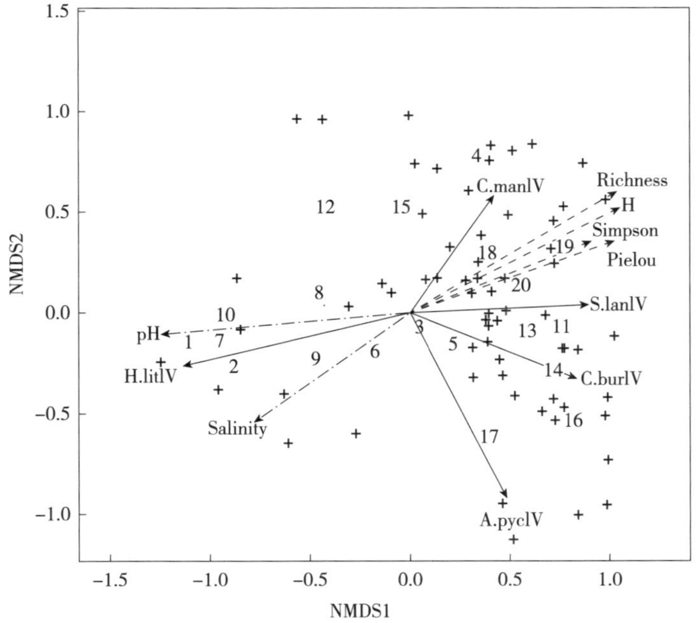

图 4-5　乔木层 NMDS 排序及与群落多样性相关指数、土壤性质、优势树种重要值相关分析

注：虚线箭头所示为群落多样性相关指数，点划线为土壤性质，直线为优势树种重要植。图中仅展示相关分析 $P<0.10$ 的参数。

4.1.3.2 灌木层群落结构与优势树种幼树分布趋势

灌木层群落结构与土壤 pH、全磷及有效磷含量显著相关。除阴香以外，其他优势树种重要值在群落中的变化趋势均与群落结构显著相关(表 4-9)。排序分析进一步显示(图 4-6)，土壤 pH 与群落多样性呈负相关关系，磷及有效磷含量与多样性呈正相关关系。与乔木层多样性趋势不同的是，灌木层多样性相关指数变化趋势并不集中，丰富度指数与其他多样性指数在第二轴上指向不同。灌木层银叶树重要值变化趋势与乔木层相似，均与土壤 pH 值指向相近，与群落多样性相关指数指向相反，说明灌木层中银叶树的分布趋势异于其他优势树种。

表 4-9 灌木层优势树种重要值与土壤性质相关分析结果

r		物种重要值原始数据集					物种重要值去趋势化数据集		
		银叶树	阴香	假苹婆	九节	罗伞树	银叶树	阴香	假苹婆
土壤	pH	0.65**	-0.10	-0.72***	-0.54*	-0.42†	0.17	0.02	-0.55*
	有机质(OM)	0.17	0.23	0.05	0.17	-0.04	0.07	0.23	0.17
	全氮(TN)	-0.11	0.17	0.23	0.27	0.16	-0.08	0.13	0.32
	全磷(TP)	-0.35	-0.02	0.37	0.13	0.37	-0.30	-0.09	0.40†
	全钾(TK)	-0.25	0.08	0.40†	0.24	0.22	0.02	0.03	0.40†
	有效氮(AN)	-0.21	0.24	0.37	0.30	0.28	-0.12	0.19	0.42†
	有效磷(AP)	-0.50*	-0.02	0.62**	0.08	0.30	-0.37	-0.10	0.44*
	有效钾(AK)	0.39†	0.05	-0.23	-0.34	-0.21	-0.09	0.10	-0.07
	盐度(Salinity)	0.44†	0.11	-0.28	-0.36	-0.20	-0.04	0.18	-0.17
灌木层多样性指数(r)	丰富度(Richness)	-0.45*	0.21	0.21	0.12	0.55*	0.00	0.14	-0.15
	Shannon-Weiner 指数(H)	-0.75***	0.08	0.51*	0.51*	0.20	-0.24	-0.04	0.31
	Pielou 均匀度指数(Pielou)	-0.51*	-0.19	0.27	0.40†	-0.14	-0.43†	-0.27	0.36
	Simpson 指数(Simpson)	-0.83***	0.14	0.54*	0.56**	0.28	-0.42†	0.01	0.33

注：† 表示 $0.05<P\leq0.1$，* 表示 $P\leq0.05$，** 表示 $P\leq0.01$，*** 表示 $P\leq0.001$。

灌木层优势物种重要值与土壤、群落多样性相关分析表明，除阴香以外，其他优势物种的重要值与土壤 pH 具有较高的相关性(表 4-9)。银叶树重要值还与有效磷、有效钾及盐度相关，假苹婆重要值还与全钾及有效磷含量具有较高相关性。所有物种重要值与土壤氮含量相关性均不显著(表 4-9)，这与乔木层趋势类似，表明在该群落中磷和钾可能是限制物种生长和更新的主要元素。此外，除阴香以外的其他优势物种均在不同程度上与群落多样性相关，其中以银叶树相关性较高，罗伞树相关性较低。与乔木层类似，银叶树随着土壤和群落物种多样性的变化趋势与其他树种相反。

为排除乔木层树种分布对灌木层物种对环境响应的潜在影响，利用银叶树、阴香和假苹婆的去趋势化数据再次进行相关分析。结果显示，去除乔木层树种分布的影响后，群落中银叶树和阴香的重要值与土壤状况相关性较低，假苹婆则显示出与各营养元素较高的相关性，表明假苹婆幼树对土壤元素状况的响应可能较其他两种优势树种幼树更为敏感。此外，去趋势化的银叶树幼树重要值与群落 Simpson 和 Pielou 多样性指数呈较显著负相关，其他两种树种重要值则与群落多样性指数不呈显著相关性，表明银叶树幼树的生长和分布受群落物种组成和结构的影响较大。

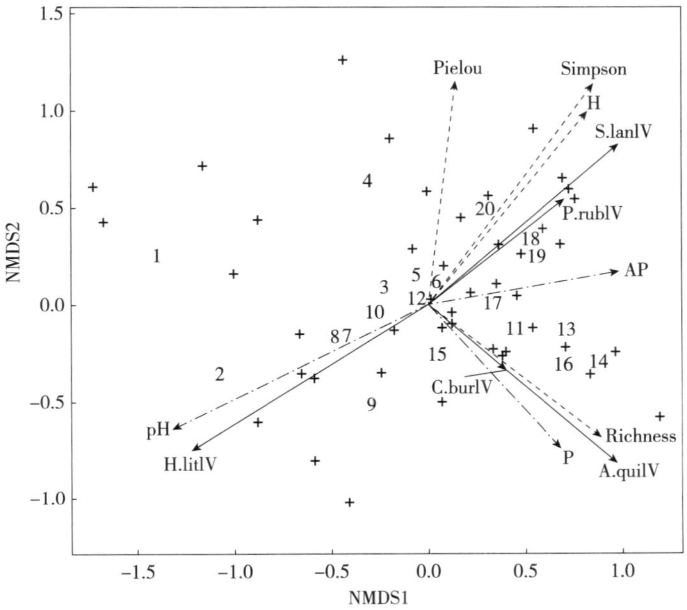

图 4-6 灌木层 NMDS 排序及与群落多样性相关指数、土壤性质、优势树种重要值相关分析

注：虚线箭头所示为群落多样性相关指数，点划线为土壤性质，直线为优势树种重要植。图中仅展示相关分析 $P<0.10$ 的参数。

4.1.3.3 讨论

本研究探讨了深圳坝光古银叶树群落优势树种生长更新对群落多样性及土壤的响应格局。研究发现，土壤环境和群落竞争格局对优势树种生长和分布影响显著。土壤 pH、盐分、磷元素和钾元素含量是影响群落树种生长的主要土壤因子；乔木层优势树种的分布和生长与群落多样性格局的相关性显著，且乔木层的分布格局对幼树分布和生长产生较大影响；不同优势树种对多样性与土壤的响应差异明显，银叶树的响应趋势与其他优势树种相反；银叶树幼树生长显著受群落多样性格局的影响。

坝光古银叶树群落多样性表现为从邻海海岸向内陆沼泽递减，该结果与以往研究结论一致(陈晓霞等，2015)。该多样性趋势可能与土壤养分从邻海到沼泽生境逐渐减少有关，邻海生境主要为沙壤，积累了大量有机质，山坡生境则土层较深，凋落物输入较多，这两类生境适宜的养分和土壤化学性质为树种生长提供了较好的土壤环境；相反，沼泽生境中土壤缺氧，有机物分解缓慢，养分含量相对较低。孙红斌等(2018)对该银叶树群落 3 种生境土壤养分调查发现，沼泽生境土壤全氮和有效氮含量要显著低于其他两种生境，但有机质和全磷含量在三种生境中差异不显著。此外，由于海水涨退潮，沼泽生境土壤高度盐渍化，盐分和 pH 较高，可能不利于物种建群繁殖。以往研究也发现，土壤盐分和 pH 是群落物种分布的关键环境因子，过高的盐分和 pH 可能会降低群落物种多样性（马宗文等，2012；尹德洁等，2018）。

除盐分及 pH 的影响外，古银叶树群落物种生长与磷元素的相关性较高，表明该群落生长可能受到一定程度的磷限制。磷元素是热带亚热带地区森林的主要限制元素（Wardle et al.，2004；Vitousek et al.，2010），以往研究也发现该古银叶树群落土壤磷含量较低（孙红斌等，2018）。从群落结构来看，古银叶树群落乔木分布的关键影响因子为 pH 和盐分，与养分关系不显著，幼树分布的关键因子为 pH 和磷元素；从优势树种与土壤因子的关系来看，乔木和幼树的主要影响因子为 pH、磷元素和钾元素含量。此外，乔木层和灌木层的结果均显示物种分布与氮元素相关关系不显著，这可能与人为干扰导致的大气源及水源氮供给增加有关。充足的氮供给可能进一步加剧磷元素对该群落物种生长的限制。

不同优势树种对群落竞争和土壤因子的响应存在差异。在乔木层，各优势树种均表现出与土壤因子和多样性指数的显著相关性；在灌木层，除阴香外的其他树种与土壤和多样性指数显著相关。具体而言，银叶树幼树的分布受群落竞争格局影响，当群落多样性和均匀度增加时，其幼树的重要值下降，这表明银叶树幼树的种间竞争力可能较其他物种弱；在排除乔木层的潜在影响后，3 种优势树种中只有银叶树表现出与群落多样性指数的显著负相关关系，结合银叶树乔木重要值最高、幼树重要值低于阴香和九节的调查结果可推测，相比于土壤因素，银叶树幼树的生长可能更明显地受到群落物种竞争的影响。阴香幼树重要值的变化与群落多样性及土壤因子均无显著相关性，且阴香乔木和幼树的重要值在群落中均较高，表明阴香可能具有较高的环境适应性。假苹婆乔木和幼树的重要值均与磷元素有较高的相关性，表明磷对假苹婆生长有着重要作用。

银叶树随着多样性和土壤的分布格局不同于其他优势树种。首先，银叶树重要值随着群落多样性的增加而减少，其个体多分布在沼泽生境，这一方面有可能是其他树种无法适应低养分的盐渍化土壤环境，导致其无法在此区域建群，为银叶树提供了低种间竞争的生长空间；另外，由于在该生境发现部分古树，因此不排除这些银叶树是人为栽种而非自然扩散至该生境的可能性。但由于银叶树不是典型红树植物，不具备高耐盐性，因此推测该生境的土壤状况可能并非最适条件，银叶树在此生境优势群落的形成很可能是对土壤和种间竞争权衡的结果。其次，银叶树幼树的分布格局反映了种间竞争对银叶树更新的影响。乔木层和灌木层的银叶树个体分布趋势均表现出对群落竞争的规避，即在低群落多样性的沼泽区域分布个体更多，这表明，尽管银叶树在群落中重要值较高，但其本身可能并非高竞争力物种，从长期来看，在土壤条件较好的山坡及邻海海岸生境中，与其他树种个体的竞争可能会对银叶树幼树的生长产生不利影响，进而影响银叶树种群在群落中的更新和维持。

4.1.3.4 结论

深圳坝光古银叶树群落优势树种的生长受到土壤环境和种间竞争的影响。土壤 pH、盐分、磷元素和钾元素含量是影响群落树种生长的主要土壤因子，乔木层优势树种的分布和生长与群落多样性格局显著相关，且乔木层的分布格局对幼树分布和生长产生较大影响。不同优势树种的生长响应差异明显，银叶树的分布和生长对群落多样性和土壤环境的响应与其他优势树种相反，群落多样性越低，土壤盐分和 pH 越高，银叶树重要值越高。

综上所述，对于群落中主要优势树种，如阴香、假苹婆、海杧果、多毛茜草树、九节和罗伞树等，土壤养分尤其是磷和钾元素含量的提高及群落正向演替可能促进这些树种的生长更新。银叶树则更多地分布于沼泽等土壤环境较差的生境中，其幼树对群落竞争的敏感度很可能影响其种群在山坡、邻海海岸等土壤环境较好的生境中的更新和维持。因此，对银叶树种群的保育措施应考虑改善沼泽土壤环境，以缓解土壤 pH 和盐分过高对银叶树的潜在胁迫，同时应持续监测银叶树幼苗幼树个体在山坡和邻海海岸生境中的生长状况，以跟踪银叶树在这些生境中的种群动态变化。另外，本研究仅利用调查手段分析了银叶树群落主要优势树种的分布格局，今后需结合控制实验手段研究银叶树对种间竞争和土壤环境的响应，为银叶树种群的保育措施提供更具体的科学指导。

4.1.4 古银叶树群落优势树种叶片养分与化学计量特征

生态化学计量学是研究生物系统能量平衡和多重化学元素平衡的学科，主要研究生态过程中化学元素(C、N、P 等)的比例关系，广泛应用于探究土壤及叶片 C、N、P 化学计量特征(Zeng et al.，2005；Cheng et al.，2018；He et al.，2010)。C 是组成植物体的基本元素，在生物体中构成有机物的基本骨架。N 和 P 是植物的基本营养元素，在蛋白质、磷酸合成及能量传递等代谢过程起着重要作用(Elser et al.，1996)。C∶N、C∶P 能够反映植物体生长速率及养分利用效率(Vitousek，1982)，叶片 N∶P 则可用于判断限制植物生长的元素类型(Koerselman et al.，1996；Güsewell，2004)。分析植物体内的生态化学计量特征对其生长代谢具有重要的指示作用。本研究对古银叶树群落优势树种叶片养分含量进行了测定，分析了叶片生态化学计量特征，旨在为古银叶树群落优势树种养分诊断提供科学依据。

4.1.4.1 古银叶树群落优势树种叶片养分分析

鹅掌柴叶片有机碳含量(549.66g·kg^{-1})显著高于其他树种，而假苹婆(468.89g·kg^{-1})与银柴(448.36g·kg^{-1})有机碳含量显著低于其他树种(图 4-7A)；多毛茜草树叶片全氮含量(23.68g·kg^{-1})最高，银叶树全氮含量(14.57g·kg^{-1})显著低于其他树种(图 4-7B)；叶片全磷含量分析中，海杧果全磷含量(2.17g·kg^{-1})，银叶树全磷含量(1.99g·kg^{-1})较高，细叶榕、阴香和鹅掌柴全磷含量(分别为 1.25、1.16 和 1.15g·kg^{-1})最低，银柴、假苹婆和多毛茜草树全磷含量(分别为 1.46、1.39 和 1.33g·kg^{-1})处于中等(图 4-7C)。

银叶树叶片 C∶N(35.10)最高，多毛茜草树和假苹婆(22.07 和 20.91)最低(图 4-7D)；鹅掌柴和阴香 C∶P(514.35 和 459.68)显著高于银叶树和海杧果(281.93 和 233.57)，多毛茜草树、假苹婆、细叶榕、银柴(分别为 421.52、348.22、418.56、318.87)处于中等(图 4-7E)；多毛茜草树 N∶P(18.79)最高，银叶树(8.08)最低(图 4-7F)。

4.1.4.2 结论与讨论

叶片养分元素含量在不同树种间的差异主要取决于物种特性，所选的 8 个树种中，叶片 C、N、P 含量平均值分别为 501.56、18.46 和 1.54g·kg^{-1}，与全球水平相比，高于全

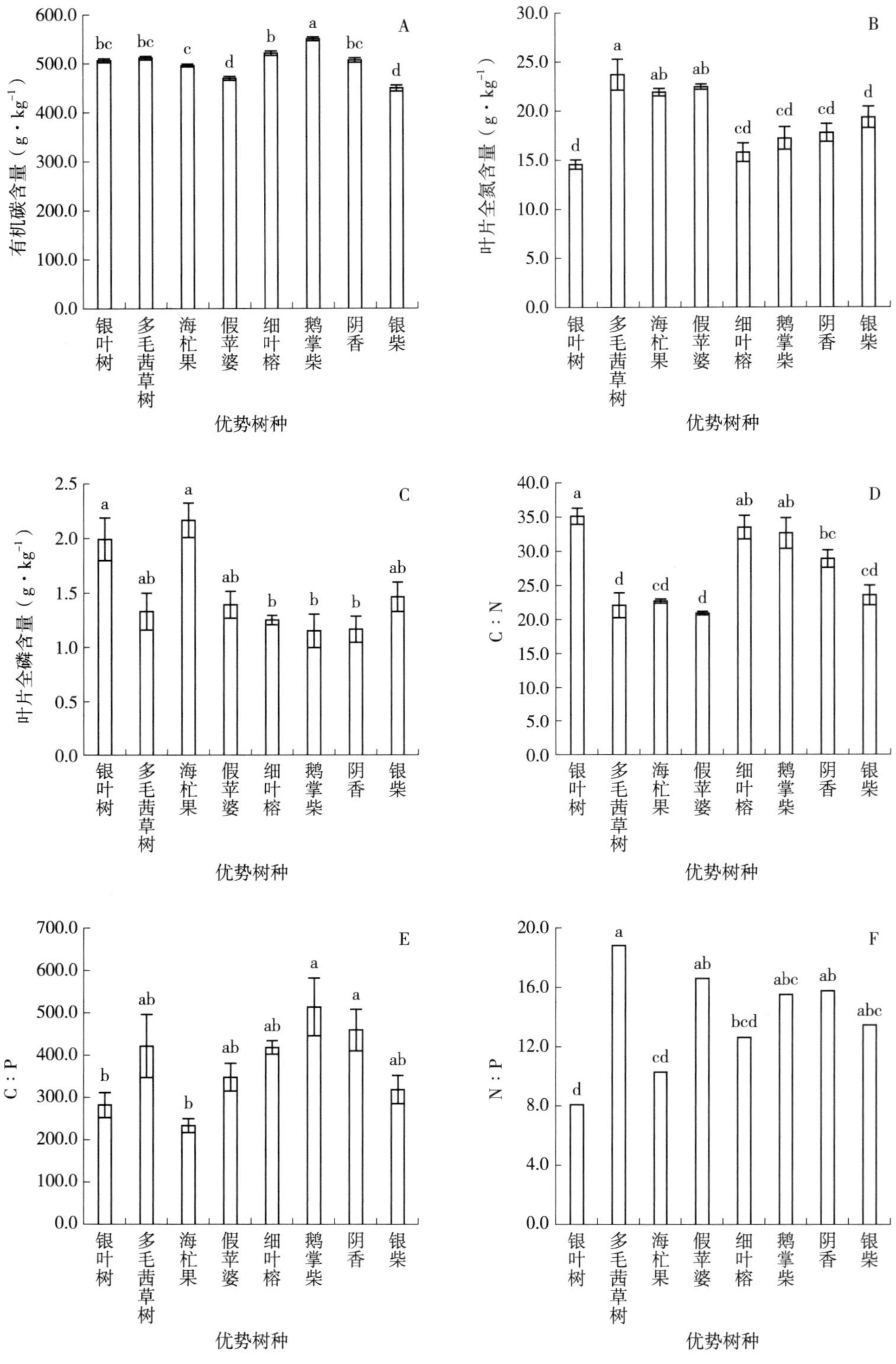

图 4-7　优势树种叶片养分含量及化学计量特征

注：不同字母表示不同树种在 $\alpha = 0.05$ 水平显著差异。

球水平的叶片 C 含量(464.00g · kg^{-1})，低于全球水平的叶片 N 含量(21.1g · kg^{-1})和 P 含量(1.99g · kg^{-1})(Reich et al., 2004; Elser et al., 2000)；处于中国东部南北样带 654 种植物叶片 N 含量(2.17~52.61g · kg^{-1})、P 含量(0.10~10.21g · kg^{-1})范围内(任书杰等, 2008)；与闽北闽粤栲天然林主要树种幼树的叶片分析相比(郑德祥等, 2017)，高于其平均 C、N、P 含量(483.3g · kg^{-1}、16.2g · kg^{-1}、0.46g · kg^{-1})；与南亚热带中幼林针阔混交林的乔木叶片分析(周丽等, 2014)相比，略低于其平均 C 含量(502.88g · kg^{-1})，高于其 N、P 含量(15.87g · kg^{-1}、1.09g · kg^{-1})。这表明，坝光银叶树群落中植物生长的 N、P 含量总体而言较高。N 和 P 是亚热带森林生态系统发展最重要的限制性元素。Braakhekke 和 Dap 的研究认为，除了考虑养分的相对含量，还应该结合考虑养分的绝对含量(Braakhekke & Dap, 1999)。他们认为当 N : P>14 而叶片 P 含量低于 1.0g · kg^{-1}时，生长受到 P 限制；当 N : P<10 并且叶片 N 含量低于 20.0g · kg^{-1}时受到 N 限制；N : P 在 10~14 之间可认为受到 N、P 共同限制(当 P<1.0g · kg^{-1}且 N<20.0g · kg^{-1})或两种元素都不缺少(当 P>1.0g · kg^{-1}且 N>20.0g · kg^{-1})。以此判断本研究 8 个树种的元素限制状况可发现，银叶树 N : P 低于 10 且其叶片 N 含量低于 20.0g · kg^{-1}，说明银叶树生长受到 N 元素限制；海杧果 N : P 处于 10~14 之间，N 含量高于 20.0g · kg^{-1}且其叶片 P 含量高于 1.0g · kg^{-1}，说明海杧果不缺少 N、P 元素；银柴、细叶榕的 N : P 处于 10~14 间且其叶片 P 含量高于 1.0g · kg^{-1}，说明银柴、细叶榕的生长没有表现出 N、P 限制的情况；多毛茜草树、假苹婆、鹅掌柴、阴香的 N : P 高于 14 且其叶片 P 含量高于 1.0g · kg^{-1}，这说明多毛茜草树、假苹婆、鹅掌柴、阴香没有受到 P 元素限制。总体来说，元素限制情况在该银叶树群落中不明显。与中国东部地区陆生植物的 N : P(15.4)(He et al., 2008)相比也发现，银叶树群落内植物 N : P 范围为 14.57~23.68，大部分优势树种大于该平均水平。

4.1.5 不同树种叶片养分含量提取的高光谱方法及精度评价

氮(N)、磷(P)、钾(K)是作物生长发育必需的大量元素，缺乏任何一种元素不仅会影响作物生长速度和产量(何勇等, 2015)，而且还会引起植株体内相关生化成分发生变化(王磊等, 2006)。实时、快速、无损、准确的植被营养水平快速检测方法在管理中很有必要(胡珍珠等, 2013)。光谱技术具有分析速度快、效率高、成本低、重现性好、测试方便等特点，是探测和获取植物营养状态和长势信息的有效手段(蒋焕煜等, 2008)。研究植被 N、P、K 营养元素含量建立光谱估算模型可为各种植被营养元素含量实时快速检测提供技术手段，对珍稀植被的科学管理具有重要的现实意义。

植物营养状况与其叶片光谱特征密切相关，国内外许多学者对水稻(徐涛, 2016；王绍华等, 2002；赵越, 2017)、油菜(王渊等, 2008)、小麦(蒋金豹等, 2008)、番茄(刘红玉等, 2015)、果树(黄双萍等, 2013；李震等, 2011；邢东兴等, 2009；张瑶等, 2013；刘燕德等, 2016；庄红梅等, 2017)、蔬菜(孙俊等, 2017)等作物的 N、P、K 含量的光谱估算模型进行了大量研究。如 Li 等(2006)通过发现油菜叶片的光谱数据可用于估算磷、铁含量的变化。Wright 等(2001)利用遥感数据建立了光谱与小麦 N 含量间的二次多项式模型，模型决定系数(R^2)在 0.52~0.80 间。Fitzgerald 等(2010)利用光谱预测了小麦氮素水平，所建立的小麦氮素模型预测的相对系数达到 0.97，均方差为 0.65。黄双萍等

(2013)对反射光谱进行各种预处理后，对柑橘叶片磷含量进行建模，最佳模型决定系数分别为0.905、0.881。邢东兴等(2009)对红富士苹果树氮、磷、钾含量与光谱反射率及其多种变换形式进行了相关性分析，并建立了偏最小二乘回归模型。张瑶等(2013)利用光谱分析技术建立苹果叶片氮素预测模型，最终得到采用支持向量机建立的氮素回归模型，其测定和验证绝对系数均达到0.74以上。上述研究是基于农田施肥试验下对农作物和果树开展研究，较少涉及自然生长下的林木。另外，用可见光近红外光谱进行叶片养分监测时，模型精度与叶片结构、测量环境等密切相关，但当前植被养分监测中，关于不同处理方式对模型精度影响研究相对较少。

对数据进行可靠的预处理可以提高模型的精度，有研究表明，基线校正(BC)能够有效抑制由于光谱测量的背景因素及叶片表面杂质造成的基线漂移(褚小立等，2014)；标准正态变换(SNV)通过对每个单独的光谱(即一个面向采样的标准化)中心和缩放来消除散射效应(Barnes et al.，1989)；多元散射校正(MSC)能有效校正由光程变化对光谱造成的影响，改善信噪比，消除漫反射光谱的基线以及光谱不重复性(Isaksson et al.，1988；Chen et al.，2016)。SG-平滑滤波可以提高光谱的平滑性并降低噪音的干扰，其中一阶微分可以去除同波长无关的漂移，二阶微分可以去除同波长线性相关的漂移(褚小立等，2004)。

同时，因高光谱具有波段多、光谱范围窄、数据量大、信息冗余增加等特点，需要对其进行降维，以提供模型的运算速率，防止模型过拟合(徐广通等，2000)。线性降维方法主成分分析(PCA)是目前应用最为广泛的降维方法之一(孙墨寒，2013)，PCA降维依据方差最大化原理，将数据从高维空间向低维空间映射(赵荣珍等，2015)，非线性降维方法核主成分分析(KPCA)和多维尺度分析(MDS)保留了全局特征，其中，KPCA基于核函数原理，可以有效提取非线性特征，通过非线性映射将输入空间投影到高纬度空间，在高纬度特征空间对映射数据做主成分分析(胡嘉蕊等，2017)，MDS是利用成对样本间的相似性构建合适的低维空间(张春燕等，2007)。上述高维数据降维已在多个领域被广泛应用，但关于叶片高光谱数据降维对林木叶片养分预测性能的研究相对较少，结果也不一致。

基于深圳市大鹏半岛自然保护区和坝光银叶树湿地园的19种优势树种和有害植物种叶片反射光谱，分析了原始光谱、基线矫正、多元散射校正、正交信号校正、标准正态变换、S-G一阶导数、S-G二阶导数等预处理方式对养分建模精度的影响；并对比了3种数据降维方式对模型精度的影响，探讨叶片养分快速诊断的最佳数据预处理方式，以期为林木叶片养分快速检测和基于遥感的林业管理提供依据。

4.1.5.1 不同光谱预处理方式下模型精度比较

表4-10、表4-11和表4-12中给出了不同光谱数据预处理方式对TN、TP、TK监测模型的平均精度，可以看出TN、TP、TK三种养分指标监测中，采用一定的数据预处理可以提高模型的建模和预测精度，且采用SNV与一阶导数结合的预处理方式，3种养分指标建模的平均精度最高。从表4-10可知，TN的模型中，不同预处理下，预测模型确定系数从0.53提高到0.84，预测均方根误差从4.86%下降到3.00%，一阶导数和二阶导数处理后，模型建模比Baseline或MSC处理下模型性能高。Baseline、SNV、MSC与导数处理结

合可进一步提高模型性能，其中 SNV+1st处理后模型精度最高，建模模型确定系数为 0.84，均方根误差为 3.24%；预测集确定系数为 0.81，均方根误差为 3.00%，RPD 为 2.35。

表 4-10 不同光谱预处理方式下 TN 模型的精度

光谱预处理方式	R^2c	R^2cv	RMSEc(%)	RMSEcv(%)	R^2p	RMSEp(%)	RPD
R_average	0.50	0.45	5.27	5.59	0.53	4.86	1.49
Baseline_average	0.63	0.57	4.49	4.91	0.66	4.14	1.77
MSC_average	0.65	0.61	4.44	4.74	0.73	3.84	1.85
SNV_average	0.61	0.57	4.67	4.92	0.68	4.09	1.79
1st_average	0.82	0.78	3.21	3.57	0.76	6.18	1.75
2nd_average	0.73	0.65	3.91	4.45	0.75	3.76	1.88
Baseline+1st_average	0.75	0.69	3.59	4.02	0.70	3.80	1.96
Baseline+2nd_average	0.73	0.66	3.90	4.40	0.71	3.93	1.82
SNV+1st_average	0.81	0.76	3.24	3.68	0.84	3.00	2.35
SNV+2nd_average	0.76	0.68	3.70	4.27	0.79	3.51	2.02
MSC+1st_average	0.82	0.77	3.16	3.59	0.82	3.12	2.27
MSC+2nd_average	0.78	0.71	3.56	4.05	0.76	3.69	1.93

注：X_average：表示 X 预处理方式下精度数据的平均值，其中 X 分别代表 R(原始光谱)，Baseline(基线校正处理)，MSC(多源散射校正处理)，SNV(标准正态变换处理)，1st(一阶导数处理)，2nd(二阶导数处理)，Baseline+1st(Baseline 之后再一阶导数处理)，Baseline+2nd(Baseline 之后再二阶导数处理)，SNV+1st(SNV 之后再一阶导数处理)，SNV+2nd(SNV 之后再二阶导数处理)，MSC+1st(MSC 之后再一阶导数处理)，MSC+2nd(MSC 之后再二阶导数处理)。下同。

表 4-11 中可知，经过光谱数据预处理后，TP 预测模型确定系数从 0.50 提升到 0.84，预测均方根误差从 1.52%下降到 0.66%，RPD 为 2.39。与 TN 有相似之处，两种预处理方式结合相比单一预处理，模型精度有提升。其中 SNV+1st的预处理方式，模型精度最高，建模模型确定系数为 0.70，均方根误差为 0.96%，预测模型确定系数为 0.84，均方根误差为 0.66%，模型 RPD 值为 2.39。从表 4-12 可知，经预处理，TK 预测模型精度确定系数从 0.59 提升至 0.84，均方根误差从 6.41%下降到 4.06%。其中 SNV+1st预处理下，模型的平均精度最高，建模模型确定系数为 0.73，均方根误差为 5.78%，预测模型确定系数为 0.84，均方根误差为 4.06%，RPD 值为 2.45。

表 4-11 不同光谱预处理方式下 TP 模型的精度

光谱预处理方式	R^2c	R^2cv	RMSEc(%)	RMSEcv(%)	R^2p	RMSEp(%)	RPD
R_average	0.43	0.37	1.32	1.41	0.50	1.52	1.40
Baseline_average	0.55	0.47	1.17	1.28	0.68	0.91	1.78
MSC_average	0.56	0.50	1.18	1.25	0.74	2.99	1.89
SNV_average	0.49	0.44	1.25	1.31	0.70	0.84	2.09
1st_average	0.73	0.66	0.92	1.04	0.65	0.99	1.64

（续）

光谱预处理方式	R^2c	R^2cv	RMSEc(%)	RMSEcv(%)	R^2p	RMSEp(%)	RPD
2nd_average	0.65	0.51	1.07	1.24	0.44	1.31	1.27
Baseline+1st_average	0.62	0.56	1.06	1.18	0.59	1.01	1.62
Baseline+2nd_average	0.64	0.53	1.07	1.22	0.50	1.18	1.35
SNV+1st_average	0.70	0.63	0.96	1.08	0.84	0.66	2.39
SNV+2nd_average	0.67	0.54	1.05	1.22	0.74	0.86	1.84
MSC+1st_average	0.73	0.65	0.93	1.04	0.81	0.70	2.27
MSC+2nd_average	0.64	0.49	1.09	1.27	0.65	0.97	1.67

表 4-12　不同光谱预处理方式下 TK 模型的精度

光谱预处理方式	R^2c	R^2cv	RMSEc(%)	RMSEcv(%)	R^2p	RMSEp(%)	RPD
R_average	0.54	0.38	8.01	8.73	0.59	6.41	1.59
Baseline_average	0.61	0.53	6.89	7.64	0.71	5.48	1.84
MSC_average	0.59	0.55	7.16	7.55	0.80	4.68	2.12
1st_average	0.74	0.67	5.62	6.42	0.69	5.98	1.71
2nd_average	0.66	0.58	6.55	7.29	0.57	6.51	1.52
Baseline+1st_average	0.65	0.58	6.36	7.37	0.62	6.03	1.71
Baseline+2nd_average	0.65	0.58	6.59	7.31	0.54	6.77	1.47
SNV+1st_average	0.73	0.67	5.78	6.44	0.84	4.06	2.45
SNV+2nd_average	0.67	0.56	6.54	7.46	0.70	5.52	1.80
MSC+1st_average	0.74	0.67	5.76	6.44	0.81	4.39	2.28
MSC+2nd_average	0.65	0.54	6.74	7.70	0.64	6.01	1.67

4.1.5.2　不同降维处理和建模方法下模型精度的比较

不同降维处理方法下叶片养分建模的精度见表 4-13。

表 4-13　不同降维处理方法下叶片养分建模的精度

				TN			
降维方法	R^2c	R^2cv	RMSEc(%)	RMSEcv(%)	R^2p	RMSEp(%)	RPD
PCA_average	0.78	0.73	3.48	3.89	0.77	3.50	2.04
Kernel PCA_average	0.71	0.66	3.89	4.27	0.68	4.52	1.84
MDS_average	0.67	0.60	4.25	4.72	0.70	3.98	1.83
R_all_PLSR	0.86	0.79	2.78	3.48	0.82	2.93	2.36
R_all_SVMR	0.82	0.70	3.41	4.16	0.84	2.98	2.32

（续）

TP							
降维方法	R^2c	R^2cv	RMSEc(%)	RMSEcv(%)	R^2p	RMSEp(%)	RPD
PCA_average	0.69	0.61	1.00	1.12	0.70	1.01	1.83
KernelPCA_average	0.60	0.52	1.10	1.21	0.61	1.57	1.65
MDS_average	0.58	0.48	1.15	1.28	0.65	0.99	1.75
R_all_PLSR	0.82	0.72	0.75	0.93	0.75	0.87	1.79
R_all_SVMR	0.78	0.67	0.91	1.04	0.82	0.68	2.29

TK							
降维方法	R^2c	R^2cv	RMSEc(%)	RMSEcv(%)	R^2p	RMSEp(%)	RPD
PCA_average	0.71	0.64	6.09	6.78	0.72	5.34	1.91
KernelPCA_average	0.64	0.57	6.60	7.29	0.66	5.71	1.79
MDS_average	0.58	0.51	6.81	7.54	0.63	5.86	1.79
R_all_PLSR	0.72	0.68	0.59	0.38	0.70	5.36	1.81
R_all_SVMR	0.77	0.64	5.68	6.85	0.85	3.90	2.49

注：PCA_average：PCA 处理后模型的平均精度。Kernel PCA_average：Kernel PCA 处理后模型的平均精度。MDS_average：MDS 处理后模型的平均精度。R_all_PLSR：未降维处理的 PLSR 模型精度。R_all_SVMR：未降维处理的 SVMR 模型精度。

从表 4-13 可知，3 种数据降维处理中，PCA 降维处理后的模型精度最高，Kernel PCA 算法的模型精度次之，MDS 算法精度相对最低，但降维处理后模型精度低于未降维处理的模型精度。PCA 处理后 TN 模型的平均 R^2c、R^2cv、RMSEc、RMSEcv、R^2p、RMSEp 和 RPD 分别为 0.78、0.73、3.48%、3.89%、0.77、3.50%和 2.04。TP 模型 R^2c、R^2cv、RMSEc、RMSEcv、R^2p、RMSEp 和 RPD 分别为 0.69、0.61、1.00%、1.12%、0.70、1.01% 和 1.83。TK 模型的 R^2c、R^2cv、RMSEc、RMSEcv、R^2p、RMSEp 和 RPD 分别为 0.71、0.64、6.09%、6.78%、0.72、5.34%和 1.91。

4.1.5.3　不同建模方法对模型精度的影响

从表 4-14 可知，3 种养分指标均呈现 SVMR 模型比 PLSR 模型确定系数高，均方根误差小，且从预测结果来看 SVMR 模型的预测性能最好。其中，TN 的最佳模型是基于 SNV+1^{st}处理后进行 PCA 降维的 SVMR 模型，预测模型确定系数为 0.85，预测均方根误差为 2.82%，RPD 值为 2.50，该模型能够进行叶片 TN 预测。TP 的最佳模型是 SNV+1^{st}处理后建立的 SVMR 模型性能，预测模型确定系数为 0.90，均方根误差为 0.55%，模型 RPD 值为 2.83。TK 的最佳模型也是基于 SNV+1^{st}处理后进行 PCA 降维的 SVMR 模型，预测模型确定系数为 0.85，均方根误差为 3.80%，模型 RPD 值为 2.60，SVMR 模型可用于 TP 和 TK 的预测。由此可见，经过 SNV+1^{st}处理后的数据再进行 PCA 降维处理，建立的模型精度比未进行光谱数据预处理前的模型精度高。

表 4-14 不同建模方法下 TN，TP，TK 模型的精度

TN							
建模方法	R^2c	R^2cv	RMSEc(%)	RMSEcv(%)	R^2p	RMSEp(%)	RPD
PLSR_average	0. 68	0. 64	4. 14	4. 46	0. 69	4. 39	1. 79
PLSR_best_SNV+1st_PCA	0. 83	0. 80	3. 04	3. 36	0. 82	2. 96	2. 38
SVMR_average	0. 77	0. 70	3. 61	4. 12	0. 75	3. 60	2. 02
SVMR_best_SNV+1st_PCA	0. 86	0. 80	2. 85	3. 36	0. 85	2. 82	2. 50
PLSR_all_SNV+1st	0. 82	0. 78	3. 17	3. 56	0. 80	3. 10	2. 23
SVMR_all_SNV_1st	0. 82	0. 70	3. 41	4. 16	0. 84	2. 98	2. 32
TP							
建模方法	R^2c	R^2cv	RMSEc(%)	RMSEcv(%)	R^2p	RMSEp(%)	RPD
PLSR_average	0. 57	0. 50	1. 13	1. 24	0. 61	1. 51	1. 60
PLSR_best_SNV+1st_PCA	0. 74	0. 68	0. 91	0. 99	0. 82	0. 68	2. 35
SVMR_average	0. 68	0. 58	1. 03	1. 17	0. 70	0. 87	1. 88
SVMR_best_SNV+1st_PCA	0. 76	0. 67	0. 88	1. 03	0. 84	0. 65	2. 42
PLSR_all_SNV_1st	0. 82	0. 70	0. 75	0. 97	0. 74	0. 86	1. 81
SVMR_all_SNV_1st	0. 78	0. 67	0. 91	1. 04	0. 90	0. 55	2. 83
TK							
建模方法	R^2c	R^2cv	RMSEc(%)	RMSEcv(%)	R^2p	RMSEp(%)	RPD
PLSR_average	0. 60	0. 55	6. 96	7. 51	0. 64	6. 08	1. 69
PLSR_best_SNV+1st_PCA	0. 74	0. 70	5. 64	6. 08	0. 81	4. 42	2. 23
SVMR_average	0. 68	0. 59	6. 11	6. 94	0. 69	5. 25	1. 95
SVMR_best_SNV+1st_PCA	0. 78	0. 70	5. 37	6. 18	0. 85	3. 80	2. 60
PLSR_all_SNV_1st	0. 73	0. 66	5. 80	6. 56	0. 77	4. 48	2. 17
SVMR_all_SNV_1st	0. 79	0. 69	5. 21	6. 27	0. 85	3. 91	2. 48

注：PLSR_average：不同预处理，不同降维方式下的 PLSR 模型。PLSR_best_SNV+1st_PCA：最佳预处理方式和降维方式下(SNV+1st+PCA)的 PLSR 模型。SVMR_average：不同预处理，不同降维方式下的 SVMR 模型；SVMR_best_SNV+1st_PCA：最佳预处理方式和降维方式下(SNV+1st+PCA)的 SVMR 模型。PLSR_all_SNV_1st：SNV 与一阶导数处理后的 PLSR 模型。SVMR_all_SNV_1st：SNV 与一阶导数处理后的 SVMR 模型。

4.1.5.4 讨论

综上所述，MSC，Baseline，SNV，一阶导数和二阶导数处理具有提高模型预测精度能力，一阶导数、二阶导数与 MSC、Baseline、SNV 结合能进一步提高模型对参数的预测精度，这与已有研究关于不同光谱预处理方式对土壤等地物的光谱分类和预测模型精度影响的结论一致(Stenberg et al., 2010; 褚西鹏等, 2012)。本研究涉及 19 种优势树种和有害植物,不同树种的叶片结构差异较大。SNV+1st处理可以有效消除基线和其他背景的干扰,消除表面散射和光程对光谱的影响,最大程度提高模型预测参数的性能(褚小立等,2004)。采用 PCA 算法、非线性的基于核的 PCA 降维和 MDS 进行降维处理,所建立的模型精度存在差异,其中,PCA 降维算法所得的模型精度最高。从模型确定系数和 RPD 值发现,PLSR 和 SVMR 都可以用于叶片养分建模,不同建模方法模型精度存在差异,交叉验证和独立验证结果均表明,SVMR 模型比 PLSR 模型在 TN、TP、TK 快速检测中精度更高,因此认为 SVMR 模型更适合可见光近红外光谱进行叶片养分建模,这与 Xu 等(2018)研究结果一致。SVMR 模型性能较 PLSR 模型性能好,可能与叶片 TN、TP、TK 与光谱数据间的非线性程度相关(Morellos et al., 2016)。可见光近红外光谱数据和叶片养分之间由于测量环境或者化学分析等外部因素可能增强这种非线性关系(Iznaga et al., 2014)。

4.1.5.5 结论

以深圳坝光银叶树湿地园和大鹏半岛自然保护区 19 种优势树种和有害植物种叶片可见光近红外光谱与 TN、TP、TK 含量关系为基础,探讨了不同光谱数据预处理方法、不同数据降维方法、不同建模方法对模型精度的影响。结果表明,SNV 处理结合一阶导数的处理方式,在 3 种养分指标建模中,性能均最好。3 种数据降维方式的对比结果显示,PCA 降维处理的模型精度最高,PLSR 和 SVMR 模型交叉验证和外部验证的结果均表明,SVMR 模型的性能最好。SNV 一阶导数处理后数据进行 PCA 降维建立的 SVMR 模型在各个模型中性能最好。

本研究发现模型监测叶片生化组成的能力和光谱数据预处理方法、建模方法等具有密切的关系,但未进行养分建模的光谱特征分析。后续研究将进一步探索叶片养分建模机理,并结合机器学习等方法,探索光谱特征选择和机器学习算法对叶片生化组成建模和预测精度的影响。

4.1.6 基于机器学习的古银叶树群落优势树种高光谱分类

森林树种识别对于了解森林组成和树种分布、保护森林资源具有重要意义(Sobhan, 2007)。传统的基于地面调查的树种识别方法在大区域森林资源调查中费时、费力、成本高。高光谱遥感具有精细的光谱分辨率,能够探测地物细小的光谱差异,为快速、大面积的森林树种识别提供了可能,相关研究已成为国际高光谱植被遥感研究的热点(Harrison et al., 2018; Madonsela et al., 2017)。国内外学者基于高光谱数据的树种分类研究主要有成像高光谱数据和非成像高光谱数据两类;一类以 Hyperion 高光谱影像为代表,探索这类高光谱成像卫星遥感数据进行树种分类识别可行性,另一类是基于叶片尺度的高光谱树种分类机理研究。这些研究表明,高光谱遥感数据能够较好地进行树种分类研究(George et al., 2014; Fassnacht et al., 2016)。高光谱数据波段间隔小,信息量大,数据质量受到信噪比等因素影响,且波段间相关性高,这导致地物分类处理时出现精度和效率下降,因此在分析之前对数据进行预处理、特征降维很有必要(张银涛, 2014)。高光谱数据预处理形式主要有原始数据(R)、一阶导数(First Derivative，1st)、二阶导数(Second Derivative，2nd)、基线校正(Baseline)、标准正态变量变换(SNV)、多元散射校正(MSC)等(褚小立等，2004)。特征降维的方法主要有特征提取和特征选择，常用的特征提取方法如主成分分析(PCA)等。分类方法研究是遥感分类研究的重点内容，支持向量机分类(SVMC)、随机森林分类(RFC)等是最近几年使用较多的分类算法(李丹等，2016；杨珺雯等，2015)。

本研究以坝光湿地园古银叶树群落优势树种为研究对象，利用ASD光谱仪实测了8种叶片可见光近红外光谱数据，分析不同数据预处理方法对树种识别分类的精度的影响；并对比了随机森林算法和支持向量机算法对数据进行分类精度；最后基于随机森林进行特征提取，识别了树种分类的特征波段，分析了树种光谱可分性的机理，为影像尺度的遥感分类研究提供参考。

4.1.6.1 不同数据预处理方式对分类精度的影响

6种不同数据预处理方法进行分类的精度如表4-15所示。从表4-15可知，一阶导数进行分类建模的分类效果最佳，其平均分类精度达到76.65%；二阶导数类型数据其分类建模的平均精度为76.07%，两者相差0.58%，这两种差异的出现主要是由于一阶导数的预处理可以去除同波长无关的漂移，而二阶导数去除同波长线性相关的漂移，削弱了数据间线性相关性，同时会引入噪声，最终使得分类精度略低于一阶导数数据类型。基线校正数据类型的分类建模精度为74.72%，仅次于向量机分类SVMC。相反，由于标准正态变量变换和多元散射校正主要是消除颗粒分布不均等产生的散射影响，放大了可见区域光谱差异，变换不具有压缩原光谱数据的能力，数据形式维度大和信息冗余严重可能是导致分类效果差的主要原因(史飞飞等，2017)。

表4-15 不同数据预处理类型对分类精度的影响

分类算法	R	1st	2nd	Baseline	SNV	MSC	平均精度
RFC(%)	74.16	76.24	77.13	72.97	70.79	67.13	73.07
SVMC(%)	76.18	77.06	75.00	76.47	54.41	56.47	69.26
平均精度(%)	75.17	76.65	76.07	74.72	62.60	61.80	/

4.1.6.2 不同分类方法的精度比较

对分类建模方式和分类精度进行分析比较，结果如表4-15所示。随机森林和支持向量机两种分类建模方式比较而言，采用随机森林算法进行分类建模的效果最佳，其平均精度为73.07%，该算法采用Bagging抽样技术，能有效地减少过拟合的风险，具有较好的抗噪声和泛化能力，因此在与支持向量机算法进行比较时，随机森林算法的稳定性好、精度高等特点得到了明显体现。

通过分析比较可知，当数据类型为一阶导数，分类算法采用随机森林算法时，其分类精度最优。在此基础上，将数据集分为训练数据集和验证数据集，分别用来建立分类模型和验证分类精度，采用随机不放回抽样方法进行 10 次建模试验，最终以混淆矩阵的方式将结果进行输出(图 4-8)。纵向表示实际的分类结果(分为 0~7 共 8 类)，横向表示建模分类结果(分为 0~7 共 8 类)，以准确率为指标 8×8 的混淆矩阵进行可视化处理，颜色越浅的区域表示其分类精度越高。同时，进一步分析试验分类错误的部分。将 10 次建模试验的分类出错率较高的部分以错误率为指标构成混淆矩阵，结果如图 4-8 所示，图 4-8 中颜色为白色的区域表示其错误率较高，主要表现在细叶榕与多毛茜草、阴香、银叶树易错分；银柴与阴香易错分；银叶树与鹅掌柴存在误分。

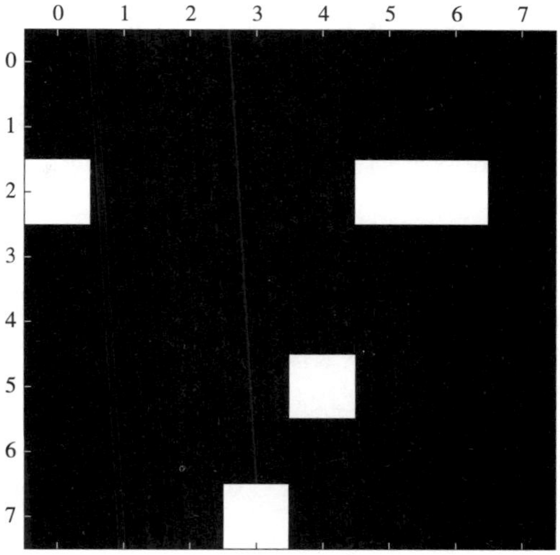

图 4-8　分类错误率结果示意图

4.1.6.3　树种分类的特征波段

图 4-9 中显示采用随机森林算法基于原始光谱和一阶导数光谱分类模型的变量重要性。

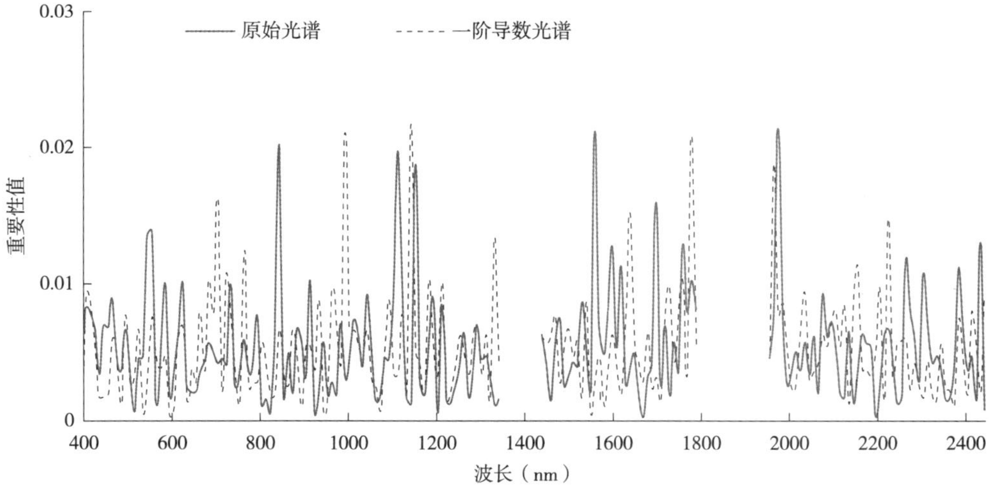

图 4-9　变量重要性

从图 4-9 可知，400nm、495nm、615~675nm、835nm、915~975nm、1035~1065nm、1085~1135nm、1265~1275nm、1425~1535nm、2040nm、2100~2270nm、2430nm 附近光谱数据数值相对较高。在分类中，这些波段的数值对于物种分类的贡献大。400nm、615~675nm 的吸收与色素吸收相关(Curran et al.，1989；Thenkabail et al.，2002)，490nm 附近的吸收与氮素的吸收有密切的关系，835nm 的吸收与植被生物化学属性重金属胁迫相关(Thenkabail et al.，2002)，915~975nm 的吸收与水分吸收相关(Thenkabail，2002)，1035~1065nm 位于蛋白质吸收和油脂区间内(Curran，1989)；1085~1135nm 位于 C-H 伸缩键和 2 阶倍频处，这附近的光谱与纤维素吸收有关；1265~1765nm 在一些研究中被用于反演水分和其他生化参数(Sims et al.，2002；Sun et al.，2008；Mahajan et al.，2014)，

1435~1535nm 位于淀粉、糖类、木质素、纤维素、蛋白质、氮素等特征吸收区间内(Curran, 1989), 2040nm 位于水分吸收区间内(Thenkabail et al., 2002)、2100~2270nm 位于蛋白质、氮素、淀粉等吸收区间内；在基于 ASTER 数据进行一些植被分类研究中，ASTER 数据的 Band 9(2360~2430nm)被用于分类中(Breunig et al., 2011)。

4.1.6.4 结论

本研究基于支持向量机分类算法和随机森林分类算法，分析坝光银叶树湿地园内重要优势树种光谱分类的精度，并识别了主要的光谱特征。进行不同数据预处理时，一阶导数预处理分类精度较高。两种分类方法显示，随机森林分类算法精度较支持向量机算法高，平均精度为 73.07%。对树种分类影响较大的光谱特征变量位于 400nm、495nm、615~675nm、835nm、915~975nm、1035~1065nm、1085~1135nm、1265~1275nm、1425~1535nm、2040nm、2100~2270nm、2430nm 附近，这些特征变量的选择多位于木质素、纤维素、淀粉、蛋白质、氮等吸收特征区间内。利用叶片光谱数据对上述优势树种进行分类是可行的。

4.1.7 古银叶树群落种群生命表及生存力分析

种群作为物种在自然界中存在的基本单位，是生物群落的基本组成单元，种群结构和动态是生态学研究的核心问题之一(Gurevitch et al., 2002)。种群生命表是统计种群数量动态的有效方法之一，根据种群生命表所提供的数据，不仅能获取种群的存活率、死亡率和消失率等种群特征重要参数，还能重建种群过去的干扰历史，探索种群的进化演替历程，预测种群未来生命趋势及生存可能性，进而反映种群对环境的适应力(张钦弟等，2010；刘丹等，2017)。植物种群动态是植物个体生存能力与外界环境因素相互作用的结果，对种群数量或大小在时间和空间上的变化规律有较好的解释作用(党海山等，2009)。生存分析的 4 个函数可辅助种群生命表分析，能更好地阐明种群生存规律(杨凤翔等，1991)。

国内外对银叶树的群落结构(陈晓霞等，2015)、生物学特性(简曙光等，2005)、药用价值(Christopher et al., 2014)、果实特征及萌芽技术(Ye et al., 2004)、盐度和淹水对其苗木的影响(Paliyavuth et al., 2004；Mangora et al., 2017)、遗传多样性(Jian et al., 2010；Das et al., 2001；Hu et al., 2015)等方面做了相关研究，但对种群结构和生存力分析方面的研究较为缺乏。本研究以种群生态学理论为基础，对坝光古银叶树种群的数量特征进行初步分析，编制种群生命表，探讨种群动态和生存状态，以期为坝光古银叶树种群和群落的更新、生态系统的恢复和资源合理利用等提供科学依据。

4.1.7.1 银叶树种群静态生命表

由银叶树种群静态生命表(表 4-16)可知，银叶树种群数量随着龄级的增大波动较大。总体来说，银叶树幼苗、幼树个体数量较丰富，个体数量高峰期出现在第Ⅰ~Ⅲ龄级。死亡率和消失率均在第Ⅰ和第Ⅲ龄级出现小高峰，出现小高峰的原因可能是由于银叶树幼苗和幼树个体数量较多，而此阶段生长和竞争能力相对较弱。Ⅳ龄级时种群的死亡率和消失率最低。从第Ⅳ龄级开始，银叶树种群期望寿命值随着龄级的增加呈逐渐降低趋势，在第

XIII龄级时种群期望寿命仅为0.500，说明银叶树种群生命期望在成年阶段较高。银叶树种群存活率在第I龄级最低，仅为19.70%。

表 4-16 银叶树种群静态生命表

龄级	径级	组中值	α_x	α'_x	l_x	$\ln l_x$	d_x	q_x	L_x	T_x	e_x	K_x	S_x
I	0~5	2.5	147	147	1000	6.908	803	0.803	599	1303	1.303	1.623	0.197
II	5~10	7.5	29	29	197	5.285	34	0.172	180	704	3.569	0.189	0.828
III	10~15	12.5	24	24	163	5.095	88	0.542	119	524	3.208	0.780	0.458
IV	15~20	17.5	9	11	75	4.315	7	0.091	71	405	5.409	0.095	0.909
V	20~25	22.5	2	10	68	4.220	7	0.100	65	333	4.900	0.105	0.900
VI	25~30	27.5	9	9	61	4.115	7	0.111	58	269	4.389	0.118	0.889
VII	30~35	32.5	9	8	54	3.997	7	0.125	51	211	3.875	0.134	0.875
VIII	35~40	37.5	9	7	48	3.863	7	0.143	44	160	3.357	0.154	0.857
IX	40~45	42.5	4	6	41	3.709	7	0.167	37	116	2.833	0.182	0.833
X	45~50	47.5	7	5	34	3.527	7	0.200	31	78	2.300	0.223	0.800
XI	50~55	52.5	4	4	27	3.304	7	0.250	24	48	1.750	0.288	0.750
XII	55~60	57.5	4	3	20	3.016	7	0.333	17	24	1.167	0.405	0.667
XIII	≥60	≥62.5	9	2	14	2.610	—	—	7	7	0.500	2.610	—

注：a_x为存活数；a_x^1为匀滑后存活数；l_x为标准化存活数；d_x为各区间标准化死亡数；q_x为死亡率；L_x为区间寿命；T_x为总寿命；e_x为期望寿命；K_x为消失率；S_x为存活率。

4.1.7.2 银叶树种群存活曲线

以龄级和标准化存活个体数的自然对数$\ln l_x$为横坐标和纵坐标，绘制银叶树种群存活曲线(图4-10)。银叶树种群各龄级之间存活率均呈下降趋势，但在I龄级和III龄级的下降趋势比其他龄级更明显。

种群存活曲线可分为3种：Deevey-I型凸曲线型、Deevey-II型对角线型和Deevey-III型凹型(钟军弟等，2018)。本研究中银叶树种群的存活曲线趋于Deevey-II型和Deevey-III型，分别选用指数函数($N_x=N_0e^{-bx}$)和幂函数($N_x=N_0x^{-b}$)对Deevey-II型和Deevey-III型存活曲线进行拟合，检验其拟合结果。采用上述2种模型对坝光银叶树种群存活曲线类型进行检验，建立其相应模型得到下式：

$$N_x=6.220e^{-0.062x}(R^2=0.918,\ F=122.953,\ P<0.01)$$

$$N_x=6.990x^{-0.318}(R^2=0.929,\ F=143.857,\ P<0.01)$$

从以上结果可知，2种模型均达到极显著水平，相关性均较高，但幂函数拟合方程的相关系数比指数函数更高，因此本研究中银叶树种群存活曲线更趋向于Deevey-III型曲线，即银叶树早期个体数量多，死亡量、死亡率和消失率高，生长到成熟时期时，种群内个体趋于稳定。

4.1.7.3 银叶树种群死亡率和消失率曲线

以龄级为横坐标，死亡率q_x或消失率K_x为纵坐标，绘制银叶树种群死亡率和消失率曲线(图 4-11)。银叶树种群死亡率和消失率曲线均在第 I 龄级和第 III 龄级出现 2 个峰值，其变化趋势基本一致，死亡率分别为 80.30%和 54.20%。整体而言，银叶树种群的死亡率和消失率曲线随着龄级的增加呈现先减小后增加的趋势。

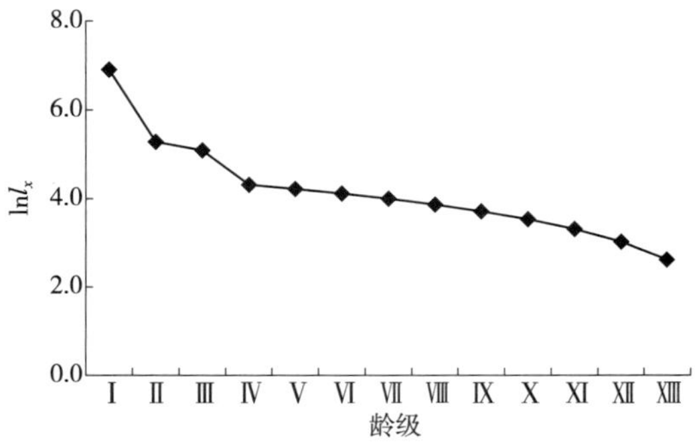

图 4-10　银叶树种群的存活曲线(l_x)

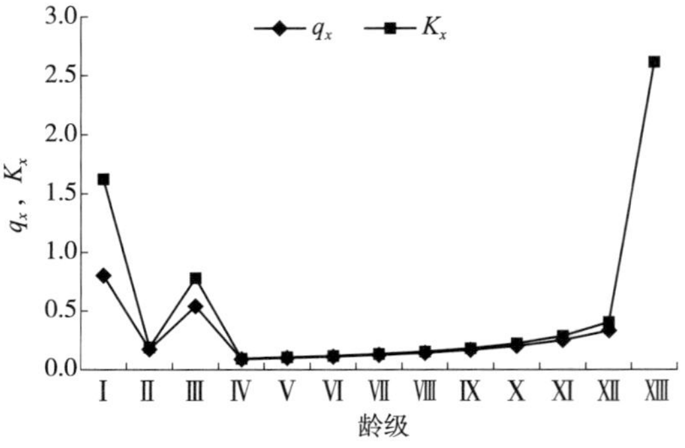

图 4-11　银叶树种群死亡率(q_x)和消失率曲线(K_x)

4.1.7.4　银叶树种群年龄结构动态

银叶树种群结构动态的量化分析显示，从第 I ~ XIII龄级的相邻龄级间个体数量变化动态指数(V_n)分别为 80.27%、17.24%、62.50%、77.78%、−77.78%、0.00%、0.00%、55.56%、−42.86%、42.86%、0.00%和−55.56%。银叶树种群年龄结构的动态指数(V_{pi})为 57.40%，大于 0，说明该种群为增长型种群。在考虑种群受到潜在外部环境干扰情况下，银叶树种群龄级结构的动态指数(V'_{pi})为 2.21%，接近 0，即考虑潜在外部干扰情况时种群仍保持明显的稳定结构。

4.1.7.5　银叶树种群生存分析

图 4-12 和图 4-13 为银叶树种群生存率函数曲线、累计死亡率函数曲线、死亡密度函数曲线和危险率函数曲线。银叶树种群的生存率随龄级的增大大致呈递减趋势，相应的累计死亡率则呈递增趋势；生存率和累计死亡率曲线在第 I ~ III 龄级变化幅度均较大，之后变化缓慢。种群死亡密度函数曲线比较平缓，第 I ~ III 龄级死亡密度较大，而危险率函数则在第 XII 龄级最大，从第 III 到第 XII 龄级随着树龄的增大危险率呈增大的趋势。

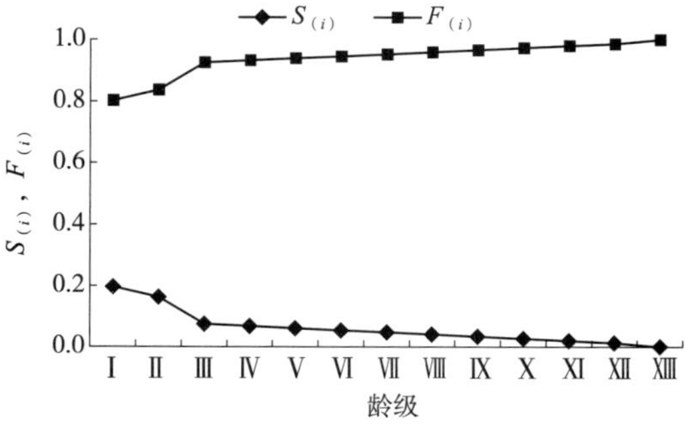

图 4-12　银叶树种群生存率函数 $S_{(i)}$ 和累计死亡率函数 $F_{(i)}$ 曲线

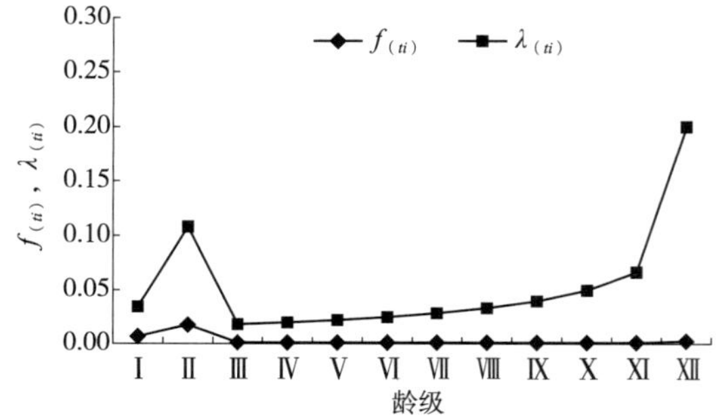

图 4-13　银叶树种群死亡密度 $f_{(ti)}$ 和危险率函数 $\lambda_{(ti)}$ 曲线

4.1.7.6 结论与讨论

通过对坝光银叶树种群的野外调查，用径级法分析了银叶树种群的数量特征与动态。种群年龄结构、静态生命表、存活曲线、死亡率曲线和消失率曲线能反映其生物学特性与环境因素相互作用关系(李豪等，2013)。银叶树种群整体上以幼苗和幼树为主，定量分析种群数量变化动态指数>0，说明该种群为增长型种群，但考虑未来潜在干扰影响时数值接近0，说明种群仍保持稳定，这与陈晓霞等(2015)关于古银叶树群落处于稳定生长型阶段的研究结果一致，尽管银叶树种群在一定时间内保持相对稳定，但随着时间的推移，种群将趋于老化。

银叶树种群生命表显示，种群的存活曲线趋向于 Deevey-Ⅲ型，为衰退型种群。银叶树种群数量的动态变化趋势能通过存活曲线、死亡率曲线、消失率曲线以及4个生存函数体现，种群具有前期数量下降较快，中后期数量相对稳定的特点。在整个生命周期内，银叶树出现2次死亡高峰，分别发生在第Ⅰ和第Ⅲ龄级，这主要是由于银叶树种群在幼苗和幼树期数量较大，对资源的需求也较大，但生境中可利用的资源有限，种内竞争加剧，使得其死亡率增加，这也表明银叶树幼苗、幼树经环境筛选后，大多数个体能存活到正常寿命。

种群在不同生长期的个体数、生存分析及数量动态是由植物在生长周期各个阶段所对应的性状表现和环境因子共同作用决定的，体现了种群动态变化过程和群落的发展趋势(张滋庭等，2018)。通过对坝光银叶树种群生命表、种群动态和生存力的综合分析表明，该种群在一定程度上具有相对稳定性，但由于幼苗、幼树时期死亡率和消失率较高，加速了其走向衰退的风险，因此应及时加以有效的保护，为幼苗和幼树的生长提供优越的存活空间。此外，可适当收集坝光银叶树种子，采用人工育种方式对其进行抚育，扩大分布区域，最终让其拥有更稳定、平衡的发展条件。

4.1.8 基于无人机遥感的古银叶树群落健康快速诊断

古树一般指树龄在100年以上的树木。古树除了具有自身的基本生物价值以外，还有重要的生态价值、科研价值、文化价值、景观价值和社会价值(王碧云等，2016)。但随着树龄增长，古树生长速度放缓，生理机能衰退，对病虫害以及其他自然灾害的抵御能力下降，尤其在全球变化和人类干扰加剧的影响下，其健康和生存正面临着严重威胁，加强古树资源的保护和管理变得十分迫切。在古树的保护和管理过程中，古树健康的诊断和维持是最基础和最重要的工作之一。只有准确掌握古树的健康状况，才能及时采取合适的复壮措施对非健康的古树进行救助，保证古树群落的可持续更新。

树木健康评价一般通过外部特征观察和树体内部检测两种方法进行。在借鉴树木健康评价方法的基础上，研究人员主要采用直接评价法和指标赋值评价法来对古树健康进行诊断(刘瑜等，2013)。直接评价法主要根据古树的外部特征、生长状况以及受病虫害的危害程度等来诊断古树的健康状况(周威等，2016)，采用的指标主要有树木生长的位置、树形、树高、胸径、叶色、枝叶比、新梢生长量、叶面积大小、树冠损伤状况和病虫害程度等。这种评价方法对评价者的经验要求较高，而且很大程度上受到评价人主观因素的影响。指标赋值法将直接评价法的指标进行分类，通过层次分析法赋予不同的权重值(苏纯兰等，2016)，这在一定程度上减少了直接评价法的主观性。但由于所采用的指标多为定性指标，因此也无法从根本上解决主观因素对评价结果的干扰。近年来，有学者采用应力波断层技术对树干内部的空洞和腐朽状况进行检测，其快速和无损的特点很好地满足了古树健康诊断的特殊要求，因此被广泛应用(夏聪等，2015)。但该方法只能用于探测树干内部的腐朽和空洞，无法全面诊断树木的整体状况。总体来说，古树健康诊断属于树木健康诊断范畴，但又具有其独特性。古树树龄较大，对生态、文化和科研具有特殊的意义，短时间内不可再生，因此对于诊断方法的无损要求较高，目前国内外尚未形成统一的古树健康评价体系。此外，古树的分布方式也不同于普通森林，多呈零星分布，成片的古树群落较少，因此针对古树群落尺度的健康评价也少有研究。近年来，无人机低空遥感技术逐渐成熟，在群落尺度的色素、养分含量反演和森林健康评价方面发挥了重要作用(孙中宇等，2017；胡建波等，2018)，其快速、灵活和无损的数据获取特点为古树群落的健康评价提供了新的途径(Pause et al.，2016)。本研究以我国最大的古银叶树群落为研究对象，采用无人机低空遥感和地面调查相结合的方法，探讨无人机遥感在古树群落健康诊断方面的应用价值和注意事项。研究结果可补充完善古树健康诊断的方法体系，也可为我国古树群落的评价和管理提供技术指导。

4.1.8.1 古银叶树群落地面信息

古银叶树群落的物种丰富度指数、Shannon 指数和 Simpson 指数均呈现类似趋势，即在邻海陆地生境较高，盐生沼泽最低；远海陆地生境中的生物量明显高于邻海陆地和盐生沼泽(表 4-17)。

表 4-17 坝光古银叶树群落物种多样性及生物量特征

指标	邻海陆地	远海陆地	盐生沼泽
丰富度	65.00	42.00	34.00
Shannon 指数	3.28	2.77	2.57
Simpson 指数	0.93	0.89	0.87
生物量(t/hm^2)	210.5	453.0	348.3

3 个生境的古银叶树群落均为Ⅰ级胸径(1.0~4.9cm)的个体最多，说明都具有较好的更新能力。远海陆地生境和盐生沼泽生境中的群落胸径结构完整，但邻海陆地生境中缺少Ⅵ(30.0~39.9cm)和Ⅷ(≥50.0cm)级胸径的树木个体，植株个体较为年轻(附图 4-1)。而树高等级比例显示，邻海陆地生境缺少树高≥10.0m 个体，而远海陆地生境和盐生沼泽生境的树高结构完整。这可能与海岸生境的自然环境，如海风和潮水的涨落密切相关。海风中携带的盐雾降落到邻海陆地植株叶片表面，会形成高浓度的盐离子胁迫环境，严重降低光合等生理特征；而潮水的涨落会形成间歇性海水浸泡的生境类型，多数植物会难以适应而导致生长不良，只有少数能适应这种两栖生境的植物才能存活生长。300 年以上的古银叶树主要分布在远海陆地和盐生沼泽生境。

从表 4-18 可知，随着树龄逐渐增加，银叶树胸径和树高均逐渐增加，直到 315 年达到最大值(胸径 130cm；树高 15m)，之后出现明显下降，515 年的古银叶树胸径和树高仅分别为 43.9cm 和 10m。而冠幅的最大值出现在 135 年和 265 年(10m×10m)，515 年仅为 7m×7m。315 年和 515 年的银叶树均出现明显的树洞，而且 515 年的树洞最大。

表 4-18 不同年龄银叶树形态特征

特征	<100 年	135 年	265 年	315 年	515 年
保护等级	—	三级	三级	二级	一级
胸径(cm)	54.8	64.7	90	130	43.9
树高(m)	10	10	11	15	10
冠幅(m)	6×7	10×10	10×10	8×10	7×7
树洞高度(cm)	—	—	—	73.4	156
树洞宽度(cm)	—	—	—	43.3	44.8
树洞深度(cm)	—	—	—	46.2	78.4

4.1.8.2 无人机低空遥感获取的群落冠层信息

无人机遥感获取的古银叶树群落冠层林窗信息显示，沼泽生境的林窗数量少，平均面积大，形状复杂度低。而邻海陆地生境和远海陆地生境的林窗数量多，平均面积小，形状复杂度高(表 4-19)。无人机遥感获取的冠层高度显示，盐生沼泽生境的冠层高度最低，邻海陆地生境的冠层高度次之，远海陆地生境的冠层高度最高(附图 4-2 和附图 4-3)。

表 4-19 古银叶树群落冠层林窗特征参数

生境	单个样方林窗数量(个)	林窗密度(个·hm^{-2})	最大林窗指数	边界密度(m·hm^{-2})	形状指数	光合有效辐射截面比(%)
邻海陆地	55	24893	26.07	133393.49	15.51	94
远海陆地	52	27180	20.37	133309.82	14.60	94
盐生沼泽	31	11307	42.74	73821.2	9.89	85

基于无人机高光谱遥感获取的古银叶树群落冠层高光谱信息显示，邻海陆地、远海陆地以及盐生沼泽的冠层 NDVI 指数、NRI 指数和 FHI 指数图谱呈现出一致的趋势，即所有用来评价群落健康的光谱指数值都表现为远海陆地生境>邻海陆地生境>盐生沼泽生境(附图 4-4)。其中，FHI 指数范围在-0.962 到 1.558 之间，均值为 0.664。FHI 指数图谱显示健康状况较差的银叶树群落主要分布在盐生沼泽生境和邻海陆地生境，而健康状况较好的银叶树群落主要分布在远海陆地。这一结果与野外调查结果相一致。

4.1.8.3 结论与讨论

本研究采用无人机低空遥感的技术手段对我国最古老的银叶树群落的健康状况进行了初步诊断。结果表明，无人机遥感获取的评价结果与地面实际调查结果契合度较高，无人机遥感可作为古树群落健康快速诊断的有效手段。在本研究中，盐生沼泽生境中的银叶树群落生物多样性最低，邻海陆地和远海陆地生境较高。从古树的年龄级来看，盐生沼泽生境主要生存的是300年以上的古树种群，而邻海陆地和远海陆地生存的是135~300年树龄的古树种群。树洞的大小及数量随着树龄的增加而增加。生物多样性梯度、银叶树树龄梯度以及树洞数量和大小梯度均在无人机高光谱评价结果上有所指征，即NDVI、NRI、YI以及FHI的结果均表现出盐生沼泽<邻海海岸<远海陆地的趋势。总体来说，古银叶树群落的健康状况为远海陆地生境最好，而盐生沼泽生境最差。这主要是由于盐生沼泽中，银叶树受到水淹和盐分的双重胁迫影响，种子萌发和幼苗生长较差，严重影响林下更新；邻海陆地生境中生长的银叶树受到海风及盐雾的影响，也不利于生长；而远海陆地生境地势较高，不会形成水盐胁迫环境，且有邻海陆地生境的海风遮挡，有利于生长和更新。地面调查和无人机高光谱遥感均很好地反映了这一客观趋势。

本研究通过古树群落冠层的高光谱信息来指征古树的群落健康，这主要是因为林冠高光谱数据本身包含了丰富的植物生长信息，对植物色素、养分、活力等具有很好的指征作用。林冠是树木的主要光合层，与生物多样性维持、物种更新、植被演替等关键生态系统结构与功能紧密关联，是森林健康状况最灵敏的指示层(邱建丽等，2008)。一些植被指数常被用来反映树木生长胁迫以及评价森林健康，如比值植被指数(RVI)、归一化植被指数(NDVI)、NDVI705、SIPI、综合植被指数(TCARI/OSAVI)等。在无人机遥感蓬勃发展之前，这些高光谱数据多通过手持式平台(Lee et al.，2015；Piro et al.，2017)、卫星平台(Arellano et al.，2015；Heumann，2011)或载人飞机平台(Brovkina et al.，2017)获取。手持式平台测量面积小，卫星高光谱数据空间分辨率低，受云层影响，很难反映小面积群落的健康信息，载人飞机平台数据获取成本较高，很难广泛应用。但是随着增稳技术改进、高光谱传感器轻小化、载荷能力增加、成像技术改善，无人机高光谱在健康诊断方面的研究中得到越来越广泛的应用。如Calderón等(2013)利用无人机获取的高光谱影像估测了西班牙北部一片葡萄园内葡萄叶片的类胡萝卜素含量，并用来指征其生理健康。Turner等(2014)通过多旋翼无人机携带高光谱相机获取的高光谱数据评价了南极苔原苔藓的活力。Näsi等(2015)用八旋翼无人机携带高光谱相机，调查了芬兰南部云杉林被欧洲云杉小蠹虫侵染后的健康情况。因此，无人机低空遥感技术的成熟很可能为小面积的古树群落健康评价提供新的途径。但目前为止，无人机低空遥感用于古树群落健康诊断的案例非常稀少。本研究的初步尝试结果为无人机遥感快速、无损诊断古树群落健康提供了一定的实践依据。

本研究采用了现有的比较成熟的光谱指数来对古银叶树群落健康进行了初步诊断，并未针对银叶树群落特征构建新的光谱指数，但诊断结果仍表现出了与地面调查结果较高的一致性。在此基础上若有针对性地构建适用于银叶树群落健康诊断的特异性光谱指数，对银叶树群落冠层色素和养分含量进行精确反演，将会得到更精确的古银叶树群落健康诊断结果。另外，基于地面调查的古树健康诊断一般是根据林木的生长发育、树叶的大小和颜色、结实和繁殖状况以及病虫害程度等，构建一整套指标体系进行评价(胡爽等，2017)。

本研究采用无人机低空遥感与样地调查相结合的手段评价了不同生境内的古银叶树群落健康状况。通过地面调查发现，盐生沼泽生境的古银叶树由于树龄高，其树洞大且数量多，林窗面积最大，数量最少，形状复杂度最低，光合有效辐射截面比最小，生境内生物多样性最低，其健康状况最差；而无人机遥感揭示NDVI、NRI、YI以及FHI的数值均表现出盐生沼泽小于远海陆地和邻海陆地的趋势。无人机遥感的评价结果与地面调查结果契合度较高，可以客观反映古银叶树群落在空间上的健康差异。完善的无人机遥感评价体系能快速、无损、定量化地诊断古树群落健康，但体系的构建应该选取哪些指标，如何标准化流程，怎样确立评价阈值，评价结果如何同地面调查数据有力结合等问题仍需深入探讨。

4.2　古银叶树群落保育技术研究

4.2.1　古银叶树群落及其生境状况分析

古银叶树群落郁闭度介于0.70~0.85之间。因长期得不到间断的潮水浸泡，部分分布于远海陆地的银叶树有枯根现象；另外，有部分银叶树生长在缺水、贫瘠的土壤中，甚至被水泥铺装，银叶树板根拓展受到限制(陈晓霞等，2015)；加之台风等自然灾害影响，部分古银叶树受到损害。

对土壤肥力分析可知，古银叶树群落盐生沼泽生境和陆地生境土壤综合肥力系数分别为1.48和1.22，土壤肥力为一般。对古银叶树叶片养分状况进行了测定，结果表明银叶树叶片N∶P低于10及叶片N含量低于20.0g/kg，说明银叶树生长受到N元素限制。经古银叶树群落有害生物调查可知，部分古银叶树被寄生藤(量天尺与藤黄檀)缠绕，寄生藤生长覆盖于古银叶树冠层，严重影响到古银叶树正常生长。此外，古银叶树受叶斑病、八点广翅蜡蝉、长鼻蜡蝉危害较大。

经无人机低空遥感监测可知，健康状况最差的银叶树群落主要分布在盐生沼泽湿地生境，邻海陆地生境的银叶树群落健康状况一般，而健康状况较好的银叶树群落主要分布在远海陆地生境，这主要是与土壤环境和年龄结构有关。300年以上的银叶树逐渐走向衰老，主要表现为林冠开始稀疏、树洞逐渐变大等，盐生沼泽湿地的古银叶树群落很多已经表现出明显的衰老特征。根据三维激光扫描的银叶树点云可知(附图4-5)，500年树龄的银叶树树木更高，树干呈偏态生长且分布有较大的树洞，冠幅和胸径更小，冠幅是单轴的矩形分布，树高与冠幅的比值为1∶23。而100年树龄的银叶树，树干笔直且没有树洞，胸径更大，冠幅接近圆形，树枝呈多轴均匀分布，树高与冠幅的比值为0.61。由于银叶树生长在沿海湿地，需要面对强烈的海风侵扰。从稳定性的角度分析，树木矮而胸径大、树干完整、较小的树高与冠幅比，这些树木特征均有利于抵抗海风。因此，从形态学分析，100年树龄的银叶树抗台风、抗倒伏的能力较强；而500年的银叶树的生长更易受到台风的影响，容易产生折枝和倒伏，需要采取措施加以特别保护。银叶树的一个显著的特点是具有多个板状根，在面对强台风时，分布在不同方向的板状根具有良好的稳定性，能够有效防止银叶树倒伏。

4.2.2　古银叶树群落保育技术

4.2.2.1　古银叶树复壮技术

(1)古银叶树施肥技术

古银叶树群落土壤肥力一般，无法满足银叶树生长所消耗的养分。为古树补充养分常用的方法为古银叶树根系追肥和施叶面肥。根系施肥一般采用追肥沟施或穴施的方式，施叶面肥可及时为古树补充养分，通过表面的气孔可以直接吸收养分并进行利用，叶面施肥较根系施肥更加快速有效(杨梦，2020)。

①根系施肥与土壤改良技术

在古银叶树群落小丘(远海)陆地生境下，对于生长状况不良的古银叶树，以树干为中心，沿树冠投影外层挖一个径向沟，追肥沟的条数一般8~12条，以长100~120cm、宽10~15cm、深20~30cm为佳。挖沟时应注意避免伤及侧根。将挪威复合肥均匀撒施在沟内，肥料撒施后，应及时覆土，覆土高度不宜低于地面。施肥季节为每年3~4月和7~8月，每次施肥量为1.5~2.0kg·株$^{-1}$。

在古银叶树群落海滩(邻海)陆地生境下，因受海沙影响较大，土壤沙质化严重，保水与保肥能力差，古银叶树群落健康状况一般，需要土壤改良。客土为腐殖质土、黄泥土和海沙(体积混合比例为1∶2∶1)。在古银叶树主干为中心的土壤沙化严重区，去除沙土，更换新土，更换土层深度为30~50cm，首次换去50%的沙土，在第二年或第三年再换另外50%的沙化土。换土应在树木休眠期的11~12月。在土壤改良的同时，以树干为中心，沿树冠投影外层挖一个径向沟，追肥沟的条数一般8~12条，以长100~120cm、宽10~15cm、深20~30cm为佳。挖沟时应注意避免伤及侧根。将挪威复合肥均匀撒施在沟内，肥料撒施后，应及时覆土，覆土高度不宜低于地面。施肥季节为每年3~4月和7~8月，每次施肥量为1.5~2.0kg·株$^{-1}$。

在古银叶树群落盐生沼泽生境下，古银叶树群落健康状况一般，土壤肥力一般；土壤表层施肥(追肥沟)受海水涨潮与退潮的影响较大，养分流失较为严重。采用打桩法施肥，以树干为中心，同心圆按120°边线上分别布设3个施肥穴(树冠投影处)，施肥穴孔径在5~6cm，深40~60cm，将直径约6厘米的木桩，敲打入土，拔桩后，将挪威复合肥与腐殖质土充分混合后及时填洞。施肥季节为每年3~4月和7~8月，每次施肥量为1.5~2.0kg·株$^{-1}$。

②喷施叶面肥

在古银叶树群落土壤施肥的基础上，需要喷洒叶面肥，促进古银叶树叶片生长。叶面施肥措施为每年3~10月晴天喷施叶面肥，每2个月喷洒叶面肥一次，连续施肥3年；叶面肥为氮、磷、钾的营养配比为20∶20∶20的花多多®复合肥1000倍液。

(2)促根技术

在古银叶树树冠外缘内0.8~1.0m处，环冠垂直开沟深40~50cm的小沟，用利刀或利锹清理吸收能力差的老根，要求伤口平整、不开裂，然后沿环沟内缘，施入浓度为50mg/L浓度的IBA生长催根剂，可视根地段多施，以沟底湿润为宜，也可直接用喷雾器喷湿根部切口，然后回填优质种植土于沟中，催根。

(3)古银叶树树洞修补技术

调查发现，300年银叶树在板状根附近出现单侧分布的树洞，不具有贯通性；而500年银叶树的树洞已单向贯通树干。树洞的连通性对树木的稳定性影响较大，因此在银叶树的日常保护中需要密切关注300年以上的银叶树树洞发展状况。古树树体受损后形成的树洞需要及时进行修补，否则树洞存在进一步扩大的趋势，从而加剧古银叶树衰退。古银叶树树洞修补前应做好排水、清创和消毒等清理工作。树洞清理是树洞修补的基础，清理工作质量的好坏关系到后期的修补质量。采用人工清理的方式，利用木工凿子、铲刀等工具将树洞内的腐烂组织和受侵染组织的边缘削平滑，尽量保护洞口的愈伤组织，树洞内壁采用杀虫杀菌剂喷洒2次以上。之后，采用季铵铜(ACQ)溶液或熟桐油对树洞打磨后的创面进行涂刷，其中熟桐油涂刷后应使其干透形成氧化膜，连续涂刷3遍以保证氧化膜致密性(向见等，2015)。小型树洞可直接用聚氨酯泡沫填充，待其硬化后，将发泡剂表面做削平处理，洞口边缘用紫胶脂进行封缝处理。大型树洞或者开口向下的树洞，则需要在洞内搭“金属骨架”做内部支撑，用聚氨酯泡沫填充，待其硬化后，将发泡剂表面做削平处理，洞口边缘用紫胶脂进行封缝处理。遇到古银叶树倾斜或树冠偏冠，存在潜在倒伏风险，应在倾斜或偏冠一侧构筑树体支撑，减少树木的承压力。

4.2.2.2 古银叶树群落天然更新生境状况及人工促更新措施

森林天然更新是一个非常复杂的生态学过程，受环境条件、自然和人为干扰，以及更新树种的遗传学、生理学、生态学特性及其与周围树种之间的关系(如植物种间的竞争、化感作用)等影响(Zhu et al.，2003)。成功的森林天然更新(有性繁殖)必须具备以下条件：充足且有生命力的种子或种源，适合种子萌发，支持幼苗成活、生长和幼树形成的环境条件(李俊清等，2003)。古银叶树群落调查可知，银叶树共有243株，胸径(D>50cm)银叶树有17株，所占银叶树比例仅为7.0%，而胸径(1cm≤D<10cm)137株，所占银叶树比例达56.4%，而银叶树幼苗(树高低于1.3m)数量为89株，所占银叶树比例为36.6%。在陆地生境下，古银叶树群落内存在银叶树自然更新幼苗(附图4-6)，因银叶树自然更新幼苗受光照与土壤肥力影响很大，幼树周围空间竞争树种较多(陆地生境)，幼苗很容易被其他树种逐渐取代而走向衰亡；在盐生沼泽生境下，受光照(透光率仅20%)、土壤养分及海水涨潮与退潮的影响，银叶树更新幼苗自然更新能力差，这主要是由于银叶树落地果实受海水浸泡，盐分抑制了银叶树果实萌芽，同时，沼泽生境土壤水分常年处于饱和状态，抑制了银叶树幼苗的正常生长。银叶树更新幼苗受光照、土壤肥力、海水潮汐及种内和种间更新幼苗竞争的影响，古银叶树群落更新幼苗生长不良，需人工措施促进其正常生长。

(1)古银叶树群落透光伐

调查发现，沼泽生境下古银叶树群落更新幼苗所处生境透光率仅20%左右，光照不足严重抑制了更新幼苗正常生长，需要进行透光伐。在古银叶树更新幼苗分布区域，实施古银叶树群落透光伐，扩大林窗面积，增加林内光照强度。伐除风折的劈裂枝、发生病虫害的衰弱枝和占据古树生长空间的徒长枝。透光伐时间为12月份古树休眠期。修枝后造成的伤口应削平后应涂抹生物愈伤剂，用专用胶带密封伤口，防止伤口感染。

(2)古银叶树群落幼苗施肥

由于古银叶树更新幼苗土壤肥力一般，无法满足银叶树幼苗正常生长需求，需要进行施肥管理。所用肥料为水溶性复合肥($N : P_2O_5 : K_2O = 20 : 20 : 20$)。银叶树苗高低于

1.3m，施肥量为 10g·株$^{-1}$，每年 3~4 月和 7~8 月施肥 2 次，连续施肥 3 年；银叶树小苗胸径大于 1cm 和小于 3cm，施肥量为 15~20g·株$^{-1}$，每年度 3~4 月和 7~8 月施肥 2 次，连续施肥 3 年；银叶树大苗胸径大于 3cm 和小于 10cm，施肥量为 500~1000g·株$^{-1}$，每年度 3~4 月和 7~8 月施肥 2 次，连续施肥 3 年。幼苗和小苗施肥措施为将肥料均匀地撒在土壤表面，用耙子耙匀混土后灌足透水；而大苗施肥措施为在银叶树更新大苗树冠投影边缘，挖 5~6 个小穴，施入肥料后覆土填平。

第5章　银叶树苗木培育与造林绿化技术

5.1　银叶树苗木培育技术

5.1.1　种子

5.1.1.1　母树选择

选择树龄超过10年、生长健壮、主杆通直、分枝均匀、树冠圆满、板状根系发达、无病虫害树木作为采种母树。

5.1.1.2　种子采集与品质检验

在每年9~12月间，母树上果实的果皮由绿色变成暗褐色时，即可采种。采摘的蒴果，及时除去杂质，并用清水清洗，随即摊放于通风阴凉处晾干。按GB/T 2772林木种子检验规程对果实大小进行分级，收集外观饱满、无病虫害、单果重超15g的优良种子；外观缺陷、果实受损、有病虫害、单果重低于12g，不宜选用。

5.1.1.3　种子贮藏与调制

新采集的种子如不及时播种，应进行贮藏。贮藏种子含水量应控制在30%~40%，用5‰高锰酸钾药液消毒过的干净河沙，按河沙：种子为3：1的比例混合后置于气温高于10℃的常温下存放，或装入麻袋贮藏，可贮藏0.5~1年，贮藏环境温度不宜低于7℃。种子忌干燥和堆沤。若将种子外调，需要按BG/T 16619林木采种技术中附录E和LY/T 2290林木种苗标签的规定，填写登记种子产地、采种时间、千粒重、种子纯度、发芽率等相关信息。

5.1.2　苗木培育

5.1.2.1　圃地选择

除按GB/T 6001育苗技术规程的相关规定执行外，因银叶树是嗜热型世界广布半红树树种，育苗场圃选择应满足年最低气温高于10℃、交通方便、地势平坦、排水良好、水源充足、微酸性或中性土壤(土层厚度不小于100cm)等条件。

5.1.2.2　整地作床

用于种子催芽的种床：河沙须干净，床宽1.0~1.2m，床高10~15cm，床面平整细致，稍压紧。用于芽苗培育的苗床：播种前应全面深翻土30cm以上，清除石砾及杂草、草根等杂物，床宽1.0~1.2m，床高10~15cm，床面平整细致，稍压紧，保留30~40cm管理步道。

5.1.2.3 苗床消毒

播种前5~7天，用5‰高锰酸钾药液、500倍甲基托布津或500倍多菌灵药液浇透苗床消毒。

5.1.2.4 播种

(1)种子预处理

即采即播或贮藏到翌年春季播种，在播种前需要对种子进行预处理。用枝剪或利刀除去种实1/7左右的种皮(以不伤坏种子、见种胚为准)，使种胚能更容易充分吸收水分膨胀，然后将种子置于桶或其他容器中，用5倍种子体积、45℃左右的热水浸种，去除浮于水面的不饱满种子，自然冷却后12小时捞起晾干待播。

(2)播种与苗床管理

采用点播或撒播，将种子均匀撒在苗床上，不重叠，播种量为5.0~6.0kg·m^{-2}。播种后，沙床催芽苗，上覆盖3.0~6.0cm厚细沙保湿催芽；若选择芽苗直接培育，苗床用细土或经过筛的火烧土覆盖2.0~3.0cm厚，床盖用塑料薄膜拱形封闭覆盖，上加盖遮阳网，同时注意淋水，保持床面湿润。待种子发芽数量达到10%以上，天晴每天上午10时至下午16时，揭开塑料薄膜两头通气，保证苗床内气温不超过40℃，早晚保证床内气温不低于25℃，有利于种子发芽和芽苗生长，种子发芽数量达到80%以上后，揭除薄膜。

5.1.2.5 容器苗培育

(1)育苗容器

宜选择塑料薄膜或无纺布育苗袋。培育苗年龄1.0~1.5年生苗木，用于滩涂河湾或内陆片林种植的苗木，育苗袋规格为(12~16)cm×(14~16)cm。培育2~3年生苗木，用于林下补植套种、生态修复或乡村道路、基塘湿地种植的苗木，育苗袋规格为(20~24)cm×(22~26)cm。

(2)基质配置与填装摆放

按黄心土：泥炭土体积比为7：3或黄心土：河沙重量比为1：1的比例配置基质，加3%过磷酸钙，充分拌匀后，用5‰高锰酸钾药液喷洒浇透消毒后堆沤一周备用。

基质装填前要浇水润湿，含水量15%~20%。装填基质时，抖动容器，使基质紧实，饱满度以离袋口0.5~1.0cm、提袋不漏土为宜。将装满基质的容器整齐摆放到苗床上，周围培土防止容器倾斜倒塌。

(3)芽苗移植

待芽苗长出1~2片真叶，苗高4~6cm，即可移植。移苗宜选择阴雨天或晴天的早、晚时分，移植前浇透苗床，轻拔芽苗放入盛有清水的盆内，芽苗移植于容器中央，根系舒展不窝根，移植深度在根颈以上 0.5～1.0cm。移植后随即浇透水，10 天内要每天早、晚浇水。

(4)苗圃管理

苗木移植后宜选择透光度 50%遮阳网进行 20～30 天遮阳，待移植苗木大部分恢复正常生长后，揭开遮阳网，每天淋水 1～2 次(晴天)，以早、晚为佳，保持苗床湿润。多雨季节要疏通好排水沟，注意排涝，防止积水。苗木移栽 1 个半月后，待苗木生长正常，开始追肥，施肥要做到薄施、勤施，苗木生根期和苗木木质化阶段施复合肥，复合肥兑水浓度 1～2g・L^{-1}；苗木速生期复合肥兑水浓度 3～5g・L^{-1}。每隔 10～15 天喷施一次，下午16 时后进行，每次追肥后用清水淋洒叶面一次。除草本着“除早、除小、除了”的原则，及时除去育苗袋内杂草。

(5)病虫害防治

芽苗出土后一周内，用 1%的波尔多液或 600 倍多菌灵溶液等防治苗木立枯病药剂进行第一次喷洒，以后每隔 10～15 天喷洒一次，轮换使用各种药剂预防，直至苗木木质化为止。其他病虫害防治方法按 GB/T 6001 的规定执行。

5.1.3　大田苗培育

5.1.3.1　整地作床

苗木种植前必须在苗床施足有机肥(沿海高潮滩涂地作苗圃除外)，并进行翻耕、耙地、平整、镇压等整地工作，做到深耕细整，清除杂草、树根、石块。苗床按宽 2.0～3.0m、床高 15～20cm，床与床之间保留 30～35cm 作步道(兼用排水)要求起床，保证床面平整、排水良好。

5.1.3.2　苗木移植

按(80～100)cm×(80～100)cm 株行距开挖 30cm×30cm×30cm 种植穴，然后每穴放入 0.5kg 有机肥作基肥，与土壤拌匀后，种植苗高 40～60cm 营养袋苗。种植时，去袋，注意土球不松散、烂，小苗植于穴中央，适当深栽 3～5cm，苗木栽植后，及时淋足定根水，若苗木冠幅较大，出现侧弯、倾斜时，要用竹木支撑扶直，10 天内每天早、晚浇水。移植苗木的最适时间为每年 3～4 月。

5.1.3.3　苗木日常管理

苗木移栽 15 天，待苗木生长正常后，开始追肥，4～10 月生长季节，每月追肥 1 次，以复合肥为主，每株施肥 0.05kg，此后，按先少后多原则，逐步增加施肥量，促进苗木生长。气温下降到 20℃以下，不再追肥；当气温下降到 10℃时，注意防寒，做好苗木防冻工作。同时视杂草生长情况，做好中耕除草工作，注意观察苗木健康状况，做好病虫害预防工作。

5.1.3.4　修枝定冠与间苗

苗木生长过程中应对苗木修枝定冠，保证场圃苗床通风、苗木生长健康、树形良好。

苗木修枝定冠可在冬季苗木休眠期进行。当苗木树冠郁闭时，可开始间苗，间苗可结合修枝定冠开展，实施时间以 3~4 月为宜，经修枝、定冠和间苗后，出圃前的合格商品苗木应达到胸径≥6cm、树高≥3.0m、枝下高≥2.0m，分枝均匀，冠幅良好。

5.1.4 假植苗培育

为满足城市(镇)绿地快速绿化、生态修复和植物景观提升需求，选用经假植的大规格绿化苗木进行种植成为当今主流方向。因此，如何培育合格的苗木以应对当前城市快速发展带来的市场需求，成为园林绿化苗木培育者的重要课题。银叶树作为广东省沿海抗风能力强的树种，兼景观树种，因其板状根系发达、树形优美、叶色特征独特，受到广大市民的喜爱，未来的市场应用前景广泛。

5.1.4.1 选苗

选择树干通直、冠形完整、胸径≥6.0cm、树高≥3.0m、枝下高≥2.0m、分枝均匀、无病虫害及机械损伤的植株，标记冠幅南北朝向。选苗可结合大田苗木间苗进行，原则上选大留小，选密留疏。经移植后大田圃地苗木分布均匀，有利于提高出苗率和促进苗木生长。

5.1.4.2 起苗与缩冠

按土球直径不小于苗木胸径 8 倍、土球高度不小于土球直径 4/5 的标准确定土球规格，用锋利铁锹挖掘标记苗木，取出苗木之后用枝剪或利锯(刀)修剪，定枝缩冠。在枝下高 2.0m 以上均匀保留 Ⅰ 级分枝，适当保留 2~3 级分枝，保持树冠均匀分布，3 级以上分枝视冠幅大小需求，确定是否修剪。当保留的苗木冠幅≥1.5m 时，原则上修去多余枝叶；当保留的苗木冠幅为 1.0~1.5m 时，适度修裁枝叶；苗木冠幅<1.0m 时，不再修裁。经修剪后的树木 1~3 级分枝分布均匀，树冠形态为圆形或圆锥形，规格为树体冠幅直径≥1.0m。起苗时间以 2~4 月为宜。

5.1.4.3 假植苗木容器与基质

假植苗的容器材料可选择无纺布袋、塑料控根器，也可用环保砖或防腐竹木围砌而成，容器规格视苗木大小而定，原则上容器直径和高度应比土球规格大 10~15cm。用于填装的种植基质参考容器育苗。

5.1.4.4 苗木假植

经缩冠的大田苗木应选择交通便利、光照条件良好、水源方便、地势平坦开阔的地点假植。种植前，按苗木大小分级；种植时，根据苗木土球大小选用容器规格，先回填 5cm 左右基质垫底，把苗木小心放置容器中央，对应苗木冠幅原生长朝向后，回填基质至 1/3 土球高，轻提扶直(正)苗木，然后边回填边用木棒从外而内压实土壤，使土球与基质充分接触，基质回土高度以稍低于容器上缘 2~3cm 为宜。随即做好苗木支撑后，淋透定根水。有条件的也可添加 50mg/L 的吲哚乙酸等低浓度的生根剂促进根系生长。

5.1.4.5 苗木管理

苗木移植后15~20天内，每天早、晚浇水，以淋湿树干、枝条为宜。待苗木长新芽、恢复正常生长后，晴天每天淋水1~2次，以早、晚为佳，保持基质湿润。多雨季节要疏通好排水沟，注意排涝，防止积水。苗木移栽1个月生长正常后，开始追肥，施肥要做到薄施、勤施，苗木生根期和苗木木质化阶段施复合肥，复合肥兑水浓度5~10g·L^{-1}；苗木速生期复合肥兑水浓度20~25g·L^{-1}。也可直接挖穴施入固体肥后覆土。每隔1个月施肥一次，下午16时后进行。除草本着“除早、除小、除了”的原则，及时除去容器内杂草。

5.2 苗木出圃

5.2.1 分级

苗木检测方法及检验规则按GB 6000的规定执行。按苗木培育目标对苗木质量进行分级，其中以滩涂、内陆片林造林、林下套种、生态修复及乡村人居林建设为培育目标的，其苗木质量分级标准见表5-1；以城市(镇)绿地绿化美化及景观提升的，其苗木质量分级标准见表5-2。

表5-1 造林苗木质量分级表

培育目标	苗龄(年)	苗木等级	苗木类型	径级(cm)	苗高(cm)
滩涂、内陆片林造林	(1.0~1.5)~0	Ⅰ级	容器苗	地径>0.6	>60
		Ⅱ级	容器苗	地径0.4~0.6	40~60
	(2.0~3.0)~0	Ⅰ级	容器苗	地径>1.5	>150
		Ⅱ级	容器苗	地径1.0~1.5	100~150
林下套种、生态修复及乡村人居林建设	(2.0~3.0)~1	Ⅰ级	土球苗	地径>2.0	>200
	(2.0~3.0)~1	Ⅱ级	土球苗	地径1.5~2.0	150~200
	(3.0~4.0)~1	Ⅰ级	土球苗	胸径>4.0	>300
	(3.0~4.0)~1	Ⅱ级	土球苗	胸径3.0~4.0	250~300
	(4.0~5.0)~1	Ⅰ级	土球苗	胸径>6.0	>350
	(4.0~5.0)~1	Ⅱ级	土球苗	胸径4.0~6.0	300~350

表5-2 城市(镇)绿地绿化美化及景观提升园林绿化苗木质量分级表

苗木胸径(cm)	苗木等级	苗高(m)	冠幅(cm)	枝下高(m)	土球直径(cm)	土球高度(cm)
5.0~6.9	Ⅰ级	>3.5	>150	>200	≥45	≥40
	Ⅱ级	3.2~3.5	120~150	180~200	≥45	≥40
	Ⅲ级	3.0~3.2	100~120	150~180	≥45	≥40
7.0~8.9	Ⅰ级	>4.2	>200	>250	≥45	≥40
	Ⅱ级	3.8~4.2	160~200	230~250	≥45	≥40
	Ⅲ级	3.6~3.8	120~160	200~230	≥45	≥40

（续）

苗木胸径(cm)	苗木等级	苗高(m)	冠幅(cm)	枝下高(m)	土球直径(cm)	土球高度(cm)
9.0~10.9	Ⅰ级	>4.5	>250	>280	≥50	≥45
	Ⅱ级	4.2~4.5	200~250	250~280	≥50	≥45
	Ⅲ级	3.8~4.2	150~200	220~250	≥50	≥45
≥11.0	Ⅰ级	>5.0	>300	>300	≥55	≥50
	Ⅱ级	4.5~5.0	250~300	250~300	≥55	≥50
	Ⅲ级	4.0~4.5	200~250	220~250	≥55	≥50

注：城市(镇)园林绿化均为假植容器苗木。

5.2.2 出圃

以滩涂、内陆片林造林、林下套种、生态修复及乡村人居林建设为培育目标，胸(地)径、苗高达到表5-1规定的Ⅰ、Ⅱ级指标的苗木可以出圃。以城市(镇)绿地绿化美化及景观提升为培育目标，胸径、苗高、冠幅、枝下高须达到表5-2规定的Ⅰ、Ⅱ级；用于乡村人居林和乡村道路绿化、美化的容器苗苗木出圃质量指标要达到表5-2规定的Ⅲ级。土球苗苗龄宜达到3年以上。

5.2.3 起苗包装

1.0~1.5年生苗出圃前1~2天，充分淋湿基质，出圃苗木宜50株捆成一扎，用环保袋或竹编筐装好，置于阴凉处待种或装运。2.0~3.0年生容器苗，出圃前基质适当淋水保湿，起苗和装运时，保证育苗容器完好。2.0~3.0年生土球苗，苗木出圃2~3天前，圃地淋透水，起苗时用锋利铁锹按苗木径级规格8~10倍挖土球起苗，取出苗木后用50%以上遮光网或稻草包紧土球，并及时修剪枝叶，缩冠保水，放置阴凉处待装车。

5.2.4 标签

出圃苗木应按批次附上标签，标签内容按LY/T 2290的规定填写。

5.3 银叶树造林技术

银叶树群落分布于沿海及内河滩涂，萌芽更新能力强，生长较快，独特发达的板状根可固定和支撑高大树木、保护水土，是良好的海岸卫士。银叶树森林群落构建可分成天然更新、人工造林、补植套种等方式。

5.3.1 天然更新

5.3.1.1 理论研究

根据目前银叶树的生态习性、群落特征和前人的研究成果与实践应用，银叶树植株高大，树干挺直。银叶树群落主要分布于高潮线附近的海滩内缘、大潮或特大潮水淹及的滩地及海岸内陆，属典型的水陆两栖的半红树植物。成年树木结实多，种子自然成熟脱落后，耐水湿和高盐水质浸泡，当气温适合时，种子可萌发生长。据珠海淇澳红树林自然保护区和广东省林业科学研究院树木园的调查，具结实能力的成年银叶树下均有其幼苗及小树生长。李一凡等(2020)对深圳坝光古银叶树群落调查也佐证了这一现象，古银叶树群落林下有大量银叶树更新幼苗(附图4-6)，且重要值较高。银叶树具有较好的自然更新能力，只要封管措施得当，具有结种母树的宜林地可以实现天然更新。

5.3.1.2　林地选择

在沿海、海岛、出海河口、河湾滩涂中潮位滩涂至内陆、近海山地、海岛林缘到山腰、沿海城(市)城镇的湿地及“五边地”，地块林分郁闭度≤0.6、林下植被覆盖度≤80%林地，具有10年以上林龄，母树生长良好、发育健壮、冠形良好、粗壮、无病虫害并达到每公顷30株以上，而且人为活动少，可选择银叶树自然更新。

5.3.1.3　林地清理

在种子成熟前，对天然更新的林地进行一次林地清理，用割灌机械或利刀砍割杂草，使脱落种子能直接接触土壤，为种子萌发提供条件。

5.3.1.4　封滩管护

在确定的自然更新区域，设置宣传牌和界桩，做好封滩育林宣传工作。封滩期定为3年，期内禁止在封滩内放牧、圈养家畜，保护好幼苗、幼树。

5.3.2　人工造林

5.3.2.1　理论研究

银叶树为乡土树种，生长于高潮带后缘的半红树植物，可在泥质海滩、出海河口、河湾及湖泊、基塘湿地上成为优势树种，也可在陆地环境中自然繁殖，在我国热带亚热带沿海地区尚存少量次生林。群落生境主要为内海湾沼泽(海生环境)、邻近的风水林山坡(陆生环境)及风水林邻海海岸(海生环境)等3种生境(简曙光等，2005)。通过对银叶树耐水淹和盐度试验研究发现，该树种具有较好的耐水淹能力，在水淹地径60天后，仍表现出较好的生长适应能力。在盐度11g·kg^{-1}的土壤环境中幼苗依然能生长，但盐度<5g·kg^{-1}的土壤环境中幼苗生长表现良好，与秋茄、无瓣海桑等真红树植物相差无几，低盐度对幼苗生长和生物量积累具有促进作用(高敏等，2015)。海南文昌东阁头苑泥地种植银叶树纯林生长及珠海淇澳红树林自然保护区银叶树的人工造林试验结果显示，该树种可以纯林造林，同时也可以与水黄皮、海杧果、杨叶肖槿、黄槿等半红树混交，有些甚至分布于中潮间带偏后缘位置，与木榄、桐花、无瓣海桑、秋茄组成混交林。

5.3.2.2　林地选择

选择1月份平均气温15℃以上、光照充足、土壤疏松、肥沃、土层深厚、pH值为

4.5~7.0的沿海、海岛、江河出海河口、河湾高、中潮位滩涂地，近海、海岛坡地、林缘到山腰林地，沿海城(市)城镇、乡村的湿地等。

5.3.2.3 作业设计

在造林前按GB/T 15776的规定，对实施地进行作业设计，其主要内容包括确认实施范围、主要植物现状、土壤理化性质、土层厚度、水文等基础信息，以及造林类型、造林技术措施、种苗数量、工程投资和施工图等。

5.3.2.4 林地清理

造林前，全林砍割影响苗木生长的杂灌、藤本和杂草以及非目的乔木，砍割后的杂灌、草桩头高度≤10cm。

5.3.2.5 种植密度与植穴布置

种植株行距宜采用3.0m×3.0m~2.0m×3.0m，即952~1335株·hm^{-2}。沿水平带状设置种植穴，块状清理砍割种植穴1.0m周围的杂灌、藤、草，并堆放于种植穴两侧，或清理出种植范围，砍割后的杂灌、草桩头高度≤10cm。

5.3.2.6 整地挖穴与回土下基肥

造林前1~2月完成。采用穴状整地，植穴规格为40cm×40cm×30cm(长×宽×深)。回土时，先将表土打碎回1/2穴，然后施基肥(林木专用有机肥)，与土壤充分拌匀，再回土至稍满穴面，成龟背形。基肥可选择腐熟的有机肥或无机复合肥。有机肥每穴施放1.0kg，无机复合肥则每穴施放0.5kg。

5.3.2.7 树种配置

根据已有的研究结果，在泥质滩涂上营造银叶树纯林，其造林成活率可达到90.2%；造林后1年，银叶树的保存率可达86.0%。参考现有稳定的银叶树生态群落进行种群配置，树种配置比例按银叶树(60%~70%)+其他树种(40%~30%)，按随机或小块状或带状种植。其他树种为水黄皮、海杧果、杨叶肖槿、黄槿、海漆等半红树树种(滩涂立地造林)；在坡地、山地或城市(镇)乡村湿地，可选择假苹婆、榕树、玉蕊、银柴、山油柑、阴香等树种或其他观赏性乔灌木混交配置。

5.3.2.8 苗木栽植

采用苗龄1.0~1.5年生容器苗，苗木质量等级达到Ⅰ、Ⅱ级。栽植季节以3~5月雨后植穴湿透时造林为佳。将苗木配放到种植穴，防止容器内土球松散。栽植时，去除育苗袋，将苗木植入穴的中央，适当深栽3~5cm，从外往内压实土壤。造林后及时检查苗木成活情况，发现死缺苗应及时补植，补植宜在造林当年或次年春季的阴雨天进行。3年后，造林苗木保存率应达85%以上。

5.3.2.9　抚育管理

造林3个月内，完成第一次抚育，穴内除草、松土、扩穴、培土，修筑70cm×60cm反坡状小平台，并在苗木两侧挖沟，每株追施复合肥0.15kg，后覆土。造林当年秋季进行第二次抚育，砍除影响苗木生长的杂灌、草及藤本，穴内除草、松土、扩穴、培土，维修反坡状小平台。第二年、第三年的春季、夏季抚育与第一次抚育相同，秋季抚育与第二次抚育相同。

5.3.3　林下套种

5.3.3.1　理论研究

深圳坝光古银叶树群落调查表明，群落中生长有大量的银叶树更新幼苗，而且用于反映其生长适应性的重要值、生态位及生态位重叠度等生态指标均处于较理想状态（王帆，2017；李一凡等，2020），说明该树种幼苗具有一定的耐阴性。在实际应用方面，2007年在珠海淇澳红树林自然保护区五闸门一带林荫下种植的银叶树，经过10多年生长，目前表现良好，已与无瓣海桑、水黄皮、海杧果、朴树、榕树等树种一起形成较为稳定的混交林。

5.3.3.2　林地选择

在适栽区的沿海、海岛、出海河口、河湾滩涂中潮位滩涂至内陆，近海山地、海岛林缘到山腰，沿海城市（镇）乡村的湿地及"五边地"，地块林分郁闭度为0.3~0.6，林下植被覆盖度≤80%为适栽林地。

5.3.3.3　作业设计

在造林前须按GB/T 15776的规定，对实施地进行作业设计，具体内容参考人工造林。

（1）林地清理

造林前，种植穴块状清理，穴块规格不小于1m^2，砍割影响苗木生长的杂灌、藤、草以及非目的乔木，砍割后的杂灌、草桩头高度≤10cm，并堆放于种植穴两侧或下方或清理出种植范围。

（2）种植密度

视原保留木情况而定，种植后每公顷目标乔木株数应达到1335株。

（3）整地与回土下基肥

造林前1~2月完成。采用穴状整地，植穴规格为50cm×50cm×40cm（长×宽×深）。回土下基肥参考人工造林。

（4）苗木与栽植

采用苗龄2~3年生容器苗或2.0年以上大田土球苗木，苗木质量等级达到Ⅰ、Ⅱ级。栽植季节、栽植方法与苗木补植参考人工造林。

(5)抚育管理

参考人工造林。

5.4 城市(镇)及乡村绿化

银叶树是重要的海陆两栖树种，具有发达的板状根系。近年珠海、深圳的“天鸽”“山竹”等特大台风导致城市绿化遭受不同程度破坏，调查结果显示：种植于珠海情侣路和海滨公园、淇澳红树林自然保护区、深圳坝光银叶树湿地园的银叶树，在遭到超强台风“天鸽”和“山竹”袭击后，除3~4级分枝出现少量折断，树冠部分叶片吹落外，与其他树种相比，树体保存完好，具有较强抗风能力。台风作为广东沿海城市重要的气象灾害之一，每年都给城市绿地带来较大影响，因此，选用抗台风的景观树种构建沿海城市绿地生态系统成为城市管理者的重要议题。根据城市园林植物种植设计的基本原理，把树木造景形式分自然式和规则式两种，规则式配置种植多以某一轴线为对称，或成行排列，强调整齐，有对植和列植等。自然式配置强调变化，注重的是自然、和谐，环境与植物融洽。通常有植物3、5成群不等边形组合配置，或7至多株大小组合成群，群与群再组合成团簇不规则聚栽。结合以上两种选景形式，以线状或带状绿化以及群、团簇状或块状种植两种在生产上应用较多典型的造景形式，介绍银叶树的城市(镇)及乡村绿化应用。

5.4.1 线状或带状绿化

5.4.1.1 适用范围

线状或带状绿化是指将某种景观特征明显的植物成单列、双列或多列，成规则式宽度，长度比例通常超过宽度5倍的方式种植，包括城市道路、公园道路、学校机关单位主干道、住宅小区主道、滨河滨海堤岸、公路铁路两侧、绿道碧道沿线、鱼塘干渠基围、乡村道路等以及林地湿地防护林、风景林中。

5.4.1.2 现场勘察与施工图设计

在施工前应按绿化种植的相关规范，对实施地进行勘察及施工图设计，确定实施地的土壤理化性质、土层厚度、地下水位、供水、排水排污、供电、煤气、通讯管道等与植物生长环境相关的因素。并根据调查情况，确定苗木种植前是否需要置换客土或添加其他辅助工程措施。根据道路绿带宽窄情况，确定苗木是单列、双列或多列种植，按相关技术规范落实到施工设计图。

5.4.1.3 植穴布置与规格

道路绿化单列种植可按5.0~6.0m的间距，双列或多列种植，列之间保留4.0m以上行距。相邻行间植穴之间形成“品”字错开，保证空间最大化。同一列植穴布置应成直线，外缘列植穴布置以道路边界为参考线，原则上穴中心点离边界0.8~1.2m，统一距离。乡村道路绿化，视路外缘路肩环境，原则上穴中心点离边界0.5m以上，有条件的尽可能远离，以减少板根生长损坏路面。滩涂湿地或坡地景观林配置，可视其实施长度确定带宽，通常景观带宽度应≥10m。

植穴大小视设计苗木规格而定，原则上胸径 8cm 的假植苗，种植穴规格不小于 70cm×70cm×60cm，若胸径<8cm 时，可适当缩小植穴规格，但最小应达到 50cm×50cm×40cm。若种植地石砾或其他建筑垃圾较多，土层较薄，土层有效厚度≤100cm 时，则需要扩大穴，添加优质客土，以满足苗木生长需求。

5.4.1.4 苗木

城市(镇)道路、公园道路、学校机关单位主干道、住宅小区主道等区域的绿化，宜用苗木质量指标达到Ⅰ、Ⅱ级的假植营养袋大苗；滨河滨海堤岸、公路铁路两侧、绿道碧道沿线、鱼塘干渠基围、乡村道路以及乡村绿化，应保证苗木质量指标达到Ⅲ级的假植营养袋大苗，或 4.0~5.0 年生、苗木质量指标达到Ⅱ级以上带土球的移植大苗；林地湿地防护林、风景林中营造的景观林带，宜用 2.0~3.0 年以上苗龄的容器苗或 3.0~4.0 年以上苗龄的土球苗，其苗木质量指标达到Ⅰ、Ⅱ级以上，若条件许可，也可选用苗木规格更大、质量更高的Ⅰ、Ⅱ级假植营养袋大苗。产品的规格、质量、检查和验收等技术要求及标志、掘苗、包装、运输等基本要求，按 CJ/T 24 的规定执行。

5.4.1.5 栽植

栽植时间宜选择 3~5 月。苗木运至施工现场，按施工图设计进行苗木配置，小心轻放于植穴周围，适度修剪枝叶，减少水分蒸腾。栽种时，先回填富含有机质的优质种植土于穴底，除去苗木包装材料，再将苗放置穴中央，按原树冠方向调整苗木树冠朝向，适当深栽(茎基部稍低穴面 5~10cm)，保持根系舒展，回土后从外往内压实土壤，随即支撑固定苗木，淋水浇透穴土。若原穴土不能满足苗木生长要求，需要置换客土。种植土应满足：土壤 pH 值为 5.0~7.0，全盐含量<1.0%，土壤容量 1.00~1.35g·cm^{-3}，土壤有机质≥1.5%，土壤块砾≤5cm。

5.4.1.6 日常管护

(1)水肥管理

苗木种植后 20 天内加强水分管理，晴天每天淋水 1~2 次，保持植穴湿润，注意防旱，汛期雨后及时排涝。追肥宜在 4 月生长季节来临之前进行，每月追肥 1 次，复合肥和无机肥交替使用，挖穴或开沟施入，后覆土。复合肥每穴 0.15~0.25kg，无机肥每穴 0.5~1.0kg，先少后多，逐渐增大肥量，保证苗木生长旺盛。

(2)修枝整形

移植 3 年内苗木，每年 4 月台风季节之前，要做好树木的支撑护树措施，减少台风侵袭；移栽 3 年以上苗木，每年冬季适度整形修剪，加强树体管理，重点修去生长于树冠内的“内膛枝”、下垂枝、荫枝，使其树冠内部透风，减少风害，保证树体形态及观赏效果。

(3)除草松土及护树措施

树木生长季节，及时除草、松土。日常巡护时检查支撑材料及绑扎处是否达到护树要求，台风来临之前，检查加固护树措施，台风过后及时检查修复或更换不合格的护树材料。

(4)有害生物防治

加强病虫害预防的日常巡查，发现薇甘菊等藤蔓危害时，及时除治。其他病虫害防治方法按 GB/T 6001 的规定执行。

5.4.2 群、团簇状或块状种植

5.4.2.1 应用范围

群状或块状绿化指植物呈不规则群、团簇或块(片)斑块形态分布栽植。其中群植以不等边规则构形，3 株、4 株、5 株分别以不等边三角形、四边形、五边形配置种植；7 株以上团簇或块(片)景观斑块，可分 2~5 个群状组团配置，每个组团苗木数量宜 2~9 株，且不等量，宜呈大小或大中小组合，群与群之间要有一定的间隔距离，不宜相连。在同一组团中，苗木规格不宜统一，以大中小或大小、中小归群为宜，也可根据构景需求，搭配特色灌木或地被。通常用于城市公园、附属绿地、滨海滨河湖泊水库堤岸或滩涂景观可视区、公路铁路沿线两侧或互通立交重要节点、绿道、碧道沿线驿站等景观提升。

5.4.2.2 施工前勘察与施工图设计

施工前勘察参考线状或带状绿化。施工图设计重点要考虑自然、历史环境因素的协调性、合理性和可操作性，要把银叶树的生态习性、景观特点与环境、人文等因子和需求结合起来，并融入整体中。

5.4.2.3 植穴布置准备与植穴规格

植穴布置要根据施工图用 RTK 设备定位放线。植穴规格参考线状或带状绿化。

5.4.2.4 苗木选择

群状或块状种植要按施工图设计要求到苗圃场选择苗木，根据置景需求选择苗木规格、树木形态，以满足景观提升的需要。

5.4.2.5 栽植、日常管护

参考线状或带状绿化。

参考文献

白宇清，谢利娟，王定跃，2017. 不同遮阴、土壤排水处理对毛棉杜鹃幼苗生长及光合特性的影响[J]. 林业科学，53(2)：44-53.

包强，陈晓琴，徐华林，等，2013. 八点广翅蜡蝉在深圳福田红树林发生规律研究[J]. 广东农业科学，12：90-92.

鲍安先，2016. 银叶树果实化学成分研究[D]. 南宁：广西大学.

鲍士旦，2000. 土壤农化分析[M]. 北京：中国农业出版社.

毕玉伟，秦俊，胡永红，等，2011. CO_2摩尔分数增高对盆栽香樟光合特性及生长量的影响[J]. 东北林业大学学报，39(5)：27-29，43.

卜令铎，张仁和，常宇，等，2010. 苗期玉米叶片光合特性对水分胁迫的响应[J]. 生态学报，30(5)：1184-1191.

蔡建国，韦孟琪，章毅，等，2017. 遮阴对绣球光合特性和叶绿素荧光参数的影响[J]. 植物生态学报，41：570-576.

蔡新斌，吴俊侠，2016. 甘家湖自然保护区白梭梭种群特征与动态分析[J]. 干旱区资源与环境，30(7)：90-94.

曹建新，张宝贵，张友杰，等，2017. 海滨森林环境中空气负离子分布特征及其与环境因子的关系[J]. 生态环境学报，26(8)：105-113.

曹亚丽，王飞，徐霞，等，2014. 基于生态工程恢复的游湖湾水环境改善效果[J]. 水资源与水工程学报，25(1)：82-86，90.

曹永慧，周本智，张汝民，等，2012. 披针叶茴香叶绿素荧光参数对不同光环境的响应[J]. 西北植物学报，32(3)：525-531.

柴宗政，王得祥，张丽楠，等，2012. 秦岭山地天然油松群落主要植物种群生态位特征[J]. 生态学杂志，31(08)：1917-1923.

陈波，李少宁，鲁绍伟，等，2016. 北京大兴南海子公园$PM_{2.5}$和PM_{10}质量浓度变化特征[J]. 生态科学，(2)：104-110.

陈波，周兴民，1995. 三种嵩草群落中若干植物种的生态位宽度与重叠分析[J]. 植物生态学报，2：158-169.

陈春林，周国英，闫法领，等，2012. 南方杉木人工林土壤健康评价研究[J]. 土壤通报，43(6)：1318-1324.

陈根云，陈娟，许大全，2010. 关于净光合速率和胞间CO_2浓度关系的思考[J]. 植物生理学通讯，46(1)：64-66.

陈建海，陈香，2006. 银叶树育苗技术的研究[J]. 热带林业，34(2)：22，30.

陈俊华，刘兴良，何飞，等，2010. 卧龙巴朗山川滇高山栎灌丛主要木本植物种群生态位特征[J]. 林业科学，46(3)：23-28.

陈林，辛佳宁，苏莹，等，2019. 异质生境对荒漠草原植物群落组成和种群生态位的影响[J]. 生态学报，39(17)：6187-6205.

陈梅，唐运来，2012. 低温胁迫对玉米幼苗叶片叶绿素荧光参数的影响[J]. 内蒙古农业大学学报，33(3)：20-24.

陈明曦，刘德富，黄钰铃，2006. 香溪河水华期水质的灰色关联分析[J]. 三峡大学学报(自然科学版)，28(6)：553-556.

陈盼飞，左力辉，王桂英，等，2017. 盐胁迫下转复合多基因欧美杨‘107 杨’幼苗生长及生理响应[J]. 林业科学，53(7)：45-53.
陈晓霞，李瑜，茹正忠，等，2015. 深圳坝光银叶树群落结构与多样性[J]. 生态学杂志，34(6)：1487-1498.
陈玉凯，杨琦，莫燕妮，等，2014. 海南岛霸王岭国家重点保护植物的生态位研究[J]. 植物生态学报，38(6)：576-584.
陈彧，方发之，黄士绮，等，2011. 银叶树造林试验研究[J]. 热带林业，39(4)：32-33
陈志云，李东文，王玲，等，2020. 广东省中山市 2 种红树林有害生物风险分析及防控策略[J]. 生物安全学报，29(2)：148-156.
程立真，朱西存，高璐璐，等，2016. 基于随机森林模型的苹果叶片磷素含量高光谱估测[J]. 果树学报，(10)：1219-1229.
褚西鹏，葛宏立，陈柯萍，2012. 基于小波包变换的叶片高光谱数据的树种分类[J]. 光谱实验室，29(5)：2794-2798.
褚小立，袁洪福，陆婉珍，2004. 近红外分析中光谱预处理及波长选择方法进展与应用[J]. 化学进展，16(4)：528-542.
崔丽娟，李伟，张岩，等，2011. 复合人工湿地对水禽污染废水的净化效果[J]. 生态科学，30(4)：446-453.
DB44/T 2151-2018. 银叶树栽培技术规程[D]. 广州：广东省市场监督管理局，2019.
党海山，张燕君，张克荣，等，2009. 秦岭巴山冷杉(*Abies fargesii*)种群结构与动态[J]. 生态学杂志，28(8)：1456-1461.
邓南荣，吴志峰，刘平，等，2000. 城市园林绿化用地土壤肥力诊断与综合评价——以广州市长虹苗圃为例[J]. 土壤与环境，9(4)：287-289.
丁晓纲，刘喻娟，张晓珊，等，2013. 不同浓度指数施肥对美丽异木棉等 3 个树种幼苗生长的影响[J]. 生态环境学报，22(4)：619-624.
董雪玲，2004. 大气可吸入颗粒物对环境和人体健康的危害[J]. 资源与产业，6(5)：50-53.
杜澜，谢锦忠，赖秋香，等，2019. 遮阴对绿竹容器苗光合作用及生长的影响[J]. 生态学杂志，38(1)：67-73.
杜荣光，齐冰，郭惠惠，等，2011. 杭州市大气逆温特征及对空气污染物浓度的影响[J]. 气象与环境学报，27(4)：49-53.
杜祥备，王家宝，刘小平，等，2019. 减氮运筹对甘薯光合作用和叶绿素荧光特性的影响[J]. 应用生态学报，30(4)：1253-1260.
段后浪，赵安，姚忠，2017. 恒湖农场茶叶港草洲枯水期湿地植物与土壤关系及种群生态位分析[J]. 生态学报，37(11)：3744-3754.
段利民，闫雪，刘廷玺，等，2019. 多重情景下半干旱地区人工杨树林光合生理特征[J]. 水土保持学报，33(1)：213-220.
范继英，唐学君，2016. 深圳市大鹏半岛古银叶树群保护对策探讨[J]. 华东森林经理，30(2)：66-68.
范志伟，沈奕德，李晓霞，等，2016. 入侵植物薇甘菊新枝在海南的月生长动态[J]. 生物安全学报，25(1)：18-22.
冯德枫，包维楷，2017. 土壤碳氮磷化学计量比时空格局及影响因素研究进展[J]. 应用与环境生物学报，23(2)：400-408.
冯飞，张钦弟，毕润成，2013. 云丘山植物群落主要优势种生态位研究[J]. 山西师范大学学报(自然科学版)，27(4)：73-80.

冯汉青，李翡翡，贾凌云，2013. 盐胁迫对杨树和紫丁香叶片叶绿素荧光特性的影响[J]. 西北农林科技大学学报(自然科学版)，41(7)：157-161，171.
富天乙，邹志红，王晓静，2014. 基于多元统计和水质标识指数的辽阳太子河水质评价研究[J]. 环境科学学报，2014，34(2)：473-480.
GB 3095-2012. 2016. 环境空气质量标准[S]. 北京：国家环境保护总局.
GB/T 33027-2016. 2016. 森林生态系统长期定位观测方法[S]. 北京：国家林业局，2016.
GB/T 38582-2020. 2016. 森林生态系统服务功能评估规范[S]. 北京：国家林业和草原局，2020.
GB3838-2002. 2020. 地表水环境质量标准[S]. 北京：国家环境保护总局，2002.
高敏，叶勇，谭凤仪，2015. 盐度和水渍对红树植物银叶树幼苗生长的影响[J]. 福建林业科技，42(1)：1-6.
高郯，李江荣，卢杰，等，2020. 色季拉山急尖长苞冷杉林不同坡向土壤养分及肥力研究[J]. 生态学报，40(4)：1331-1341.
高秀梅，韩维栋，2006. 银叶树育苗试验研究[J]. 福建林业科技，33(3)：140-143，174.
关军锋，李广敏，2004. 施磷对限水灌溉小麦根冠及产量的影响研究[J]. 中国生态农业学报，12(4)：102-105.
韩刚，赵忠，2010. 不同土壤水分下 4 种沙生灌木的光合光响应特性[J]. 生态学报，30(15)：4019-4026.
韩静波，张智，张维康，等，2020. 沈阳东陵公园不同功能分区空气颗粒物与负离子变化[J]. 生态学杂志，39(9)：3099-3107.
韩维栋，王秀丽，2013. 银叶树研究进展[J]. 林业与环境科学，29(6)：80-84.
郝龙飞，刘婷岩，张连飞，等，2014. 氮素指数施肥对白桦播种苗养分承载和光合作用的影响[J]. 北京林业大学学报，36(6)：17-23.
郝兴宇，韩雪，李萍，等，2011. 大气 CO_2浓度升高对绿豆叶片光合作用及叶绿素荧光参数的影响[J]. 应用生态学报，22(10)：2776-2780.
何平，常顺利，张毓涛，等，2015. 新疆森林游憩区空气负离子浓度时空分布特征及其影响因素[J]. 资源科学，37(3)：629-635.
何茜，王冉，李吉跃，等，2012. 不同浓度指数施肥方法下马来沉香与土沉香苗期需肥规律[J]. 植物营养与肥料学报，18(5)：1193-1203.
何勇，彭继宇，刘飞，等，2015. 基于光谱和成像技术的作物养分生理信息快速检测研究进展[J]. 农业工程学报，31(3)：174-189.
侯贯云，翟水晶，高会，等，2017. 盐度对互花米草枯落物分解释放硅、碳、氮元素的影响[J]. 生态学报，37(1)：184-191.
胡嘉蕊，吕震宙，2017. 基于核主成分分析的多输出模型确认方法[J]. 北京航空航天大学学报，43(7)：1470-1480.
胡健波，张健，2018. 无人机遥感在生态学中的应用进展[J]. 生态学报，38(1)：20-30.
胡上英，庞庭才，黄海，等，2018. 微波辅助提取银叶树果壳黄酮及抗氧化性研究[J]. 粮食与油脂，31(7)：90-93.
胡爽，徐誉远，王本洋，2017. 我国森林健康评价方法综述[J]. 林业与环境科学，33(1)：90-96.
胡文海，张斯斯，肖宜安，等，2015. 两种杜鹃花属植物对长期遮阴后全光照环境的生理响应及其光保护机制[J]. 植物生态学报，39(11)：1093-1100.
胡秀娟，徐涵秋，郭燕滨，等，2017. 水土流失区生态修复后植被健康的遥感判别[J]. 应用生态学报，28(1)：250-256.
胡珍珠，潘存德，王世伟，等，2013. 轮台白杏叶片氮磷钾含量光谱估算模型[J]. 新疆农业科学，50

(2)：238-248.
黄菊莹，余海龙，刘吉利，等，2018. 控雨对荒漠草原植物、微生物和土壤 C、N、P 化学计量特征的影响[J]. 生态学报，38(15)：5362-5373.
黄双萍，岳学军，洪添胜，2013. 基于高光谱的柑橘叶片磷含量估算模型实验[J]. 农业工程学报，44(4)：202-207.
黄燕，毛君竹，詹红星，等，2018. 广州海珠国家湿地公园植物资源研究[J]. 林业与环境科学，34(5)：85-89.
黄应锋，孙斌，廖绍波，等，2015. 深圳市古树资源特征与分布格局[J]. 植物资源与环境学报，24(2)：104-111.
黄玉山，谭凤仪，1997. 广东红树林研究[M]. 广州：华南理工大学出版社.
黄钰辉，甘先华，张卫强，等，2017. 南亚热带杉木林皆伐迹地幼龄针阔混交林生态系统碳储量[J]. 生态科学，36(4)：137-145.
惠红霞，许兴，李守明，2004. 盐胁迫抑制枸杞光合作用的可能机理[J]. 生态学杂志，23(1)：5-9.
姬兰柱，肖冬梅，王淼，2005. 模拟水分胁迫对水曲柳光合速率及水分利用效率的影响[J]. 应用生态学报，16(3)：408-412.
纪颖，范惠洁，王秋芳，等，2008. 颗粒物浓度与气象因素[J]. 环境与健康杂志，25(6)：554-555.
贾婷婷，常伟，范晓旭，等，2018. 盐胁迫下 AM 真菌对沙枣苗木光合与叶绿素荧光特性的影响[J]. 生态学报，38(4)：1337-1347.
简曙光，唐恬，张志红，等，2004. 中国银叶树种群及其受威胁原因[J]. 中山大学学报(自然科学版)，43(S1)：91-96.
简曙光，韦强，唐恬，等，2005. 深圳盐灶银叶树种群的生物学特性研究[J]. 华南农业大学学报，26(4)：84-87.
简曙光，吴梅，刘念，2005. 葫芦苏铁遗传多样性的等位酶分析[J]. 广西植物，25(6)：566-569.
江洪，1992. 云杉种群生态学[M]. 北京：中国林业出版社.
蒋焕煜，彭永石，谢丽娟，等，2008. 扫描次数对番茄叶漫反射光谱和模型精度的影响研究[J]. 光谱学与光谱分析，28(8)：1763-1766.
蒋金豹，陈云浩，黄文江，等，2008. 条锈病胁迫下冬小麦冠层叶片氮素含量的高光谱估测模型[J]. 农业工程学报，1：35-39.
蒋瑾，戴枫年，1988. 土壤湿度对植物形态结构和生理特性的影响//中国科学院沙坡头科学研究站. 流沙治理研究[M]. 银川：宁夏人民出版社.
井大炜，邢尚军，杜振宇，等，2013. 干旱胁迫对杨树幼苗生长、光合特性及活性氧代谢的影响[J]. 应用生态学报，24(7)：1809-1816.
阚文杰，吴启堂，1994. 一个定量综合评价土壤肥力的方法初探[J]. 土壤通报，25(6)：245-247.
孔芬，刘小勇，王港振，等，2016. 施肥量对山地核桃光合与快速叶绿素荧光特性的影响[J]. 林业科学研究，29(5)：764-769.
LY/T 1721-2008. 森林生态系统服务功能评估规范. 北京：国家林业局，2008.
李从娟，雷加强，徐新文，等，2013. 塔克拉玛干沙漠腹地人工植被及土壤 C、N、P 的化学计量特征[J]. 生态学报，33(18)：5760-5767.
李丹，杨龙，王重洋，等，2016. 广东省主要人工林树种光谱分类[J]. 红外，37(2)：36-41.
李海波，陈温福，李全英，2006. 盐胁迫下水稻叶片光合参数对光强的响应[J]. 应用生态学报，17(9)：1588-1592.

李豪，张钦弟，苗艳明，等，2013. 历山自然保护区秃山白树天然种群生命表[J]. 生态学杂志，2013，32(1)：52-58.

李红艳，章光新，李绪谦，等，2012. 扎龙湿地水质净化机理分析[J]. 地理科学，32(1)：87-93.

李俊清，李景文，2003. 中国东北小兴安岭阔叶红松林更新及其恢复研究[J]. 生态学报，23(7)：1268-1277.

李可见，黄芳芳，张卫强，等，2018. 新丰江水库及库区地表水水质分析与评价[J]. 林业与环境科学，34(3)：6-13.

李岚涛，2016. 基于高光谱的冬油菜叶片磷含量诊断模型[J]. 农业工程学报，32(14)：209-218.

李玲玲，顾行发，赵文吉，等，2014. 北京公园湖泊水环境监测及灰色关联度分析评价[J]. 水资源与水工程学报，25(1)：33-37.

李明军，喻理飞，杜明凤，等，2018. 不同林龄杉木人工林植物-凋落叶-土壤 C、N、P 化学计量特征及互作关系研究[J]. 生态学报，38(21)：1-10.

李鸣光，鲁尔贝，郭强，等，2012. 入侵种薇甘菊防治措施及策略评估[J]. 生态学报，32(10)：3240-3251.

李倩，王明，王雯雯，等，2012. 华山新麦草光合特性对干旱胁迫的响应[J]. 生态学报，32(13)：4278-4284.

李荣，党维，蔡靖，等，2016. 6 个耐旱树种木质部结构与栓塞脆弱性的关系[J]. 植物生态学报，40(3)：255-263.

李瑞姣，陈献志，岳春雷，等，2018. 干旱胁迫对日本荚蒾幼苗光合生理特性的影响[J]. 生态学报，38(6)：2041-2047.

李树华，许兴，米海莉，等，2003. 干旱胁迫对牛心朴子植株生长及渗透调节物质积累的影响. 西北植物学报，23(4)：592-596.

李小琴，张凤良，杨湉，等，2019. 遮阴对濒危植物风吹楠幼苗叶形态和光合参数的影响[J]. 植物生理学报，55(1)：80-90.

李燕，薛立，吴敏，2007. 树木抗旱机理研究进展[J]. 生态学杂志，26(11)：1857-1866.

李燕芬，铁军，张桂萍，等，2014. 山西蟒河国家级自然保护区人工油松林生态位特征[J]. 生态学杂志，33(11)：2905-2912.

李一凡，刘梦芸，甘先华，等，2020. 深圳市坝光湿地园银叶树群落优势种生态位特征[J]. 生态环境学报，29(11)：2171-2178.

李远航，贺康宁，张潭，等，2019. 盐胁迫对黑果枸杞光合生理指标的影响[J]. 中国水土保持科学，17(1)：82-88.

李月娟，2012. 银叶树树叶化学成分研究[D]. 南宁：广西大学.

李泽，谭晓风，卢锟，等，2017. 干旱胁迫对两种油桐幼苗生长、气体交换及叶绿素荧光参数的影响[J]. 生态学报，37(5)：1515-1524.

李震，洪添胜，曾洁媚，2011. 基于柑橘树冠层光谱信息的土壤营养元素含量预测[A].//中国农业工程学会(CSAE). 中国农业工程学会 2011 年学术年会论文集[C]. 中国农业工程学会(CSAE)：中国农业工程学会.

李志刚，王林聪，叶静文，等，2015. 红树林八点广翅蜡蝉对不同颜色及寄主植物的趋性选择[J]. 南方农业学报，46(9)：1624-1627.

厉书豪，李曼，张文东，等，2019. CO_2加富对盐胁迫下黄瓜幼苗叶片光合特性及活性氧代谢的影响[J]. 生态学报，39(6)：2122-2130.

梁玉莲，国庆喜，2010. 基于地形汇流值的东北天然次生林主要树种的生态位[J]. 生态学报，30(11)：

2874-2882.
廖宝文，李玫，陈玉军，等，2014. 红树林快速恢复与重建技术研究[J]. 科技成果管理与研究.
林爱兰，李春晖，谷德军，等，2010. 广东省持续性干旱事件的变化及其成因[J]. 热带气象学报，26(6)：641-650.
林立，刘德良，叶衍溪，2018. 梅州市芹洋半岛滨水湿地公园植物多样性[J]. 林业与环境科学，34(2)：56-61.
林明珠，谢世友，林玉石，2009. 喀斯特山地不同土地利用方式土壤养分特征研究[J]. 中国水土保持，9：8-10.
林喜珀，黄钰辉，陈永聚，等，2016. 鹅凰嶂自然保护区空气负离子时空分布及其与环境因子的关系[J]. 林业与环境科学，32(3)：14-18.
林鑫涛，叶诺楠，王彬，等，2016. 亚热带常绿树种对不同粒径颗粒物的滞留能力[J]. 广西植物，36(2)：170-176.
林中大，唐光大，2012. 深圳市龙岗区古树现状调查研究[J]. 林业与环境科学，28(2)：63-68.
刘滨尔，2011. 不同基质对水黄皮和银叶树幼苗生长及生理生化指标的影响[J]. 安徽农业科学，39(6)：3449-3453.
刘丹，刘士玲，郭忠玲，等，2017. 水冬瓜赤杨种群生命表与时间序列分析[J]. 北京林业大学学报，39(10)：62-69.
刘德浩，2019. 不同种源银叶树优树子代苗期生长变异分析[J]. 安徽农业科学，47(6)：108-110.
刘国军，张希明，朱军涛，等，2011. 准格尔盆地东南缘梭梭种群结构与动态研究[J]. 西北植物学报，31(6)：1250-1256.
刘红玉，毛罕平，朱文静，等，2015. 基于高光谱的番茄氮磷钾营养水平快速诊断[J]. 农业工程学报，31(s1)：212-220.
刘欢，王超琦，吴家森，2016. 氮素指数施肥对杉木无性系苗生长及养分含量的影响[J]. 应用生态学报，27(10)：3123-3128.
刘晓聪，董家华，欧英娟，等，2016. 大气中 CO_2 与 O_3 浓度升高对植物光合作用影响研究[J]. 环境科学与管理，41(3)：152-155.
刘秀，李志辉，廖宝文，等，2007. 不同贮存方法对两种半红树植物种子发芽的影响[J]. 广东林业科技，23(6)：9-12.
刘岩磊，孙岚，张英鸽，2011. 粒径小于 2.5 微米可吸入颗粒物的危害[J]. 国际药学研究杂志，38(6)：428-431.
刘燕德，姜小刚，周衍华，等，2016. 基于高光谱成像技术对脐橙叶片的叶绿素、水分和氮素定量分析[J]. 中国农机化学报，37(3)：218-224.
刘瑜，徐程扬，2013. 古树健康评价研究进展[J]. 世界林业研究，26(1)：37-42.
刘玉兴，李忠如，浦庄芬，1988. 空气中总悬浮颗粒物与可吸入颗粒物的相关变化[J]. 上海环境科学，3：26-27.
刘悦秋，孙向阳，王勇，等，2007. 遮阴对异株荨麻光合特性和荧光参数的影响[J]. 生态学报，27(8)：3457-3464.
卢广超，许建新，薛立，等，2013. 干旱胁迫下 4 种常用植物幼苗的光合和荧光特性综合评价[J]. 生态学报，33(24)：7872-7881.
卢同平，史正涛，牛洁，等，2016. 我国陆生生态化学计量学应用研究进展与展望[J]. 土壤学报，48(1)：29-35.
陆婉珍，2007. 现代近红外光谱分析技术[M]. 第 2 版. 北京：中国石化出版社.

陆卫军，张涛，2009. 几种河流水质评价方法的比较分析[J]. 环境科学与管理，34(6)：174-176.

陆燕元，马焕成，李昊民，等，2015. 土壤干旱对转基因甘薯光合曲线的响应[J]. 生态学报，35(7)：2155-2160.

栾建国，杜灿坤，何德善，2011. 深圳地区红树植物淡水种植试验[J]. 水生态学杂志，32(2)：63-68.

麻泽宇，王丹，戴伟，等，2016. 阿尔泰山不同海拔梯度天然冷杉林土壤特征及肥力综合评价. 水土保持研究，23(5)：134-140.

马宗文，谢正磊，段晓峰，等，2012. 黄河三角洲自然保护区植物与土壤因子关系及生态位分析[J]. 北京大学学报(自然科学版)，48(5)：801-811.

毛恒青，1991. 气象条件对大气污染物扩散的影响[J]. 山东气象，(4)：9-13.

牟美蓉，2007. 基于叶片特征的真红树和半红树植物的比较研究[D]. 厦门：厦门大学.

尼玛曲珍，张玺，谭坤，等，2018. 西藏色季拉山川滇高山栎群落生态位特征[J]. 生态科学，37(03)：51-58.

倪军，徐琼，石登荣，等，2004. 城市绿地空气负离子相关研究：以上海公园为例[J]. 城市林业，2(3)：30-33.

欧阳林梅，曾冬萍，闵庆文，等，2014. 鼓山茶园土壤碳氮磷生态化学计量学特征[J]. 水土保持学报，28(2)：297-301.

潘晶，黄翠华，罗君，等，2018. 盐胁迫对植物的影响及 AMF 提高植物耐盐性的机制[J]. 地球科学进展，33(4)：361-372.

潘月云，陈多宏，叶斯琪，等，2017. 广东省大气污染典型案例特征及其影响因素分析[J]. 安全与环境工程，24(2)：58-66.

盘李军，黄钰辉，张卫强，等，2016. 南亚热带不同类型人工林溪流水水质特征[J]. 林业与环境科学，32(1)：1-9.

庞庭才，胡上英，黄海，等，2017. 银叶树果壳多糖的提取及抗氧化性[J]. 北方园艺，(14)：118-123.

庞庭才，胡上英，黄海，等，2020. 银叶树果壳棕色素提取及其稳定性和抗氧化性[J]. 北方园艺，(23)：96-101.

庞庭才，熊拯，胡上英，等，2016. 银叶树果壳木质素提取及抗氧化性[J]. 江苏农业科学，44(6)：385-388.

庞振凌，常红军，李玉英，等，2008. 层次分析法对南水北调中线水源区的水质评价[J]. 生态学报，28(4)：1810-1819.

彭辉武，郑松发，刘玉玲，等，2013. 珠海淇澳岛红树林群落空气负离子浓度特征研究[J]. 北京林业大学学报，35(5)：64-67.

彭琳玉，许方岳，王立夫，等，2020. 九连山国家森林公园负氧离子浓度时空变化及影响要素研究[J]. 西北林学院学报，35(5)：239-245.

钱逸凡，伊力塔，胡军飞，等，2012. 普陀山主要植物种生态位特征[J]. 生态学杂志，31(3)：561-568.

邱凤英，2009. 几种半红树植物生物学特性，耐盐，耐水淹及造林试验研究[D]. 长沙：中南林业科技大学.

邱凤英，李志辉，廖宝文，等，2008. 几种半红树植物的移栽技术[J]. 林业实用技术，9：46-47.

邱建丽，李意德，陈德祥，等，2008. 森林冠层结构的生态学研究现状与展望[J]. 广东林业科技，24(1)：75-82.

全国土壤普查办公室，1992. 中国土壤普查技术[M]. 北京：农业出版社.

任磊，赵夏陆，许靖，等，2015. 4 种茶菊对干旱胁迫的形态和生理响应[J]. 生态学报，35(15)：5131-5139.

任璐璐，张炳学，韩凤朋，等，2017. 黄土高原不同年限刺槐土壤化学计量特征分析[J]. 水土保持学报，31(2)：339-344.
任书杰，于贵瑞，陶波，等，2008. 中国东部南北样带654种植物叶片氮和磷的化学计量学特征研究[J]. 环境科学，28(12)：2665-2673.
任书杰，于贵瑞，陶波，等，2010. 干旱胁迫对不同烤烟品种根系生长和生理特性的影响[J]. 西北植物学报，30(2)：357-361.
邵海荣，贺庆棠，2000. 森林与空气负离子[J]. 世界林业研究，13(5)：19-23.
邵海荣，贺庆棠，阎海平，等，2005. 北京地区空气负离子浓度时空变化特征的研究[J]. 北京林业大学学报，27(3)：35-39.
石灵芝，2011. 城市大气颗粒物(PM_{10})源解析与浓度预测及气象因素影响研究[D]. 长沙：中南大学.
史飞飞，高小红，杨灵玉，等，2017. 基于HJ-1A高光谱遥感数据的湟水流域典型农作物分类研究[J]. 遥感技术与应用，32(2)：206-217.
史彦江，罗青红，宋锋惠，等，2012. 高温胁迫对新疆榛光合参数和叶绿素荧光特性的影响[J]. 应用生态学报，23(9)：2477-2482.
司海青，姚艳敏，王德营，等，2015. 含水率对土壤有机质含量高光谱估算的影响[J]. 农业工程学报，31(9)：114-120.
宋洋，廖亮，刘涛，等，2016. 不同遮阴水平下香榧苗期光合作用及氮分配的响应机制[J]. 林业科学，52(5)：55-63.
苏纯兰，陈葵仙，胡秋艳，等，2016. 基于层次分析法构建东莞市古树名木健康评价体系[J]. 林业与环境科学，32(2)：57-62.
苏木荣，胡新颖，李召青，等，2012. 云勇生态林空气负离子浓度及变化规律[J]. 林业与环境科学，28(4)：11-16.
孙红斌，王佐霖，朱子维，等，2018. 深圳市坝光湿地园银叶树群落优势树种与土壤生态化学计量特征分析[J]. 林业与环境科学，34(6)：15-20.
孙景宽，陆兆华，夏江宝，等，2013. 盐胁迫对二色补血草光合生理生态特性的影响[J]. 西北植物学报，33(5)：992-997.
孙俊，丛孙丽，毛罕平，等，2017. 基于高光谱的油麦菜叶片水分CARS-ABC-SVR预测模型[J]. 农业工程学报，33(5)：178-184.
孙璐，周宇飞，李丰先，等，2012. 盐胁迫对高粱幼苗光合作用和荧光特性的影响[J]. 中国农业科学，45(16)：3265-3272.
孙墨寒，2013. 高光谱数据误差估计及降维方法研究[D]. 北京：中国地质大学.
孙小玲，许岳飞，马鲁沂，等，2010. 植株叶片的光合色素构成对遮阴的响应[J]. 植物生态学报，34(8)：989-999.
孙玉芳，宋福强，常伟，等，2016. 盐碱胁迫下AM真菌对沙枣苗木生长和生理的影响[J]. 林业科学，52(6)：18-27.
孙中宇，陈燕乔，杨龙，等，2017. 轻小型无人机低空遥感及其在生态学中的应用进展[J]. 应用生态学报，28(2)：528-536.
覃其云，曹继钊，李军，等，2013. 马尾松人工幼林土壤肥力变化及其综合评价研究. 中南林业科技大学学报，33(3)：64-69.
谭淑娟，李婷，余素睿，等，2020. 光照强度对8种红树植物幼苗生长和生物量分配的影响[J]. 生态科学，39(3)：139-146.
陶宝先，张金池，2012. 南京地区主要森林类型空气负离子变化特征[J]. 南京林业大学学报(自然科学版），36(2)：147-150.

陶文琴，2011. 4种红树植物提取物的体外抗菌活性研究[J]. 安徽农业科学，39(35)：21666-21669.

陶雪莹，张伟宁，鲁绍伟，等，2020. 北京城市森林空气负离子与$PM_{2.5}$颗粒物交互效应研究[J]. 江西农业大学学报，42(6)：104-114.

田晋华，高雅玉，2014. 改进的PCA法在疏勒河流域水库水质评价中的应用[J]. 水资源与水工程学报，25(1)：156-160.

田尚青，朱师丹，朱俊杰，等，2016. 红树林植物叶片形态和解剖特征对叶肉导度、叶片导水率的影响[J]. 植物科学学报，34(6)：909-919.

铁得祥，胡红玲，喻秀艳，等，2020. 桢楠幼树光合特性对镉胁迫的响应[J]. 生态学报，40(11)：3738-3746.

汪小全，王志恒，马克平，等，2017. 全球变化对北半球木本植物多样性的影响研究[J]. 中国基础科学，19(05)：57-62.

王碧云，兰思仁，2016. 古树名木价值评价研究综述[J]. 林业建设，(3)：42-47.

王伯荪，李鸣光，1986. 重要值-面积曲线在热带亚热带森林中的应用[J]. 植物生态学报，10(3)：161-170.

王伯荪，廖宝文，王勇军，等，2002. 深圳湾红树林生态系统及其持续发展[M]. 北京：科学出版社.

王伯荪，陆阳，张宏达，等，1987. 香港岛黄桐森林群落分析[J]. 植物生态学与地植物学学报，11(4)：241-251.

王伯荪，余世孝，胡玉佳，1986. 深圳宝安盐灶的银叶树林[J]. 生态科学，(2)：89-91.

王伯荪，张炜银，昝启杰，等，2003. 红树植物之诠释[J]. 中山大学学报(自然科学版)，42(3)：42-46.

王德福，段洪浪，黄国敏，等，2019. 高温和干旱胁迫对西红柿幼苗生长、养分含量及元素利用效率的影响[J]. 生态学报，39(9)：3199-3209.

王帆，2017. 深圳坝光区域滨海河溪红树植物群落生态与景观特性研究[D]. 广州：仲恺农业工程学院.

王海珍，韩路，徐雅丽，等，2014. 胡杨异形叶光合作用对光强与CO_2浓度的响应[J]. 植物生态学报，38(10)：1099-1109.

王建华，任士福，史宝胜，等，2011. 遮阴对连翘光合特性和叶绿素荧光参数的影响[J]. 生态学报，31(7)：1811-1817.

王建林，温学发，赵风华，等，2012. CO_2浓度倍增对8种作物叶片光合作用、蒸腾作用和水分利用效率的影响[J]. 植物生态学报，36(5)：438-446.

王凯，李依杭，姜涛，等，2017. 干旱胁迫对杨树幼苗氮磷化学计量特征及分配格局的影响[J]. 生态学杂志，36(1)：3116-3112.

王凯，沈潮，孙冰，等，2018. 干旱胁迫对科尔沁沙地榆树幼苗C、N、P化学计量特征的影响[J]. 应用生态学报，29(7)：2286-2294.

王凯，朱教君，于立忠，等，2009. 遮阴对黄波罗幼苗的光合特性及光能利用效率的影响[J]. 植物生态学报，33(5)：1003-1012.

王磊，白由路，2006. 基于光谱理论的作物营养诊断研究进展[J]. 植物营养与肥料学报，12(6)：902-912.

王梦，2008. 水环境质量评价中几种方法的比较[J]. 渤海大学学报(自然科学版)，29(1)：34-36.

王楠，2013. 植物适应干旱梯度变化的水分利用效率和氮磷计量机制研究[D]. 杭州：浙江大学.

王佺珍，刘倩，高娅妮，等，2017. 植物对盐碱胁迫的响应机制研究进展[J]. 生态学报，37(16)：5565-5577.

王冉，何茜，丁晓纲，等，2011. N素指数施肥对沉香苗期光合生理特性的影响[J]. 北京林业大学学报，

33(6)：58-64.

王绍华，曹卫星，王强盛，等，2002. 水稻叶色分布特点与氮素营养诊断[J]. 中国农业科学，35(12)：1461-1466.

王绍强，于贵瑞，2008. 生态系统碳氮磷元素的化学计量特征[J]. 生态学报，28(8)：3937-3947.

王顺忠，陈桂琛，柏玉平，等，2005. 青海湖鸟岛地区植物群落物种多样性与土壤环境因子的关系[J]. 应用生态学报，16(1)：186-188.

王文林，万寅婧，刘波，等，2013. 土壤逐渐干旱对菖蒲生长及光合荧光特性的影响[J]. 生态学报，33(13)：3933-3940.

王文强，2007. 地下水水质评价方法浅析[J]. 地下水，29(6)：37-39.

王霞，铁军，刘泽宇，2017. 山西陵川南方红豆杉群落优势种生态位特征[J]. 生态科学，36(5)：64-72.

王肖肖，张妙仙，徐兵兵，2012. 模糊标识指数与对应分析法在水质评价中的联合应用[J]. 环境科学学报，32(5)：1227-1235.

王鑫，胡玉昆，热合木都拉·阿迪拉，等，2008. 土壤盐分对高寒草甸主要植物生态位的影响[J]. 应用生态学报，19(7)：1448-1454.

王秀丽，2014. 广东银叶树种源幼苗生长差异及耐盐机理研究[D]. 湛江：广东海洋大学.

王秀丽，韩维栋，2015. 盐胁迫处理对银叶树幼苗叶片光合及解剖特征影响[J]. 泉州师范学院学报，33(6)：8-11，23.

王琰，陈建文，狄晓艳，2011. 不同油松种源光合和荧光参数对水分胁迫的响应特征[J]. 生态学报，31(23)：7031-7038.

王渊，黄敬峰，王福民，等，2008. 油菜叶片和冠层水平氮素含量的高光谱反射率估算模型[J]. 光谱学与光谱分析，28(2)：273-277.

王云龙，徐振柱，周广胜，2004. 水分胁迫对羊草光合产物分配及其气体交互特征的影响[J]. 植物生态学报，28(6)：803-809.

温达志，魏平，孔国辉，等，1997. 鼎湖山锥栗+黄果厚壳桂+荷木群落生物量及其特征[J]. 生态学报，4(5)：47-54.

乌凤章，2015. NaCl 胁迫对高丛越橘幼苗生长和光合生理特性的影响[J]. 西北植物学报，36(11)：2258-2265.

吴楚，王政权，范志强，等，2004. 氮胁迫对水曲柳幼苗养分吸收、利用和生物量分配的影响[J]. 应用生态学报，15(11)：2034-2038.

吴甘霖，段仁燕，王志高，等，2010. 干旱和复水对草莓叶片叶绿素荧光特性的影响[J]. 生态学报，30(14)：3941-3946.

吴巧花，陈步峰，翟石磊，等，2017. 广州市城郊森林公园雨季空气颗粒物浓度特征[J]. 生态环境学报，26(8)：1368-1374.

武改红，冯美臣，杨武德，等，2018. 冬小麦叶片 SPAD 值高光谱估测的预处理方法[J]. 生态学杂志，37(5)：1589-1594.

席文娟，金婧，钱会，2012. 改进模糊综合评价法在水质评价中的应用[J]. 水资源与水工程学报，23(3)：25-29.

夏聪，黄华枝，龚志勤，等，2015. PICUS 在华南地区古树健康状况与安全性评估中的应用研究[J]. 河北林业科技，4(3)：24-26+30.

向芬，李维，刘红艳，等，2018. 氮素水平对不同品种茶树光合及叶绿素荧光特性的影响[J]. 西北植物学报，38(6)：1138-1145.

向见，何博，柏玉平，2015. 古树树洞修复技术探讨[J]. 现代农业科技，25：160，171.

向仰州，徐大平，杨曾奖，等，2012. 基于变权欧式距离模型的森林流域地表水水质评价[J]. 林业科学研究，25(3)：400-406.

肖冬梅，王淼，姬兰柱，2004. 水分胁迫对长白山阔叶红松林主要树种生长及生物量分配的影响[J]. 生态学杂志，23(5)：93-97.

谢丽宏，黄芳芳，甘先华，等，2017. 城市森林净化大气颗粒物污染作用研究进展[J]. 林业与环境科学，33(3)：96-103.

谢瑞，易忠经，申修贤，等，2017. 不同磷肥施用量对植烟土壤磷有效性及烟叶产量和品质的影响[J]. 山地农业生物学报，36(6)：38-43.

邢东兴，常庆瑞，2009. 基于光谱分析的果树叶片全氮、全磷、全钾含量估测研究——以红富士苹果树为例[J]. 西北农林科技大学学报(自然科学版)，37(2)：141-147.

徐飞，郭卫华，徐伟红，等，2010. 刺槐幼苗形态、生物量分配和光合特性对水分胁迫的响应[J]. 北京林业大学学报，32(1)：24-30.

徐广通，袁洪福，陆婉珍，2000. 现代近红外光谱技术及应用进展[J]. 光谱学与光谱分析，20(2)：134-142.

徐桂红，程华荣，李瑜，2014. 我国半红树植物银叶树资源现状及保护对策[J]. 湿地科学与管理，10(1)：17-20.

徐华林，刘赞锋，包强，等，2013. 八点广翅蜡蝉对深圳福田红树林的危害及防治[J]. 广东林业科技，29(5)：26-30.

徐猛，陈步峰，粟娟，等，2008. 广州帽峰山林区空气负离子动态及与环境因子的关系[J]. 生态环境学报，17(5)：179-185.

徐涛，2016. 基于冠层反射光谱水稻氮素营养诊断模型研究[D]. 南昌：江西农业大学.

许大全，2002. 光合作用效率[M]. 上海：上海科学技术出版社.

许大全，2013. 光合作用学[M]. 北京：科学出版社.

许大全，张玉忠，张荣铣，等，1992. 植物光合作用的光抑制[J]. 植物生理学通讯，28(4)：237-243.

闫芳，王勤礼，郭有燕，等，2016. NaCl 胁迫对祁连山野生黄瑞香叶片光合叶绿素荧光特性的影响[J]. 西北植物学报，36(6)：1182-1189.

严玉平，钱海燕，周杨明，等，2010. 鄱阳湖双退区受损湿地植被恢复对水质的影响[J]. 生态环境学报，19(9)：2136-2141.

杨凤翔，王顺庆，1991. 生存分析理论及其在研究生命表中的应用[J]. 生态学报，11(2)：153-158.

杨海江，钟艳霞，罗玲玲，2018. 基于贝叶斯的星海湖湿地水质评价及特征分析[J]. 节水灌溉，4：92-95.

杨皓，胡继伟，黄先飞，范明毅，等，2015. 喀斯特地区金刺梨种植基地土壤肥力研究[J]. 水土保持研究，22(3)：50-55.

杨珺雯，张锦水，朱秀芳，等，2015. 随机森林在高光谱遥感数据中降维与分类的应用[J]. 北京师范大学学报(自然科学版)，51(S1)：82-88.

杨丽霞，陈少峰，安娟娟，等，2014. 陕北黄图丘陵区不同制备类型群落多样性与土壤有机质、全氮关系研究[J]. 草地学报，22(2)：291-298.

杨梦，2020. 古树保护与复壮技术的研究——以阜阳市颍上县为例[D]. 合肥：安徽农业大学.

姚春娟，熊光康，杨肖华，等，2017. 施肥对掌叶覆盆子叶绿素荧光参数和生理特性的影响[J]. 华南农业大学学报，38(6)：51-57.

叶子飘，2010. 光合作用对光和 CO_2响应模型的研究进展[J]. 植物生态学报，34(6)：727-740.

叶子飘，段世华，安婷，等，2018. C_4作物电子传递速率对 CO_2响应模型的构建及应用[J]. 植物生态学报，42(10)：1000-1008.

叶子飘，张海利，黄宗安，等，2017. 叶片光能利用效率和水分利用效率对光响应的模型构建[J]. 植物生理学报，53(6)：1116-1122.

殷东生，魏晓慧，2018. 氮肥对风箱果幼苗形态和生理特性的影响[J]. 植物研究，38(6)：828-833.

尹德洁，张洁，荆瑞，等，2018. 山东滨海盐渍区植物群落与土壤化学因子的关系[J]. 应用生态学报，29(11)：3521-3529.

喻本德，叶有华，郭微，等，2014. 生态保护红线分区建设模式研究——以广东大鹏半岛为例[J]. 生态环境学报，(6)：962-971.

曾聪，2006. 红树植物银叶树的繁殖生态研究 . 南宁：广西大学 .

曾聪，范航清，2006. 红树植物银叶树果实和种子的形态结构研究[J]. 广西科学，13(2)：147-150.

曾曙才，苏志尧，陈北光，2006. 我国森林空气负离子研究进展[J]. 南京林业大学学报(自然科学版)，30(5)：107-111.

曾昭霞，王克林，刘孝利，等，2015. 桂西北喀斯特森林植物-凋落物-土壤生态化学计量特征[J]. 植物生态学报，39(7)：682-693.

张兵，储双双，张立超，等，2016. 广东车八岭国家级自然保护区空气负离子水平及其主要影响因子[J]. 广西植物，36(5)：523-528.

张春燕，汤进，赵海峰，等，2007. 基于 MDS 的统计形状聚类[J]. 计算机技术与发展，17(3)：58-61.

张付斗，郭晋，徐高峰，等，2018. 大湄公河次区域薇甘菊的防控技术[J]. 生物安全学报，27(4)：313-316.

张广帅，邓浩俊，杜锟，等，2016. 泥石流频发地区山地不同海拔土壤化学计量特征——以云南省小江流域为例[J]. 生态学报，36(3)：675-687.

张国盛，郝蕾，闫子娟，等，2017. 6 种树种叶片叶绿素荧光动力学参数对土壤水分变化的响应[J]. 生态学杂志，36(11)：3079-3085.

张国珍，乔国亮，武福平，等，2014. 主成分分析法在窖水水质变化评价中的应用[J]. 环境科学与技术，37(4)：181-184.

张霖琳，刀谞，王超，等，2015. 我国四个大气背景点颗粒物浓度及其元素分布特征[J]. 环境化学，(1)：70-76.

张钦弟，张金屯，苏日古嘎，等，2010. 庞泉沟自然保护区华北落叶松种群生命表与谱分析[J]. 应用与环境生物学报，16(1)：1-6.

张青，黄昌前，宫正宇，等，2017. 颗粒物污染与环境条件因素影响相关性分析[J]. 绿色科技，8：84-85.

张守仁，1999. 叶绿素荧光参数及其意义讨论[J]. 植物学通报，16(4)：444-448.

张维康，王兵，牛香，2015. 北京不同污染地区园林植物对空气颗粒物的滞纳能力[J]. 环境科学，(7)：2381-2388.

张雯莉，刘玉冰，刘立超，2018. 胁迫对枸杞(*Lyciun barbarum*)叶片生理的影响[J]. 中国沙漠，38(2)：294-299.

张娴，袁洪福，郭峥，等，2011. 正交信号校正用于偏最小二乘建模过拟合现象的研究[J]. 光谱学与光谱分析，31(6)：1688-1691.

张艳丽，2013. 杭州市典型城市森林类型生态保健功能研究[D]. 中国林业科学研究院 .

张瑶，郑立华，李民赞，等，2013. 基于光谱特征分析的苹果树叶片营养素预测模型构建[J]. 农业工程学报，8(29)：171-178.

张银涛，2014. 高光谱数据的树种分类波段选择研究[D]. 杭州：浙江农林大学 .

张云，夏国华，马凯，等，2014. 遮阴对堇叶紫金牛光合特性和叶绿素荧光参数的影响[J]. 应用生态学报，25(7)：1940-1948.

张忠华，梁士楚，胡刚，2009. 桂林岩溶石山阴香群落主要种群生态位研究[J]. 林业科学研究，22(1)：63-68.

张忠学，郑恩楠，王长明，等，2017. 不同水氮处理对水稻荧光参数和光合特性的影响[J]. 农业机械学报，48(6)：176-183.

张滋庭，闫明，张滋芳，2018. 山西霍山华北落叶松种群生态特征研究[J]. 山西师范大学学报(自然科学版)，32(2)：52-59.

张子龙，王文全，缪作清，等，2013. 主成分分析在三七连作土壤质量综合评价中的应用[J]. 生态学杂志，32(6)：1636-1644.

赵晶，赵和平，许良峰，等，2013. 复合人工湿地对水源地库区水质净化效果分析[J]. 环境工程学报，7(12)：4816-4822.

赵荣珍，王雪冬，邓林峰，2015. 基于 PCA-KLFDA 的小样本故障数据集降维方法[J]. 华中科技大学学报(自然科学版)，43(12)：12-16.

赵瑞祥，2002. 空气负离子疗法在疗养医学中的应用[J]. 中国疗养医学，(2)：10-12.

赵天梁，2015. 山西崦山自然保护区侧柏林植物生态位特征[J]. 北京林业大学学报，37(8)：24-30.

赵文赛，孙永林，刘西平，2016. 干旱-复水-再干旱处理对玉米光合能力和生长的影响[J]. 植物生态学报，40(6)：594-603.

赵欣胜，崔丽娟，李伟，等，2016. 吉林省湿地生态系统水质净化功能分析及其价值评价[J]. 水生态学杂志，37(1)：31-38.

赵永华，雷瑞德，何兴元，等，2004. 秦岭锐齿栎林种群生态位特征研究[J]. 应用生态学报，15(6)：913-918.

赵越，2017. 基于高光谱的寒地水稻叶片氮素营养诊断研究[D]. 哈尔滨：东北农业大学.

赵志刚，郭俊杰，曾杰，等，2014. 广西大明山格木种群的空间分布格局与数量动态特征[J]. 林业科学，2014，50(10)：1-7.

郑德祥，蔡杨新，杨玉洁，等，2017. 闽北闽粤栲天然林幼树器官碳氮磷化学计量特征分析[J]. 林业科学研究，30(1)：154-159.

郑国琦，许兴，徐兆桢，等，2002. 盐胁迫对枸杞光合作用的气孔与非气孔限制[J]. 西北植物学报，22(6)：1355-1359.

郑槐明，贾慧君，1999. 植物稳态矿质营养理论与技术研究及展望[J]. 林业科学，35(1)：95-103.

郑一力，赵燕东，董玮，等，2018. 竹叶片氮含量高光谱估算方法对比研究[J]，农业机械学报，48(增刊)：393-400.

郑云普，李菲，侯毅凯，等，2019. 大气 CO_2 浓度增加对作物光合性能及叶片水分利用效率的影响[J]. 农业工程学报，35(10)：91-98.

中国环境科学研究院，2012. GB 3095-2012 环境空气质量标准[M]. 北京：中国环境科学出版社.

中国科学院中国植物志编辑委员会，1984. 中国植物志[M]. 北京：科学出版社.

中日友好环境保护中心，2011. 国家环境分析测试中心. HJ 618-2011 环境空气 PM_{10} 和 $PM_{2.5}$ 的测定重量法[S]. 北京：中国环境科学出版社.

钟军弟，成夏岚，莫雨杏，等，2018. 雷州九龙山红树林国家湿地公园玉蕊种群动态[J]. 湿地科学，16(2)：231-237.

周晨，喻理飞，蔡国俊，等，2016. 草海高原湿地湖泊水质时空变化及水质分区研究[J]. 水生态学杂志，37(1)：24-30.

周丹丹，刘德玺，李存华，等，2016. 盐胁迫对朴树和速生白榆幼苗光合特性及叶绿素荧光参数的影响[J]. 西北植物学报，36(5)：1004-1011.

周丽，张卫强，唐洪辉，等，2014. 南亚热带中幼龄针阔混交林生态化学计量特征[J]. 生态环境学报，23(11)：1732-1738.

周明森，简茂球，2009. 广东近46年秋季干旱特征分析[J]. 中山大学学报(自然科学版)，48(2)：197-200.

周威，刘建军，王京，2016. 黄河中游地区古树健康诊断标准及其应用[J]. 西南林业大学学报，36(6)：58-63.

周伟，王文杰，张波，等，2017. 长春城市森林绿地土壤肥力评价[J]. 生态学报，37(4)：1211-1220.

周志强，彭英丽，孙铭隆，等，2015. 不同氮素水平对濒危植物黄檗幼苗光合荧光特性的影响[J]. 北京林业大学学报，37(12)：17-23.

朱珠，褚艳玲，吴锋，2015. 深圳大气污染特征模拟及环境容量估算[J]. 中国环境管理，7(5)：83-88.

庄红梅，卢春生，龚鹏，等，2017. 基于高光谱'叶尔羌'扁桃氮磷钾含量估测模型研究[J]. 干旱地区农业研究，35(2)：157-165.

Agastian P, Kingsley S J, Vivekanandan M, 2000. Effect of salinity on photosynthesis and biochemical characteristics in mulberry genotypes[J]. Photosynthetica, 38(2): 287-290.

Ahmed S, Nawata E, Hosokawa M, et al., 2002. Alterations in photosynthesis and some antioxidant enzymatic activities of mungbean subjected to waterlogging[J]. Plant Science, 163(1): 117-123.

Albert K R, Ro-Poulsen H, Mikkelsen T N, et al., 2011. Interactive effects of elevated CO_2, warming, and drought on photosynthesis of *Deschampsia flexuosa* in a temperate heath ecosystem [J]. Journal of Experimental Botany, 62(12): 4253-4366.

Anderegg W R L, Kane J M, Anderegg L D L, 2012. Consequences of widespread tree mortality triggered by drought and temperature stress[J]. Nature Climate Change, 3(1): 30-36.

Arellano P, Tansey K, Balzter H, et al., 2015. Detecting the effects of hydrocarbon pollution in the Amazon forest using hyperspectral satellite images[J]. Environmental Pollution, 205: 225-239.

Banerjee A K, Guo W, Qiao S, et al., 2020. Land masses and oceanic currents drive population structure of *Heritiera littoralis*, a widespread mangrove in the Indo-West Pacific[J]. Ecology and Evolution, 10(14): 7349-7363.

Barnes R J, Dhanoa M S, Lister S J, 2016. Standard Normal Variate Transformation and De-Trending of Near-Infrared Diffuse Reflectance Spectra[J]. Applied Spectroscopy, 43(5): 772-777.

Boardman N K, 1997. Comparative photosynthesis of sun and shade plants[J]. Annual Review of Plant Physiology, 28(1): 355-377.

Bowes G, 2006. Growth at elevated CO_2: photosynthetic responses mediated through Rubisco[J]. Plant Cell and Environment, 14(8): 795-806.

Braakhekke W G, Dap H, 1999. The resource balance hypothesis of plant species diversity in grassland[J]. Journal of Vegetation Science, 10(2): 187-200.

Breunig, Fábio M, 2011. Classification of soybean varieties using different techniques: case study with Hyperion and sensor spectral resolution simulations[J]. Journal of Applied Remote Sensing, 5(1): 053533.

Brovkina O, Novotny J, Cienciala E, et al., 2017. Mapping forest aboveground biomass using airborne hyperspectral and Li DAR data in the mountainous conditions of Central Europe[J]. Ecological Engineering, 100: 219-230.

Brugnoli E, Lauteri M, 1991. Effects of salinity on stomatal conductance, photosynthetic capacity, and carbon isotope discrimination of salt-tolerant(*Gossypium hirsutum* L.) and salt-sensitive(*Phaseolus vulgaris* L.) C_3 non-halophytes[J]. Plant Physiology, 95: 628-635.

Bünemann E K, Oberson A, Frossard E, 2011. Phosphorus in action biological processes in soil phosphorus cycling[M]. Berlin: Springer.

Cai Z Q, 2011. Shade delayed flowering and decreased photo-synthesis, growth and yield of SachaInchi (*Plukenetia volubilis*) plants[J]. Industrial Crops and Products, 34: 1235-1237.

Calderón R, Navas-Cortés J A, Lucena C, et al., 2013. High-resolution airborne hyperspectral and thermal imagery for early detection of Verticillium wilt of olive using fluorescence, temperature and narrow-band spectral indices[J]. Remote Sensing of Environment, 139: 231-245.

Chacón Iznaga A, Rodríguez Orozco M, Alcantara E A, et al., 2014. Vis/NIR spectroscopic measurement of selected soil fertility parameters of Cuban agricultural Cambisols[J]. Biosystems Engineering, 125: 105-121.

Chang C W, Laird D A, Mausbach M J, et al., 2001. Near-Infrared Reflectance Spectroscopy-Principal Components Regression Analyses of Soil Properties [J]. Soil Science Society of America Journal, 65 (2): 480-490.

Chang C W, Laird D A, Mausbach M J, et al., 2001. Near-infrared reflectance spectroscopy-principal components regression analyses of soil properties[J]. Soil Science Society of America Journal, 65(2): 480-490.

Chanita P, Barry C, Pipat P, 2004. Salt uptake and shoot water relations in mangroves[J]. Aquatic Botany, 78 (4): 349-360.

Chen X M, Zhang D Q, Liang G H, et al., 2016. Effects of precipitation on soil organic carbon fractions in three subtropical forests in southern China[J]. Journal of Plant Ecology, 2(9): 10-19.

Cheng H, Wang Y S, Fei J, et al., 2015. Differences in root aeration, iron plaque formation and waterlogging tolerance in six mangroves along a continues tidal gradient[J]. Ecotoxicology, 24(7-8): 1659-1667.

Cheng R M, Wang N, Xiao W F, et al., 2018. Advances in Studies of Ecological Stoichiometry of Terrestrial E-cosystems[J]. ScientiaSilvae Sinicae, 54(07): 130-136.

Christopher R, Nyandoro SS, Chacha M, et al., 2014. A new cinnamoylglycoflavonoid, antimycobacterial and antioxidant constituents from *Heritiera littoralis* leaf extracts [J]. Natural Product Research, 28 (6): 351-358.

Cleveland CC, Liptzin D, 2007. C : N : P stoichiometry in soil: Is there a "redfield ratio" for the microbial biomass[J]. Biogeochemistry, 85(3): 235-252.

Coomes D A, Grubb P J, 1998. Responses of juvenile trees to above and below ground competition in nutrient-starved amazonian rain forest[J]. Ecology, 79(3): 768-782.

Curran, P J, 1989. Remote sensing of foliar chemistry[J]. Remote Sensing of Environment, 30(3): 271-278.

Das A B, Mukherjee A K, Das P, 2001. Molecular phylogeny of *Heritiera Aiton* (Sterculiaceae), a tree mangrove: variations in RAPD markers and nuclear DNA content[J]. Botanical Journal of the Linnean Society, 136(2): 221-229.

Dawson S P, Dennison W C, 1996. Effects of ultraviolet and photosynthetically active radiation on five seagrass species[J]. Marine Biology, 125: 629-638.

Deng Y M, Li CC, Shao Q S, et al., 2012. Differential responses of double petal and multi petal jasmine to shading. Ⅰ. Photosynthetic characteristics and chloroplast ultrastructure[J]. Plant Physiology and Biochemistry, 55: 93-102.

Depuydt S, Trenkamp S, Fernie A R, et al., 2009. An integrated genomics approach to define niche establishment by *Rhodococcus fascians*[J]. Plant Physiology, 149: 1366-1386.

Ding Y, Zang R, Huang J, 2019. Intraspecific trait variation and neighborhood competition drive community dynamics in an old-growth spruce forest in northwest China [J]. Science of the Total Environment, 678:

525-532.

Duke N., Kathiresan K., Salmo III, et al., 2010. *Heritiera littoralis*. The IUCN Red List of Threatened Species 2010: e. T178852A7627492. http://dx. doi. org/10. 2305/IUCN. UK. 2010-2. RLTS. T178852A7627492. en.

Ehlert B, Hinchaok D K, 2008. Chlomphyll fluorescence imaging accurately quantifies freezing damage and cold acclimation responses in Arabidopsis leaves[J]. Plant Methods, 4: 1-7.

Elser J J, Dobberfuhl D R, Mackay N A, et al., 1996. Organism size, life history, and N : P stoichiometry toward a unified view of cellular and ecosystem processes[J]. BioScience, 46(9): 674-684.

Elser J J, Fagan W F, Denno R F, et al., 2000. Nutritional constraints in terrestrial and freshwater food webs [J]. Nature, 408: 578-580.

Fanelli G, Lestini M, Sauli A S, 2008. Floristic gradients of herbaceous vegetation and P: N ratio in soil in a Mediterranean area [J]. Plant Ecology, 194(2): 231-242.

Fassnacht F E, Latifi H, Sterenczak K, et al., 2016. Review of studies on tree species classification from remotely sensed data[J]. Remote Sensing of Environment, 186: 64-87.

Fitzgerald G, Rodriguez D, O'Leary G, 2010. Measuring and predicting canopy nitrogen nutrition in wheat using a spectral index-the canopy chlorophyll content index(CCCI)[J]. Field Crops Research, 116(3): 318-324.

Freersmith P H, Beckett K P, Taylor G, 2005. Deposition velocities to *Sorbus aria*, *Acer campestre*, *Populus deltoides*×*trichocarpa* 'Beaupre', *Pinus nigra* and ×*Cupressocyparis leylandii* for coarse, fine and ultra-fine particles in the urban environment[J]. Environmental Pollution, 133(1): 157-167.

Ge L, Li Y J, Yang K D, et al., 2016. Chemical Constituents of the Leaves of*Heritiera littoralis*[J]. Chemistry of Natural Compounds, 52(4): 702-703.

George R, Padalia H, Kushwaha S P S, 2014. Forest tree species discrimination in western Himalaya using EO-1 Hyperion[J]. International Journal of Applied Earth Observation and Geoinformation, 28: 140-149.

Grechi I, Vivin P, Hilbert G, et al., 2007. Effect of light and nitrogen supply on internal C: N balance and control of root-to-shoot biomass allocation in grapevine[J]. Environmental and Experimental Botany, 59(2): 139-149.

Gundersen P, Sevel L, Christiansen J R, et al., 2009. Do indicators of nitrogen retention and leaching differ between coniferous and broadleaved forests in Denmark? [J]. Forest Ecology and Management, 258: 1137-1146.

Gunton R M, Boyes L J, Griffiths M E, et al., 2010. Regeneration niches and function traits of three common species in subtropical dune forest [J]. Forest Ecology and Management, 260: 1490-1497.

Gurevitch J, Scheiner S M, Fox G A, et al., 2002. The ecology of plants[M]. Sunderland, Massachusetts, USA: Sinauer Associates.

Güsewell S, 2004. N : P ratios in terrestrial plant: variation and functional significance[J]. New Phytologist, 164(2): 243-266.

Han W X, Fang J Y, Guo D, et al., 2005. Leaf nitrogen and phosphorus stoichiometry across 753 terrestrial plant species in China[J]. New Phytologist, 168(2): 377-385.

Harrison D, Rivard B, Sánchez-Azofeifa A, 2018. Classification of tree species based on longwave hyperspectral data from leaves, a case study for a tropical dry forest[J]. International Journal of Applied Earth Observation and Geoinformation, 66: 93-105.

He J S, Han X G, 2010. Ecological stoichiometry: Searching for unifying principles from individuals to ecosystems[J]. Chinese Journal of Plant Ecology, 34(1): 2-6.

He J S, Wang L, Flynn D F B. et al., 2008. Leaf nitrogen: phosphorus stoichiometry across Chinese grassland biomes[J]. Oecologia, 155(2): 301-310.

Herrick J D, Thomas R B, 1999. Effects of CO_2 enrichment on the photosynthetic light response of sun and shade leaves of canopy sweet-gum trees(*Liquidambar styraciflua*) in a forest ecosystem[J]. Tree Physiology, 19: 779-786.

Heumann B W, 2011. Satellite remote sensing of mangrove forests: Recent advances and future opportunities[J]. Progress in Physical Geography, 35(1): 87-108.

Hoshida H, Tanaka Y, Hibino T, et al., 2000. Enhanced tolerance to salt stress in transgenic rice that overexpresses chloroplast glutamine synthetase[J]. Plant Molecular Biology, 43(1): 103-111.

Houlton B Z, Wang Y P, Vitousek P M, et al., 2008. A unifying framework for dinitrogen fixation in the terrestrial biosphere[J]. Nature, 454: 327-330.

Hu W M, Wang S W, Jian S G, et al., 2015. Discovery and comparative assessment of SNPs and SSRs for genetic diversity analysis of wild*Heritiera littoralis*, Dryand(Sterculiaceae), an endangered mangrove tree species[J]. Conservation Genetics Resources, 7(3): 663-668.

Huang W, Liu J, Zhou G, et al., 2011. Effects of precipitation on soil acid phosphatase activity in three successional forests in southern China[J]. Biogeosciences, 8: 1901-1910.

Hui H X, Xu X, Li Q R, 2003. Exogenous betaine improves the photosynthesis of *Lycium barbarum* under salt stress[J]. Acta Botanica Boreali-Occidentalia Sinica, 23(12): 2137-2422.

IPCC, 2013. Climate Change 2013. The Physical Science Basis[M]. Cambridge: Cambridge University Press.

Isaksson T, Naes T, 1988. The Effect of Multiplicative Scatter Correction (MSC) and Linearity Improvement in NIR Spectroscopy[J]. Applied Spectroscopy, 42(7): 1273-1284.

Isermann M, 2005. Soil pH and species diversity in coastal dunes [J]. Plant Ecology, 178(1): 111-120.

Iznaga A C, Orozco M R, Alcantara E A, et al., 2014. Vis/NIR spectroscopic measurement of selected soil fertility parameters of Cuban agricultural Cambisols[J]. Biosystems Engineering, 125: 105-121.

Jian S G, Tang T, Zhong Y, et al., 2002. Genetic diversity among south China and*Heritiera littoralis* detected by inter-simple sequence repeats (ISSR) analysis [J]. Journal of Genetics and Molecular Biology, 13(4): 272-276.

Jian S G, Tang T, Zhong Y, et al., 2010. Conservation genetics of *Heritiera littoralis*(Sterculiaceae), a threatened mangrove in China, based on AFLP and ISSR markers[J]. Biochemical Systematics and Ecology, 38(5): 924-930.

Jian S, Shi S, 2009. Genetic variation in *Heritiera littoralis* (Malvaceae) from east and south Asia revealed by AFLP markers[J]. Giornale Botanico Italiano, 143(1): S56-S62.

Jian S, Tang T, Yang Z, et al., 2004. Variation in inter-simple sequence repeat(ISSR) in mangroveand non-mangrove populations of *Heritiera littoralis*(Sterculiaceae) from China and Australia[J]. Aquatic Botany, 79(1): 75-86.

Jiang Y L, Xu ZZ, Zhou G H, et al., 2016. Elevated CO_2 can modify the response to a water status gradient in a steppe grass: from cell organelles to photosynthetic capacity to plant growth[J]. BMC Plant Biology, 16(1): 157.

Jin S, Guo J, Wheeler S, et al., 2014. Evaluation of impacts of trees on $PM_{2.5}$, dispersion in urban streets[J]. Atmospheric Environment, 99(99): 277-287.

Kalascska M, Arturo S A G, 2008. Hyperspectral remote sensing of tropical and subtropical forests[M]. Boca Raton: CPC Press.

Koerselman W, Meuleman A F M, 1996. The vegetation N : P ratio: a new tool to detect the nature of nutrient limitation [J]. Journal of Applied Ecology, 33(6): 1441-1450.

Lai M, He S, Yu S, et al., 2018. Effects of experimental N addition on plant diversity in an old-growth temperate forest [J]. Ecology and Evolution, 8: 5900-5911.

Lawlor D W, Cornic G, 2002. Photosynthetic carbon assimilation and associated metabolism in relation to water deficits in higher plants[J]. Plant, Cell and Environment, 25(2): 275-294.

Lee L J, Hwang C, Chang C H, et al., 2015. The health study of seagrass and coral REEF by underwater hyperspectral imager[R]. IEEE, 2015 Geoscience & Remote Sensing Symposium(IGARSS), 3521-3523.

Lekberg Y, Bever J D, B, Bunn R A, et al., 2018. Relative importance of competition and plant-soil feedback, their synergy, context dependency and implications for coexistence[J]. Ecology Letters, 21: 1268-1281.

Li B, Liew O W, Asundi A K, 2006. Pre-visual detection of iron and phosphorus deficiency by transformed reflectance spectra[J]. Journal of Photochemistry and Photobiology, B-Biology, 85(2): 131-139.

Li M Y, Xiao Q, Pan J Y, et al., 2009. Natural products from semi-mangrove flora: source, chemistry and bioactivities[J]. Natural Product Reports, 26: 281-298.

Li Y M, Sun X H, Gong C Y, 2006. Niche width and niche overlap: a method based on type-2 fuzzy sets[J]. Ecological Research, 21(5): 713-722.

Li Z, Bai W M, Zhang L, et al., 2016. Increased water supply promotes photosynthesis, C : N ratio, and plantamajoside accumulation in the medicinal plant *Plantago depressa* Willd[J]. Photosynthetica, 54(4): 551-558.

Lieb A M, Darrouzet-Nardi A, Bowman W D, 2011. Nitrogen deposition decreases acid buffering capacity of alpine soils in the southern Rocky Mountains[J]. Geoderma, 164: 220-224.

Long S P, Bernacchi C J, 2003. Gas exchange measurements, what can they tell us about the underlying limitations to photosynthesis? Procedures and sources of error[J]. Journal of Experimental Botany, 54(392): 2393-2401.

Madonsela S, Cho M A, Mathieu R, et al., 2017. Multi-phenology World View-2 imagery improves remote sensing of savannah tree species[J]. International Journal of Applied Earth Observation and Geoinformation, 58: 65-73.

Mahajan G R, Sahoo R N, Pandey R N, et al., 2014. Using hyperspectral remote sensing techniques to monitor nitrogen, phosphorus, sulphur and potassium in wheat(*Triticum aestivum* L.)[J]. Precision Agriculture, 15(5): 499-522.

Mangora M M, Mtolera M, Bjrk M, 2017. Effects of waterlogging, salinity and light on the productivity of *Bruguiera gymnorrhiza* and *Heritiera littoralis* seedlings [J]. African Journal of Marine Science, 39(2): 167-174.

Martorell C, Freckleton R P, Brooker R, 2014. Testing the roles of competition, facilitation and stochasticity on community structure in a species-rich assemblage[J]. Journal of Ecology, 102(1): 74-85.

Miles D H, Ly A, Chittawong V, 1989. Toxicants from mangrove plants, vi. Heritonin, a new piscicide from the mangrove plant *Heritiera littoralis*[J]. Journal of Natural Products, 52(4): 896-898.

Morellos A, Pantazi X E, Moshou D, et al., 2016. Machine learning based prediction of soil total nitrogen, organic carbon and moisture content by using VIS-NIR spectroscopy [J]. Biosystems Engineering, 152: 104-116.

Nishimura E, Suzaki E, Irie M, et al., 2010. Architecture and growth of an annual plant *Chenopodium album* in different light climates[J]. Ecological Research, 25(2): 383-393.

Näsi R, Honkavaara E, Paivi L, et al., 2015. Using UAV-based photogrammetry and hyperspectral imaging for mapping bark beetle damage at tree-level[J]. Remote Sensing, 7: 15467-15493.

Paliyavuth C, Clough B, Patanaponpaiboon P, 2004. Salt uptake and shoot water relations in mangroves[J]. Aquatic Botany, 78(4): 349-360.

Paoli G D, Curran L M, Zak D R, 2006. Soil nutrients and beta diversity in the BorneanDipterocarpaceae: evidence for niche partitioning by tropical rain forest trees [J]. Journal of Ecology, 94: 157-170.

Pause M, Schweitzer C, Rosenthal M, et al., 2016. In Situ/Remote Sensing Integration to Assess Forest Health—A Review[J]. Remote Sensing, 8(6): 471.

Pennisi E, 2005. What determines species diversity? [J]. Science, 309: 90.

Pires M V, Almeida A F, Figueiredo AL, et al., 2011. Photosynthetic characteristics of ornamental passion flowers grown under different light intensities[J]. Photosynthetica, 49: 593-602.

Piro P, Porti M, Veltri S, et al., 2017. Hyperspectral monitoring of green roof vegetation health state in sub-Mediterranean climate: preliminary results[J]. Sensors, 17: 662-679.

Porazinska D L, Bardgett R D, Blaauw M B, et al., 2003. Relationships at the aboveground-belowground interface: plants, soil biota, and soil processes [J]. Ecological Monographs, 73(3): 377-395.

Porras M E, Lorenzo P, Medrano E, et al., 2017. Photosynthetic acclimation to elevated CO_2 concentration in a sweet pepper(*Capsicum annuum*) crop under Mediterranean greenhouse conditions: influence of the nitrogen source and salinity[J]. Functional Plant Biology, 44(6): 573-586.

Prasad S T, Lyon J G, 2012. Hyperspectral remote sensing of vegetation[M]. Boca Raton: CRC Press.

Reich P B, Oleksyn J, 2004. Global patterns of plant leaf N and P in relation to temperature and latitude[J]. Proceedings of the National Academy of Sciences of the United States of America, 101(30): 11001-11006.

Salifu K, Timmer V, 2003. Nitrogenretranslocation response of young *Picea mariana* to nitrogen-15 supply[J]. Soil Science Society of America Journal, 67(1): 309-317.

Sawada H, Araki M, Chappell NA. et al., 2007. Forest Environments in the Mekong River Basin[M]. Tokyo: Springer.

Sims D A, Gamon J A, 2002. Relationships between leaf pigment content and spectral reflectance across a wide range of species, leaf structures and developmental stages [J]. Remote Sensing of Environment, 81: 337-354.

Sobhan, I, 2007. Species discrimination from a hyperspectral perspective[D]. Wageningen: Wageningen University.

Stenberg B, Rossel R A V, Mouazen A M, et al., 2010. Chapter Five-visible and near infrared spectroscopy in soil science[J]. Advances in Agronomy, 107: 163-215.

Sun P, Grignetti A, Liu S, et al., 2008. Associated changes in physiological parameters and spectral reflectance indices in olive(*Olea europaea* L.) leaves in response to different levels of water stress[J]. International Journal of Remote Sensing, 29(6): 1725-1743.

Swift CC, Jacobs S M, Esler K J, 2008. Drought induced xylem embolism in four riparian trees from the Western Cape Province: Insights and implications for planning and evaluation of restoration[J]. South African Journal of Botany, 74(3): 508-516.

Tewtrakul S, Tansakul P, Daengrot C, et al., 2010. Anti-inflammatory principles from *Heritiera littoralis* bark [J]. Phytomedicine, 17(11): 851-855.

Thenkabail, P S, 2002. Optimal hyperspectral narrow bands for discriminating agricultural crops[J]. Remote Sensing Reviews, 20: 257-291.

Tian Y, Wu J, Zhang S, 2004. Flavonoids from Leaves of *Heritiera littoralis* D[J]. Journal of Chinese Pharmaceutical Sciences, 13(3): 214-216.

Tjoelker MG, Graine JM, Wedin D, et al., 2005. Linking leaf and root trait syndromes among 39 grassland and savannah species[J]. New Phytologist, 167: 493-508.

Toledo-Aceves T, Swaine M D, 2008. Above-and below-ground competition between the liana *Acacia kamerunensis* and tree seedlings in contrasting light environments[J]. Plant Ecology, 196(2): 233.

Toriyama J, Ohta S, Araki M, et al., 2007. Soils Under Different Forest Types in the Dry Evergreen Forest Zone of Cambodia: Morphology, Physicochemical Properties, and Classification[A]. In: Sawada H., Araki M., Chappell N. A., LaFrankie J. V., Shimizu A. Forest Environments in the Mekong River Basin[C]. Tokyo: Springer.

Turnbull L A, Levine J M, Loreau M, et al., 2013. Coexistence, niches and biodiversity effects on ecosystem functioning[J]. Ecology Letters, 16(s1): 116-127.

Turner D, Lucieer A, Malenovský Z, 2014. Spatial co-registration of ultra-high resolution visible, multispectral and thermal images acquired with a micro-UAV over antarctic moss beds[J]. Remote Sensing, 6: 4003-4024.

van DeVoorde T F J, Van der Putten W H, et al., 2011. Intra-and interspecific plant-soil interactions, soil legacies and priority effects during old-field succession[J]. Journal of Ecology, 99(4): 945-953.

van Kooten O, Snel J F H, 1990. The use of chlorophyll nomenclature in plant stress physiology[J]. Photosynthesis Research, 25: 147-150.

Vitousek P M, Porder S, Houlton B Z, et al., 2010. Terrestrial phosphorus limitation: mechanisms, implications, and nitrogen-phosphorus interactions[J]. Ecological Applications, 20(1): 5-15.

Vitousek P, 1982. Nutrient cycling and nutrient use efficiency[J]. American Naturalist, 119(4): 553-572.

Wang M, Murphy M T, Moore T R, 2014. Nutrient resorption of two evergreen shrubs in response to long-term fertilization in a bog[J]. Oecologia, 174: 365-377.

Wang S Q, Yu G R, 2008. Ecological stoichiometry characteristics of ecosystem carbon, nitrogen and phosophorus elements[J]. Acta Ecological Sinica, 28(8): 3937-3947.

Wardle D A, Walker L R, Bardgett R D, 2004. Ecosystem properties and forest decline in contrasting long-term chronosequences[J]. Science, 305(5683): 509-513.

Wei X H, Blanco J A, Jiang H, et al., 2012. Effects of nitrogen deposition on carbon sequestration in Chinese-firforest ecosystems[J]. Science of the Total Environment, 416: 351-361.

Wright D, Philiprasmussen V, Douglasramsey R, et al., 2004. Canopy Reflectance Estimation of Wheat Nitrogen Content for Grain Protein Management[J]. Mapping Sciences & Remote Sensing, 41(4): 287-300.

Wright I J, Reich P B, Westoby M, 2001. Strategy shifts in leaf physiology, structure and nutrient content between species of high and low rainfall and high and low nutrient habitats[J]. Functional Ecology, 15: 423-434.

Xia J B, Zhang S Y, Zhang G C, et al., 2011. Critical responses of photosynthetic efficiency in *Campsis radicans*(L.) seem to soil water and light intensities[J]. African Journal of Biotechnology, 10(77): 17748-17754.

Xu S, Zhao Y, Wang M, et al., 2018. Comparison of multivariate methods for estimating selected soil properties from intact soil cores of paddy fields by Vis-NIR spectroscopy[J]. Geoderma, 310: 29-43.

Xu W, Cui K H, Xu A H, et al., 2015. Drought stress condition increases root to shoot ratio via alteration of carbohydrate partitioning and enzymatic activity in rice seedlings[J]. Acta Physiologiae Plantarum, 37(2): 1-11.

Yang X H, Wang W, Zou Q, 2001. Photoinhibition in shaded cotton leaves after exposing to high light and the time course of its restoration[J]. Acta Botanica Sinica, 43: 1255-1259.

Yang X, Lu C, 2005. Photosynthesis is improved by exogenous Glycine Betaine in salt-stressed maize plants[J]. Physiologi Plantarum, 124(3): 43-352.

Ye Y, Lu C Y, Wong Y, et al., 2004. Diaspore traits and inter-tidal zonation of non-viviparous mangrove species[J]. Acta Botanica Sinica, 46(8): 896-906.

Zeng D H, Chen G S, 2005. Ecological stoichiometry: A science to explore the complexity of living systems[J]. Acta Phytoecologica Sinica, 29(6): 1007-1019.

Zhu J J, Matsuzaki T, Li F Q, et al., 2003. Effects of gap size created by thinning on seedling emergency, survival and establishment in a coastal pine forest[J]. Forest Ecology and Management, 182: 339-354.

附图 1-1　古银叶树

附图 1-2　银叶树叶片与果实

附图 1–3　古银叶树群落

附图 1-4　坝光银叶树湿地园遥感图

附图 1-5　古银叶树群落遥感图

附图 1-6　银叶树幼苗施肥处理

附图 1-7　银叶树幼苗生长测定

附图 1-8　银叶树幼苗光合与叶绿素荧光参数测定

附图 1-9　银叶树幼苗施盐、遮阴及干旱处理

附图 1-10　银叶树幼苗叶绿素 SPAD 值测定

附图 1-11　坝光银叶树湿地园水环境监测

附图 1-12　坝光银叶树湿地园土壤样品采样

附图 1-13　坝光银叶树湿地园空气负氧离子与粉尘监测

附图 1–14　坝光银叶树湿地园人工植被恢复树种生长状况调查

桂花

银叶树

美丽异木棉

附图 1–15　坝光银叶树湿地园林景观树种恢复效果

水石榕

小叶紫薇

小叶榄仁

樟树

附图 1-15　坝光银叶树湿地园林景观树种恢复效果（续）

黄岑

芦竹

附图 1-16　坝光银叶树湿地园水塘观赏草本恢复效果

葱莲

芦竹

东方香蒲

莎草

附图 1–16　坝光银叶树湿地园水塘观赏草本恢复效果（续）

狼尾草

蒲苇

千屈菜

斑叶芦竹

附图 1–16　坝光银叶树湿地园水塘观赏草本恢复效果（续）

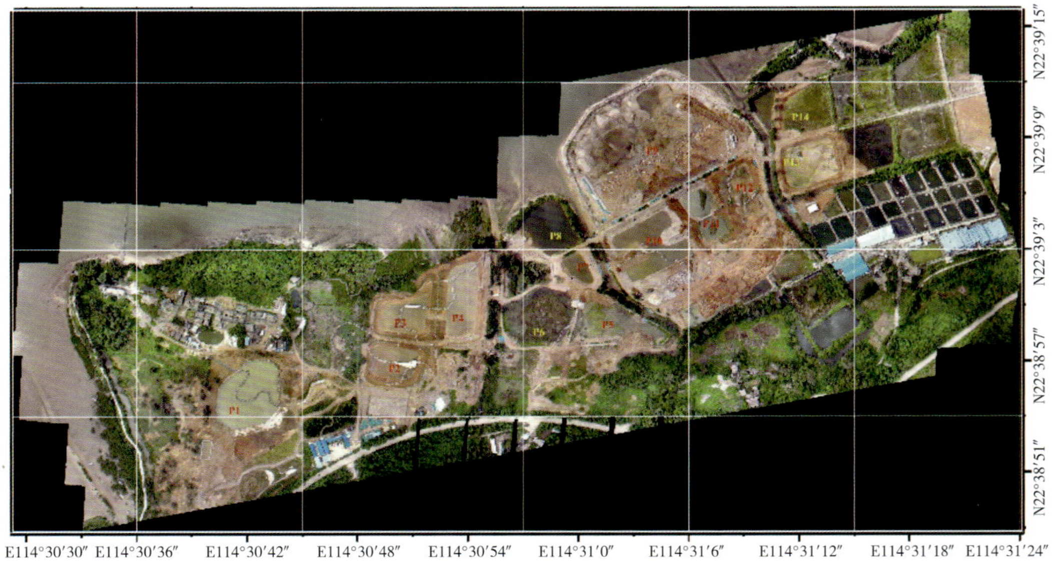

附图 1–17　坝光银叶树湿地园人工植被恢复监测点布设

附图 1-18　坝光银叶树湿地园有害生物调查

枫树紫斑病危害

尖叶杜英叶枯病危害

相思叶尖枯病危害

羊蹄甲炭疽病危害

附图 1-19　坝光银叶树湿地园有害生物危害状况

樟树枝枯病危害

龙船花赤枯病危害

美丽异木棉炭疽病危害

银叶树叶枯病危害

附图 1-19　坝光银叶树湿地园有害生物危害状况（续）

假萍蒌刺蛾危害

山乌桕蚜虫危害

樟树细蛾危害

黄瑾八点广翅蜡蝉危害

银叶树八点广翅蜡蝉危害

附图 1–19 坝光银叶树湿地园有害生物危害状况（续）

薇甘菊入侵危害

鬼针草入侵危害

附图 1-19　坝光银叶树湿地园有害生物危害状况（续）

附图 1-20　古银叶树寄生藤危害

附图 1-20　古银叶树寄生藤危害（续）

附图 1-21　坝光湿地园古银叶树群落样地设置

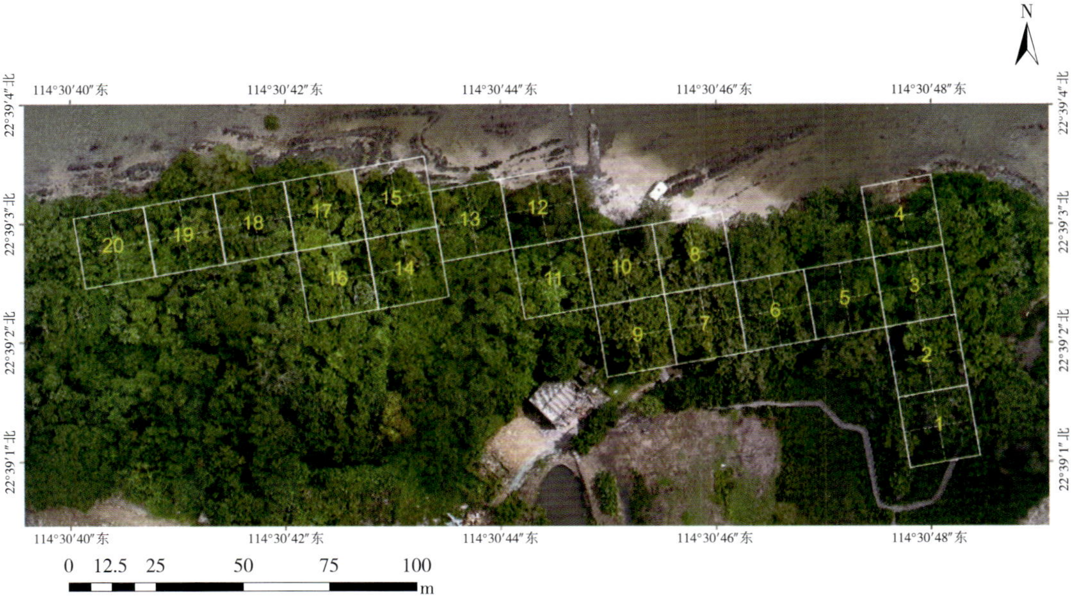

附图 1-22　坝光湿地园古银叶树群落样地布设

附图 1-23　古银叶树群落优势树种叶片采集

附图 1-24　坝光湿地园无人机低空遥感监测

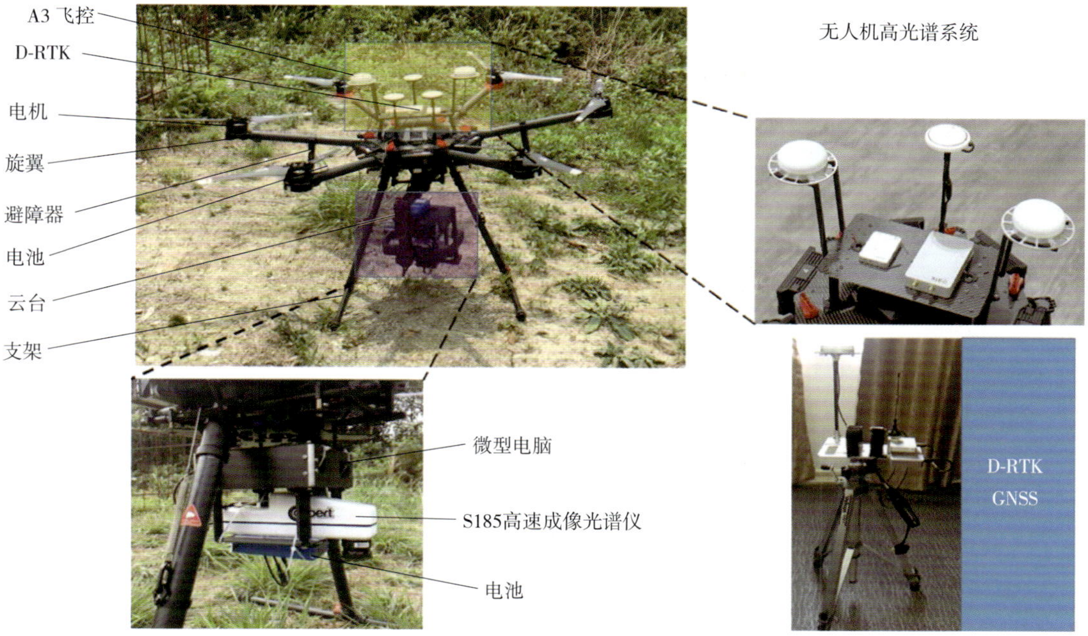

附图 1-25　无人机高光谱系统

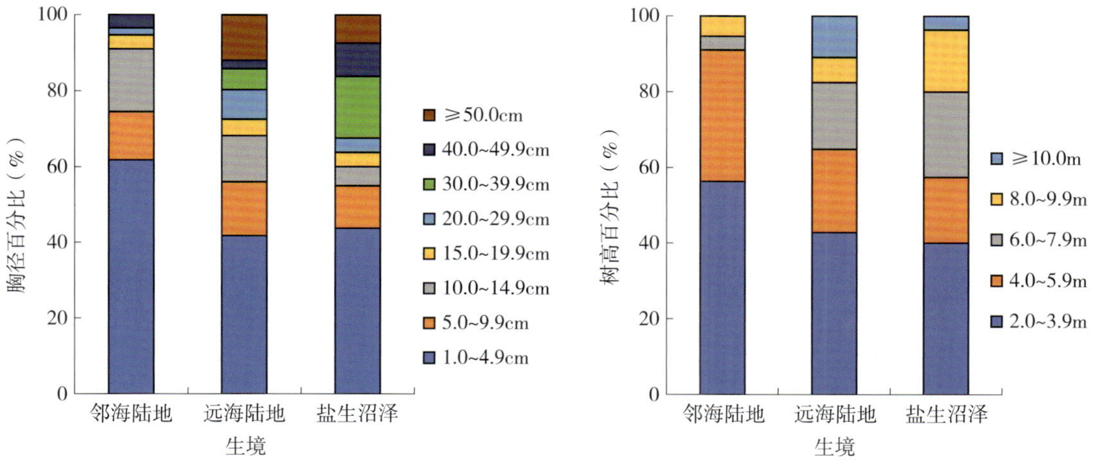

附图 4-1　盐生沼泽、邻海陆地和远海陆地古银叶树群落的胸径和树高等级构成

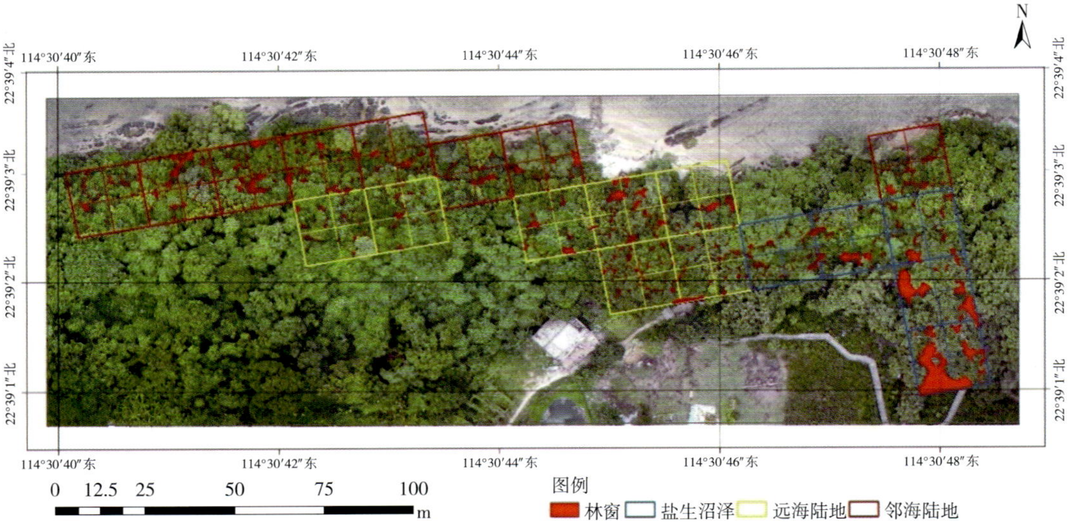

附图 4-2 坝光古银叶树群落冠层正射影像及林窗特征

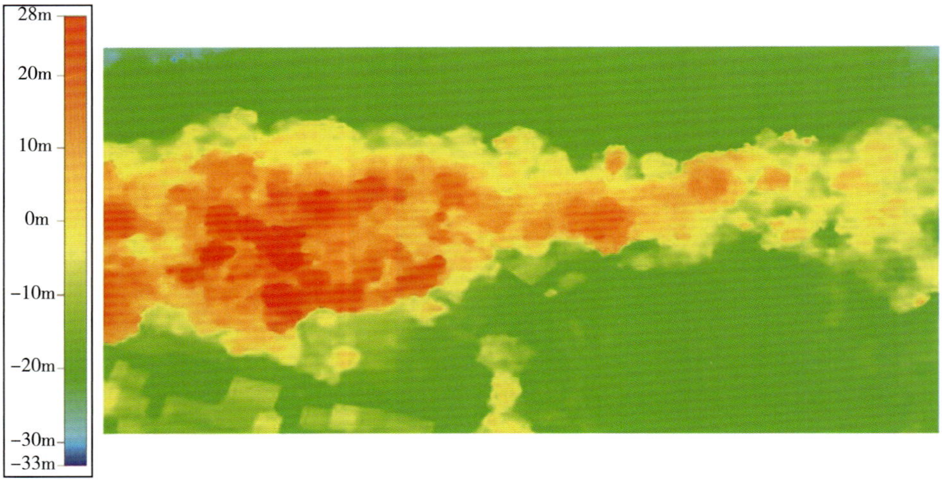

附图 4-3 坝光古银叶树群落冠层高度特征